KB071914

세계는 넓고 갈 곳은 많다 3

〈일러두기〉

1. 아프리카 국가들의 개요와 역사 그리고 나라마다 주요 명승지 소개는 개별국가마다 현지 흑인 가이드들의 설명을 참고삼았다.

2. 각 국가의 개략적인 개요는 네이버 지식백과와 《두산세계대백과사전》, 《계몽사백과사전》을 참조하였음을 밝힌다.

넓은 세상 가슴에 안고 떠난 박원용의 세계여행 '아프리카편'

세계는 넓고 갈 곳은 많다 3

초판 1쇄 인쇄일   2023년 2월 10일
초판 1쇄 발행일   2023년 2월 15일

지은이   박원용
펴낸이   최길주

펴낸곳   도서출판 BG북갤러리
등록일자   2003년 11월 5일(제318-2003-000130호)
주소   서울시 영등포구 국회대로72길 6, 405호(여의도동, 아크로폴리스)
전화   02)761-7005(代)
팩스   02)761-7995
홈페이지   http://www.bookgallery.co.kr
E-mail   cgjpower@hanmail.net

ⓒ 박원용, 2023

ISBN 978-89-6495-264-1 04980
     978-89-6495-203-0 (세트)

넓은 세상 가슴에 안고 떠난 박원용의 세계여행 아 프 리 카 편

세계는 넓고
갈 곳은 많다 3

박원용 글 · 사진

BG 북갤러리

다른 아프리카 여행서보다
생생한 여행정보로 큰 감동을 준 책!

'여행은 과거에서부터 현재 그리고 미래까지를 만나기 위해 가는 것'이라 했습니다.

저자는 32년 전부터 여행을 시작하여 2019년 말까지 유엔 가입국 193개 국 중 내전 발생으로 대한민국 국민이 갈 수 없는 몇 개국을 제외한 지구상에 존재하는 모든 국가를 다녀온 분입니다. 특히 오지라고 불리는 아프리카와 중남미, 남태평양은 말할 것도 없거니와 한국인이 갈 수 있는 아프리카전 지역을 한 나라도 빠짐없이 방문한 분이라 여행에 대한 취미와 열정이 남다릅니다.

'여행을 아는 자는 여행을 좋아하는 자에 미치지 못하고 여행을 좋아하는 자는 여행을 즐기는 자에 미치지 못한다.'라고 했습니다. 저자께서는 지구상에서 여행을 가장 즐기는 분입니다.

저자 박원용 선생님은 여행지의 계획이 서게 되면 다녀온 여행지와 중복은 되지 않는지, 중요한 명소가 빠져 있지는 않았는지 여행 출발 전에 현지 정보를 꼼꼼하게 충분히 검토하여 자료를 정리하고 난 후 여행을 시작하는 것을 원칙으로 합니다.

그리고 일행들과 오지 여행을 하고 돌아오면서 방문하기 힘든 이웃 국가가 여행지에서 빠져 있으면 위험을 무릅쓰고서라도 다녀옵니다. 아프리카, 남태평양 등의 오지 국가를, 그것도 한두 번이 아니고 여러 차례에 걸쳐 혼자 여행을 마치고 오는 분이라는 것을 오지 전문여행사 대표인 제가 많이 봐 왔습니다. 여행사를 운영하는 저희도 상상하지 못할 일입니다. 여행에 있어서 본받을 점이 헤아릴 수 없이 많아 저희에게 귀감이 되는 저자는 한마디로 '진정한 여행 마니아'라고 할 수 있습니다.

이번 아프리카 여행에서는 저자가 현지 여행에 밝은 현지인이나 아프리카 현지에서 오랫동안 거주하고 있는 한국인을 찾아서 보다 많은 여행정보를 수집, 충분한 시간을 가지고 일반 여행자들이 필히 가봐야 할 유명 여행지 위주로 담았습니다. 아프리카 각 개별 국가 중 어느 하나의 국가라도 처음 방문하거나 아프리카에 관심을 두고 아프리카 여행에 궁금한 점이 많은 여행자에게는 여타 아프리카 여행서에 비해 다양하고 생생한 여행정보로 더 큰 감동을 드릴 것이라 확신합니다.

끝으로 박원용 선생님의 제1권 '유럽편'에 이어 제2권 '남·북아메리카편', 제3권 '아프리카편' 여행서 출간을 진심으로 축하드리며, 이어서 새롭게 선보이게 될 오세아니아, 아시아 등 세계 모든 국가의 방문기가 벌써부터 기대가 됩니다.

오지전문여행사 〈산하여행사〉

대표이사 **임백규**

아프리카 전 지역 국가들을
이 책 한 권에 모두 담았다

한 권의 분량으로 아프리카 전 지역 57개국에 대한 여행지와 역사에 관한 내용을 소개한다는 것은 매우 어려운 일이라 생각된다. 예를 들어 경북 경주 시를 가서 고적을 두루 살펴보려면 일주일은 소요될 것이다. 그러나 불국사, 다보탑, 석가탑, 박물관 등 꼭 봐야 할 명소만 골라서 요약해 보면 1박 2일 정도면 충분할 것이다. 이러한 심정으로 아프리카 전 지역 국가들을 하나도 빠짐없이 이 책 한 권에 모두 담으려고 노력하였다.

아프리카 최북단 튀니지와 최남단 남아프리카공화국을 비롯하여 가장 동 쪽 소말리아, 가장 서쪽 세네갈 그리고 섬나라 마다가스카르 지역을 포함하 여 아프리카 대륙 전 지역 국가들을 하나도 빠짐없이 이 책 한 권에 모두 담 았다.

역사는 시간에 공간을 더한 기록물이라고 한다. 너무 많은 양의 역사를 여행서에 보태면 역사책으로 변질될까 우려되는 마음에 역사를 음식의 양념처럼 가미시켜 언제 어디서나 집중적으로 흥미진진하게 읽을 수 있게끔 노력하였다.

그러나 이번 아프리카 여행서는 일반인들이 자주 접할 수 없는 여행지역이며 일부국가들은 이름조차 생소한 국가와 여행지이므로 누구나 아프리카 개별 국가들의 개요에 관한 내용들을 사실적으로 인지해야 이 책을 읽거나 아프리카를 여행할 시에 이해하기가 쉽다.

또한 책 속에 수록된 내용과 지식으로 여행에 관심이 많은 분들께 조금이나마 도움이 되었으면 하는 마음에 지리적으로 국가의 위치나 근대사에 관계되는 내용을 조금이라도 더 보충하기 위해 노력을 아끼지 않았다.

한 시대를 살아간 수많은 사람에 의해서 역사는 이루어지고 사라져 간다. 그래서 나라마다 국가와 민족이 살아서 움직이고 있기에 문화와 예술도 만들어지고 소화 흡수되어 없어지기도 한다. 나라마다 과거와 현재에 대한 역사를 올바르게 인식하고 여행을 해야만 여행자들의 삶의 질이 진정으로 향상되고 성숙되어 간다고 생각한다.

필자는 역사와 문화를 배우는 데 있어 가장 효율적인 방법이 여행이라고 믿어 의심치 않는다. 현상에 가서 직접 보고, 듣고, 느끼고, 감동을 받기 때문이다. 백문이 불여일견(百聞 不如一見)이라고 한다. 백 번 듣는 것보다 한 번 보는 것이 더 낫다는 말이다. 이 말은 여행을 하고 나서 표현하는 방법으로 전해오고 있다. 이집트에서 세계 10대 불가사의라고 하는 피라미드를 구경하고, 알제리에서 세계최대의 사하라사막을 여행하면서 세계 10대 절경 중의 하나인 에티오피아의 다나킬 유황온천을 직접 눈으로 확인하고, 케냐 마사이마라 국립공원에서 야생동물들과 사파리 투어를 즐기고, 밀가루보다 부드러운 나미비아의 나미브 붉은 사막을 여행자로서 걸어보는 즐거움과 보람 그리고 짐바브웨와 잠비아 사이에 있는 잠베지강의 빅토리아폭포 상공을 경비행기를 타고 지상의 동식물들을 여유 있게 관람하는 것 등은 사람으로 태어나서 삶의 보람을 느낄 수 있는 가슴 벅찬 감동의 순간들이 아닐 수 없다.

이 책은 독자들이 새가 되어 아프리카의 국가마다 상공을 날아가며 여행하듯이 적나라하게 표현하였다. 사진이 부족하게 생각되더라도 양해를 구한다. 재산이 아무리 많은 부자보다도 만족하는 자를 일컬어 천부(天富), 즉 하늘이 내린 부자라고 했다. 그리고 여행을 진정으로 좋아하고 원하는 사람들과 시간이 없어 여행을 가지 못하는 이들, 건강이 좋지 않아서 여행을 하지 못하는 아픈 사람들, 여건이 허락되지 않아 여행을 가지 못하는 분들께 이 책이 조금이나마 도움이 되고 보탬이 되었으면 한다.

쉬는 날 휴가처나 가정에서 이 책 한 권으로 아프리카 전 지역 여행을 기분 좋게 다녀오는 보람과 영광을 함께 갖기를 바라며 바쁘게 살아가는 와중에도 인생의 재충전을 위하여 바깥세상 구경 한 번 해보라고 권하고 싶다. 분명히 보약 같은 친구가 될 것이다.

끝으로 이 책이 제1권에 이어서 제2권 그리고 제3권이 세상에 나오게끔 지구상 오대양 육대주의 어느 나라이든 필자가 원하는, 가보지 않는 나라 여행을 위하여 적극적으로 협조해준 〈산하여행사〉 대표 임백규 사장님과 여행길을 등불처럼 밝혀준 박동희 이사님, 이 책을 쓰고 난 다음 기초작업을 적극적으로 도와준 대구 중외출판사 오성영 실장님, 고객들이 바라는 출판 조건에 적극적으로 협조를 아끼지 않으시고 정직하고 성실하게 출판업을 하시는 도서출판 BG북갤러리 대표 최길주 사장님 그리고 삶을 함께하는 우리 가족들과 모두에게 깊은 감사를 드리며, 모두의 앞날에 신의 가호와 함께 무궁한 발전과 영광이 늘 함께하기를 바란다.

2022년 12월

대구에서 **박원용**

차례 Contents

Part 1. 북아프리카 North Africa

Part 2. 남아프리카 South Africa

Part 3. 서아프리카 1 West Africa 1

Part 4. 서아프리카 2 West Africa 2

Part 6. 중앙아프리카 Central Africa

Part 7. 섬나라 아프리카 Island Country Africa

Part 1.

북아프리카

North Africa

이집트 Egypt

이집트(Egypt)는 아프리카 동북부에 위치하고 있다. 이집트의 동쪽은 홍해와 시나이반도를 통해 가자지구와 이스라엘을 접하며, 북쪽은 지중해에 면하고, 남쪽은 수단과 서쪽은 리비아와 국경을 접하고 있다. 이 나라는 고대부

쿠푸왕 피라미드

터 나일강 유역을 따라 많은 사람이 살아온 비옥한 평야로 인해 카이로(Cairo)를 중심으로 권력 찬탈의 주 무대가 전개되었던 곳이다.

왕조시대부터 시작된 아랍의 침략과 십자군에 이어 오스만 튀르크의 지배를 받은 이집트는 프랑스와 영국에 심하게 시달렸는가 하면, 여기에 저항하는 민족운동이 끊이지 않았던 저항의 역사를 지닌 나라이기도 하다.

아프리카 대륙의 첫 방문지인 이집트 여행은 2003년 8월 11일 수도 카이로에 도착해서 바로 호텔에 투숙했다.

다음날 일찍 카이로 외곽 기자(Giza) 지구로 이동했다. 기자 지역은 피라미드(Pyramid) 군이 위치한 지역으로 카이로에서 서쪽으로 약 13km 떨어져 있는 유명한 관광지이다.

이곳은 우주적인 신비를 감추고 있으며 거대한 피라미드의 조영 기술과 인간의 미적 의식이 훌륭하게 조성된 기자 피라미드와 사카라의 계단 형식 피라미드, 다슈르의 굴절 피라미드 등 크고 작은 피라미드들이 무수히 많이 있다. 이러한 석축 공사의 진행 과정을 거쳐 이루어진 것이 오늘날의 기자 지구 피라미드이다. 이곳 피라미드들은 지금으로부터 약 4,500년 전인 고왕국 제4 왕조시대에 만들어진 피라미드이며, 그중에 쿠푸왕 피라미드는 세계 7대 불가사의의 하나로, 내부 발굴 작업이 완료되어 여행객들이 내부관람을 할수 있다. 그 옛날 왕들의 무덤인 피라미드는 입구를 통해서 안으로 들어가면 이승에서 생활하던 주거지와 비슷하게 꾸며져 있는데 통로를 이용해서 방과 방들이 연결되어 있으며, 이곳에 왕과 왕비의 유골을 안치하고 있다.

이 피라미드의 공정과정을 보면 날씨 관계로 인해 매년 3개월씩 10만여 명의 인부가 공사에 참여해서 10년 이상이 걸렸다고 한다. 그리고 건설과정에 투입된 거석(큰 돌)은 230만 개 이상이며, 거석 1개의 무게는 2.5t 이상으로 총 무게는 684만 톤이나 된다고 한다. 그리고 밑변인 한 변의 길이가 227m인 이 사각뿔 피라미드의 높이는 무려 140m나 돼 산이라고 불러도 부족함이 없을 것 같다.

스핑크스(Sphinx)는 고대 오리엔트(Orient) 신화에 나오는 괴물로 사람의 머리에 사자의 몸통을 지니고 있다. 인면수신(人面獸神)으로 유명한 스핑크스는 아랍어로 '아부르 호르(공포의 아버지)'라고 불리기도 한다. 그중에서 기자 지구 제4왕조 쿠푸왕의 아들 카프레왕의 피라미드에 딸린 스핑크스가

스핑크스

스핑크스와 카프레왕 피라미드

가장 오래되고 제일 크며, 대표적인 스핑크스라고 할 수 있다. 그러나 튀르크 시대에 사격의 표적이 되어 코와 수염이 없어진 이후 얼굴 표정이 흉물에 가까운 모습을 하고 있어 여행객들의 인상을 찌푸리게 하고 있다.

　스핑크스는 왕들의 권력과 권위를 상징하며 이집트나 중동지방에서 피라미드나 신전 입구에서 가끔 볼 수 있다. 크고 작은 피라미드들과 스핑크스까지 둘러보고 이동하는 귀로에 낙타들이 이곳저곳에 집결해 있다. 주인이 필자에게 다가와서 낙타를 한 번 타보고 가라고 권한다. '기회가 자주 오는 것도 아닌데.' 하는 생각에 낙타를 타고 주변을 한 바퀴 돌아보았다. 짧은 시간이지만 하나의 추억으로 간직했다.

　기자 지구 피라미드를 뒤로하고 다음 여행지로 이동했다.

다음 여행 일정은 터키로 이동해
서 유럽에 속한 이스탄불 지역을
관광하고 난 다음 그리스 아테네로
이동해서 그리스 관광을 마치고 또
다시 이집트 룩소르(Luxor)로 돌
아와 이집트 여행을 마무리하고 귀
국하는 일정이다.

항공노선 일정에 맞추어 이스
탄불로 가기 위해 공항으로 이동
했다. 그리고 다시 이집트 여행을
하기 위해 룩소르에 도착한 날은
2003년 8월 16일이다.

낙타 타기

먼저 룩소르 신전에서 3km 정도 떨어진 카르낙 신전으로 이동했다.

카르낙 신전은 이집트 역사상 현존하는 신전 중 가장 오래된 신전이며 가
장 규모가 큰 신전이다. 이 신전은 나일강 서안에 위치하고 석회암 계곡에
여러 왕조에 의해 만들어졌으며 탑문 열 개와 오벨리스크 세 개 그리고 두
개의 기둥 홀로 되어있다. 들어가는 입구에는 양의 머리에 사자의 몸통을
한 양의 스핑크스가 좌우로 나란히 사열하고 있어 유적지가 한층 더 웅장하
게 보인다. 신전 입구에는 람세스 2세가 세운 탑문과 람세스 2세의 좌상이
두 곳에 있으며, 두 개의 기둥 홀이 있다. 자세히 모두 관람하려면 온종일
해도 시간이 모자랄 것 같다.

양의 스핑크스

아부 심벨(Abu Simbel) 대신전
은 람세스 2세의 신전으로, 입구에
있는 람세스 2세 상은 다리와 다리
사이에 왕자와 공주들을 새겨넣어
자기 영토와 권력을 과시하고 자기
중심의 세상임을 표현한 것이라고
한다. 람세스 2세는 이집트 역사상
가장 위대한 왕(파라오), '왕 중의
왕'이라는 칭호를 받으며 이집트의
영토를 제일 크게 확장한 인물이

람세스 2세 상

다. 아스완 댐 공사로 인해 수몰 위기에 처하여 유네스코(UNESCO; 국제연합교육과학문화기구)의 막대한 자금과 미국의 기술진이 투입되어 지금의 자리로 옮겨져 복원한 신전이라고 한다.

람세스 2세는 고대 이집트 제19왕조의 3대 파라오다. 출생 연도와 사망한 연도에 대해 정확한 역사적인 기록이 없다고 한다.

룩소르 서쪽 네크로폴리스 입구에는 높이 19.5m인 한 쌍의 거대한 멤논 거상이 자리 잡고 있다.

멤논은 그리스 신화에 나오는 이오스와 티토노스 사이에 태어난 아들이며 트로이 전쟁 때 원정갔다가 적국의 그리스 병사 아킬레스에 의해 죽임을 당한 인물인데, 이 거상이 멤논을 닮았다고 해서 멤논 거상이라 부른다고 한다.

멤논 거상

그리고 우리는 바로 룩소르 신전으로 갔다. 룩소르 신전은 아몬신과 그의 아내 무트신의 결혼을 축하하기 위해 건립되었다고 한다. 잠시 둘러보고 투탕카멘(Tutankhamen)의 황금마스크를 보기 위해 박물관으로 향했다.

투탕카멘은 이집트 제18왕조 12대 왕이며, 재위(BC 1361~1352) 18세에 요절했다고 기록되어 있다. 그런데 왕가의 계곡에 있는 왕묘에서 무덤이 발견되어 붕대로 감은 미라의 얼굴 부위에 파라오 얼굴 모양으로 금관을 만들어 씌워져 있는 것을 발견해서 지금은 이집트의 '보물 중의 보물'로 취급받고 있다. 이것이 바로 황금마스크이다.

황금마스크에 들어간 금의 양은 무려 11kg이나 된다고 한다. 이집트박물관에 가면 이 황금마스크를 볼 수 있다.

황금마스크는 사진 촬영이 금지돼 있다. 만약 촬영하다가 적발되면 카메라를 압수한다고 한다. 그래서 필자는 박물관 직원에게 사진 한 장을 부탁해서 소지하고 왔기에 이 책에 담을 수가 있었다.

그리고 박물관에는 석가모니 부처님의 상반신 조각상이 있다. 설명에는 부처님이 돌아가시고 가장 먼저 조각을 한 것이라고 한다. 그래서 '원래 부처님 얼굴과 많이 닮 황금마스크

지 않았나.' 하고 짐작이 된다. 얼굴도 크지 않고 우리가 알고 있는 부처님의 얼굴은 아니다. 대게 우리나라 절에 가면 부처님 얼굴은 인자하게 생겼으며 두상이나 하관이 비슷하게 살이 찌고 귀는 커다랗게 숫자 3의 모양을 하고 있다. 이집트박물관 부처님의 조각상은 얼굴도 동그스름하게 예쁘고 귀도 그렇게 크지 않고 아담하게 잘 생겼다. 그런데 이집트박물관에는 어떻게 해서 최초 부처님상을 보관하게 되었는지 궁금했다. 나만의 생각으로 원래 부처님은 저렇게 잘 생겼을 것이다. 석가모니여래 불이라 후세 사람들이 그림을 그리거나 조각을 하면서 자꾸 손에 손을 더하여 오늘에 이르지 않았나 생각하면서 이집트 여행을 마무리했다.

모로코 Morocco

스페인 최남단 타리파(Tarifa)항구에서 2008년 6월 19일 모로코(Morocco)로 가기 위해 여객선에 올랐다.

지브롤터 해협을 건너(1시간) 아프리카의 관문인 모로코의 항구도시 탕헤르(Tangier)에 도착해서 하룻저녁을 유숙하기로 했다. 탕헤르는 지중해를 사이에 두고 유럽과 아프리카 사이에 제일 가까운 거리에 있으며, 탕헤르에서 북쪽을 바라보면 한눈에 유럽 대륙이 보이는 거리이다.

다음날 1,000년이 넘는 고대도시 메디나로 이동했다. 1만 개에 가까운 골목으로 이루어진 도시 메디나는 '미로의 도시'라고 별칭이 붙어있다. 방심하면 갔던 길을 잃어버리고 미아가 될 수 있다. 될 수 있으면 단체활동을 하고 인솔자와 동행하는 것이 좋을 것 같다.

이곳은 관광도시라기보다는 현지인들의 주거환경과 생활 현장을 바라볼 수 있는 것이 제일 유익한 여행이라고 할 수 있다. 모로코는 지중해를 사이에 두고 스페인과 제일 가까운 거리에 있어 많은 이들이 '아프리카의 유럽'이라고 말한다.

그리고 주로 아랍계의 민족도 많지만, 베르베르족이 많이 사는 고도의 페스(Fes)로 이동했다.

페스 하면 고대로부터 염색공장으로 유명하다. 그래서 방문한 곳이 가죽을 수작업으로 염색하는 염색공장이다. 실내와 옥상에는 모두가 염색 원료를 담아놓은 그릇이 헤아릴 수 없이 많았다. 그리고 가죽 천을 염색 통에 넣어서 색깔별로 염색하는 과정 그리고 염색된 가죽 천을 건조대에 넣어서 건조하는 과정 등을 견학하듯이 관람하고 이 나라 최고의 도시 카사블랑카(Casablanca)로 향했다.

카사블랑카는 우리에게 많이 귀에 익은 지명이다. 지금으로부터 30~40

염색공장

년 전에만 해도 국내 대도시 상가에 상호로 상당히 많이 쓰였던 것으로 기억한다.

아침 일찍 필자는 카사블랑카 해변으로 가서 여기저기를 둘러보고 기념 촬영을 하고 돌아왔다. 그런데 평소 상상했던 도시 카사블랑카와는 거리가 좀 멀다. 바닷가는 한적하고 인적이 드물다. 제일 중요한 관광명소는 모하메드 5세 광장이며, 광장에는 비둘기가 반이다. 아침이라고 비둘기에게 모이를 주는 사람도 여러 명이나 된다.

그리고 모하메드 5세는 지금 모로코의 현재 왕 모하메드 6세의 할아버지다. 모로코 왕국의 건국자이기에, '모하메드 5세 광장'이라고 부르고 있다.

하산 메스키타(Mezqita)사원은 현재 모로코 왕의 아버지 하산 2세가 바다

모하메드 5세 광장

위에 사원을 지으라고 명해서 세운 사원이기에 하산 메스키타사원이라고 한다. 그 당시 바다 위에 사원을 건축할 수 있는 공법도 없고 기술도 없었기 때문에 바다를 향해 언덕진 곳을 매립해서 건축을 한 사원이다. 이 나라 사람들에 따르면 세계에서 이슬람 사원 중 사우디아라비아, 메카, 메디나 다음으로 세 번째로 큰 사원이라고 한다.

하산 메스키타 사원

필자가 보기에 미나레(Minaret, 첨탑)가 매우 높고 4각으로 되어있어 모양과 문양이 다채롭고 색상을 잘 배색 처리한 것이 마음에 들었다. 아쉽게도 내부입장이 불가하여 조망에 이어 기념 촬영을 하고 돌아서야만 했다.

그리고 모로코의 수도 라바트(Rabat)로 향했다. 수도 라바트 왕궁에는 이 나라 빨간색 국기가 옥상에서 펄럭이고 있다. 그래서 "지금 왕이 직무를 보고 있느냐?"고 물으니 "그렇다."는 대답이 온다. 어느 나라이든 왕이나 대통령이나 수상이 현재 상주하고 있으면 국기가 게양되고, 국기가 없으면 관내에는 최고지도자가 없다는 것을 알면서 한 번 확인차 물어보았다.

왕궁 정문 가까이는 접근할 수는 없고 정면을 보고 사진 촬영만 가능하다고 한다.

라바트왕궁

 그리고 모하메드 5세 영묘가 있는 왕릉으로 이동했다. 왕릉에는 경비원 5명이 있으며 여행객들과 사진 촬영도 가능하다고 한다. 그래서 제일 덩치가 크고 건장해 보이는 경비에게 기념 촬영을 요구해서 함께 기념 촬영을 한 후, 내부관람을 요청했다. 어명이라서 할 수 없다고 한다. 내용인즉 1961년에 사망한 현재 왕의 할아버지 모하메드 5세와 1999년에 사망한 아버지 하산 2세 그리고 삼촌 등 3기의 묘를 모시고 있다고 한다. 그리고 하산탑은 12세기 말에 알모하드 왕조 제3 대왕 야쿠브엘 만수르가 탑을 세우기 시작해서 현재의 높이 44m 공정에 왕이 사망하여 공사가 중단되고 지금까지 800년 가까이 그대로 보존하고 있다고 한다.

 주변에는 크고 작은 돌기둥이 무려 300개가 가로세로 정확하게 산재해

하산탑

있다. 그리고 하산탑에는 술탄이 말을 타고 올라가도록 시설이 되어있다고
한다.

　모로코는 프랑스의 식민지 시절(1912년) 프랑스 보호국이었다. 그로부터
모하메드 5세가 모로코의 독립을 위하여 독립투사로서 일생을 바쳐 드디어
1956년 프랑스와의 협상으로 모로코의 독립을 이룩하였다. 그래서 이슬람
군주국 모로코가 탄생한 것이다. 그가 1961년 사망하자 그의 아들 물라니 하
산이 아버지 뒤를 이어 하산 2세로 즉위했으며, 하산 2세 역시 1999년에 사
망하고 그의 아들인 지금의 왕 모하메드 6세가 왕위에 올라 현재까지 국가를
통치하고 있다.

알제리 Algeria

지중해 이슬람과 아프리카의 문화가 어우러진 북아프리카의 알제리(Alge-ria)는 다양한 기후와 독특한 자연환경을 지닌 나라이다.

알제리는 아프리카에서 첫 번째, 전 세계에서 10번째로 큰 나라로 북아프리카의 중앙에 자리 잡고 있다. 국토의 85%가 사하라(Sahara)사막이고, 북부의 텔(Tell) 지방은 산지이며, 텔 지방은 2개의 큰 산맥으로 이루어져 있다. 접경지역 및 국가로는 북방에 지중해(해안선 1,200km), 동방으로는 튀니지 및 리비아와 접경하고 있고, 남서로는 모리타니 그리고 서부는 모로코, 남방은 말리 및 니제르와 맞닿아 있다.

알제리는 인민 공화제 사회주의 국가로 국명은 알제리민주인민공화국이다. 정당은 민족해방전선(FLN) 하나뿐이며 당에서 국가원수인 대통령을 지명한다. 그동안 사회주의 국가와 더 우호적이었으나, 1990년 1월 15일 우리나라와 대사관 설치에 합의하여 4월에 정식 조인했다. 국내총생산 520억 달러 규모를 자랑하는 알제리는 아프리카 대륙 전체를 통틀어 남아프리카공화국 다음으로 제2의 경제 대국이다. 공용어는 아랍어이지만 프랑스어와 베르베르어도 널리 사용되고, 영어도 통한다. 인구 대부분이 북부에 살고 있으며 전인구의 99%가 이슬람교도이다. 인구 약 4,300만 명 중 아랍계가 70%, 원주민인 베르베르계가 30%로 구성되어 있다. 독립 이전에는 프랑스에서 이주자가 100만 명 이상이었으나 거의 다 귀국했다.

국토면적은 2,381,741km²(한반도의 10.6배)이며, 인구는 2022년 현재 약 4,462만 명이다. 수도는 알제(Algiers)이며, 시차는 한국 시각보다 8시간 늦다. 한국이 정오(12시)이면 알제리는 새벽 04시가 된다.

환율은 한화 1만 원이 알제리 약 1,053디나르 정도로 통용된다. 화폐단위는 알제리 디나르(AD)이고, 소액(동전) 단위는 상팀(Centime)이다. 1디나르는 100상팀이며, 화폐 종류는 1, 2, 5, 10, 20, 50상팀, 지폐는 5, 10, 50, 100, 200, 500, 1,000, 2,000디나르가 있다. 전압은 지역에 따라 127V/200V(혼용) 50Hz를 사용한다.

1830년 프랑스의 침입으로 식민지가 되어 카빌리의 반란(Grand Kabyla rebellion) 등 독립운동을 계속하다가 1954년 알제리 민족해방전선(FLN)을 결성하고 알제리 독립전쟁을 개시하였다. 프랑스는 50만 이상의 병력으로 육·해·공군을 총동원하여 하루 평균 20억 프랑의 전비를 쓰며 독립군을 토벌하였으나 허사였다. 이 알제리 문제로 몇 차례에 걸쳐 내각이 무너지고 프랑스 제4공화국 붕괴의 직접적인 원인이 되었다. 이 전쟁에서 하르키(Harki)들은 알제리군에게 교수형을 당하기도 했다.

1958년 FLN은 알제리공화국 임시정부 수립을 선언하고 프랑스 이주민인 콜롱(Colon)에 대한 저항운동을 강화하였다. 1962년 7월 5일 국민투표를 거쳐 독립을 선포하고 9월 알제리인민민주공화국을 수립했다. 1974년 국민 투표로 국민헌장과 새 헌법을 채택하였다. 알제리는 비동맹 운동과 중립노선을 취하고 있으며, 1988년 모로코, 이집트와 복교하고 1989년 아랍마그레브연합을 결성하였다. 알제리는 풍부한 석유와 천연가스를 가진 자원 부국이다. 비록 엄청난 채무가 있지만, 천연가스와 석유를 산출하여 근년의 유가 상승으로 무역흑자가 증대되고 있다.

대부분의 사람은 두 가지 언어를 쓴다. 특히 프랑스어는 총 4,462만 명의 인구 중 3,100만 명이 의사소통어로 사용하고 있다. 그리하여 알제리는 세계에서 두 번째 프랑스어 사용국이다. 하지만 식민주의의 끈이라고 하여 프랑코 포니에는 참가하지 않고 있다. 다만, 부테블리카 대통령은 지난 2004년 정상회담에 이어서 2006년 부쿠레슈티 정상회담에는 특별초대되어 참관했다. 이 나라에서 쓰는 아랍어는 표준 아랍어와 어휘, 문법 등에서 많은 차이를 보이는 알제리 아랍어이다. 이 알제리 아랍어(알제리 구어체 아랍어)는 서아시아의 아랍어보다는 북아프리카의 아랍어와 비슷하다.

또한 프랑스어와 영어를 대등한 상태에서 선택할 수 있도록 교육정책을 바꾸고 있다. 물론 최근 교육부가 실시한 설문조사에서 학부모들은 자녀들이 영어보다 프랑스어로 교육받기를 선호했다. 이러한 이유는 알제리 국민이 프랑스 식민정책에 대한 부모들의 친(親) 프랑스 성향을 가지고 있다는 점에서부터 시작되어 식민지배 이후에도 영어보다 프랑스어를 선호하는 것이 바로 옛 식민 시절을 그리워하는 부분도 있다는 점이다.

약간의 영어, 이탈리아어, 에스파냐어, 독일어, 러시아어 사용자도 있다.

북아프리카를 여행하기 위해 2019년 12월 11일 인천공항을 출발하여 터키, 이스탄불을 경유해서 TK653편으로 12월 12일 오전 10시 알제리 수도 알제에 도착했다. 곧바로 준비된 차량에 올라 알제리 성모 대성당으로 이동해서 안팎을 두루 살펴보고 난 후, 지중해에서 가장 멋스럽고 아름다운 유적 중의 하나인 카스바(Kasbah of Algies)로 향했다.

카스바는 북아프리카 지중해 연안 절벽으로 둘러싸인 항구도시로 지중해 연안의 이슬람 전통 성채도시이다. 이곳은 그 옛날 술탄의 처소를 비롯하여 관공서, 상가, 시장 등과 함께 경사도가 심한 골목에 미로처럼 이어지는 주택들이 밀집되어 아기자기한 모습으로 지중해를 바라보는 아름다운 도시이다.

우리 일행들은 그중에서 카스바 유적지를 대변하는 주점과 홍등가를 병행하고 있는 지역으로 이동했다. 이곳은 좁은 대문을 이용해 출입하는 건축물이며, 사방이 2층 건물로 연결된 건물이다. 2층에는 조그마한 방들이 좌우로 다닥다닥 붙어서 그 옛날 청춘 남녀들이 노래하고 춤을 추며 애환을 달래며 술잔을 들어라, 마시라 하던 곳이다. 필자는 문득 우리나라 대중가요 '카스바의 연인'이 생각이 나서 가사를 구술해 보았다. 가사와 곡조가 이곳 카

홍등가 건축물

카스바의 연인   춤추는 연인들(출처 : 현지 여행안내서)

스바를 연상하면서 만들어진 노래라고 생각하며 방과 방들을 차례대로 둘러
보았다. 이곳 이슬람의 도시 카스바는 1992년 세계문화유산으로 등재되었다
고 한다.

　다음으로 이동한 곳이 이 나라 국가와 민족을 위하여 크고 작은 전쟁터에
서 목숨을 초개같이 버린 무명용사들의 기념비다. 도착하자마자 벌써 어둠이
짙게 깔리고 있어 기념비에는 야간을 알리는 조명등이 하나둘 켜지고 있다.
어둠 속을 향해 예의를 갖추고 묵념하고 난 다음, 기념 촬영을 하고 숙소가
있는 호텔로 이동했다.

　다음 날 호텔에서 조식 후 알제를 출발해서 다섯 시간 경과 후 세티프(Setif)
에 도착했다. 세티프는 알제리 북동부에 있는 도시로 세티프의 주도이며 수도

알제에서 동쪽으로 약 306km 정도 떨어진 곳에 위치하고 있다. 기원전 225년 누미디아인들이 세티프를 건설했지만 유구르타 전쟁으로 파괴되었다. 그 후 로마제국의 황제 네르바가 세티프를 재건했다.

무명용사들의 기념비

그리고 로마 유적지에서 발굴한 유물 중 모자이크만을 전시하고 있는 모자이크박물관으로 향했다. 박물관에는 면적이 크고 작은 모자이크와 동식물 모자이크 그리고 모양과 색상이 구별되는 여러 가지 다양한 모자이크가 실내를 가득 메우고 있다. 그러나 박물관에는 안내자와 설명하는 가이드가 없어 식물원에 꽃 구경하는 것처럼 눈으로만 만족하고 기념 촬영을 한 후 다음 여행지인 세계문화유산 제밀라(Djemila) 로마 유적지로 이동했다.

제밀라 유적지는 기원을 전후해

모자이크박물관

로마식 제밀라 유적지

로마식 제밀라 유적지

서 로마가 지중해를 장악하고 통치하던 시절에 로마의
일부분이며 아프리카 북부지역 지중해 인근 도시 국가
지역에 있다. 로마 황제 옥타비아누스 시대부터 300
년 이상 로마가 번영했던 시절 지중해를 통한 동방무
역이 번성하여 로마시를 비롯하여 이곳 북아프리카 지
역까지 도시문화가 한창 꽃피던 지역이었다. 그래서
경사도가 완만한 이곳에 대형목욕탕을 비롯한 개선문,
원형극장, 운동경기장 등 토목공사와 더불어 크고 작
은 건축물들이 곳곳에 세워졌다. 그러나 부유층과 상
류 계급자들이 날이 갈수록 사치와 향락에 빠져 로마

로마식 제밀라 유적지

로마식 원형극장

를 나날이 병들게 하였다. 지금은 그 옛날의 영광은 어디에도 찾아볼 수 없고 기초와 벽체 그리고 기둥만이 2,000년이라는 세월에 모질게 살아남아 지금의 모습으로 여행객들을 맞이하고 있다. 이곳은 목욕탕이었던 자리, 저곳은 원형극장 자리 등으로 하나하나 점검 확인하면서 유적지를 두루 살펴보았다. 그러고 보니 유적지에서 너무 많은 시간을 할애해서 서산에 해가 저물어가고 있어 내일 일정을 위하여 숙소로 향했다.

　다음 날 고대도시 콘스탄틴으로 이동했다. 콘스탄틴(아랍어 : 쿠산티나, 프랑스어 : Constantine 콩스탕틴)은 알제리 북동부에 위치한 도시로, 콘스탕틴주의 주도이다. 알제리에서 세 번째로 큰 도시이며 지중해 남부 연안에 위치한다. 알제리 동북 지방에서 가장 큰 도시인 이곳은 알제리의 상업 중심지역할을 한다. 알제리 국가 영웅인 압드 알카디르의 무덤이 있다.

기원전 3세기 누미디아가 이곳에 시르타를 건설했고 고대 로마의 카이사르가 시르타에 특별 시민권을 부여하면서 로마제국의 북아프리카 속주에서 가장 유명한 도시가 된다. 311년 막센티우스와 도미티우스 알렉산데르가 시르타를 놓고 전쟁을 벌였으며 시르타는 그 전쟁으로 인해 크게 파괴되고 만다. 313년 시르타가 새로 재건되었고 콘스탄티누스 1세 황제를 기념하기 위해 붙여진 이름인 '콘스탄틴'으로 이름을 바꾼다.

431년 반달족에 정복되었지만 비잔틴 제국의 지배를 받게 되었고, 7세기 아랍인에 정복되면서 '쿠산티나(콘스탄틴의 아랍어 이름)'라는 이름을 얻게 된다. 12세기 피사와 제노바, 베네치아와의 무역이 왕성해지면서 다시 번영을 누리게 된다. 1529년 오스만 튀르크 제국에 정복되면서 베이(총독)의 통치를 받게 되었고, 이때부터 이슬람 건축양식이 들어서면서 번영을 누리게 된다.

콘스탄틴에 도착하여 제일 먼저 모스크의 높이가 무려 107m에 이르는 에미르 압델카데르 모스크(Emir Abdelkader Mosque)를 방문해서 내부를 이모저모 살펴보고 인근에 있는 로마유적박물관으로 이동했다. 박물관에는 로마를 여행하면 쉽게 볼 수 있는 대리석으로 만든 인체 조각작품 다수가 전시되어 있다.

그 옛날 로마 전성기에는 콘스탄틴이라는 도시가 로마인들이 건설하고 이룩한 도시이기에 로마문화가 지금도 그대로 남아있다고 신기해할 필요가 없다. 16~18세기의 식민지배국들이 자원을 약탈하고 착취하는 식민정책과는 비교를 거부할 정도로 다르다. 로마인들은 신도시를 건설하기 위해 뿌리 깊

옛 총독관저

은 근성이 잠재해 있기 때문이다. 그래서 지역마다 자기 나라 문화의 씨를 뿌리고 심어둔 고대 로마인들에게 무한한 존경을 표하고 싶다.

　다음으로 이동한 곳이 콘스탄틴의 자존심이고 상징물이라고 할 수 있는 시디 엠 시드 다리(Sidi M' Cid Bridge)를 도보로 걸어서 횡단하고 좁은 골목길을 통과하니 광장이 나오고 총독이 상주하고 거주하던 총독관저가 우리를 기다리고 있다. 이곳은 시설투자와 보수 과정을 거쳐 박물관처럼 운영하고 있다. 그리고 밀랍으로 그 옛날 그 자리에 과거처럼 외국의 대사나 사신을 접견하는 현장을 그대로 재현해 놓았다. 그리고 튀니지와 국경을 접하고 있는 알제리 동북부의 도시 아나바(Anaba)로 이동해서 성 어거스틴 동상과 기념 촬영하는 것을 마지막으로 알제리 여행을 마무리하고 숙소로 이동했다.

튀니지 Tunisia

튀니지(Tunisia)는 아프리카 북부에 위치하고 있는 국가이다. 북으로
는 지중해와 1,200km의 해안선과 면하고, 동서로 리비아, 알제리와 접하
고 있다. 북부는 양대 산이 산맥을 이루고 있으며, 이중 국내 최고봉인 해발
1,554m의 아스-샤나비(Ash-Sha'nabi)산이 알제리 국경 가까이에 솟아있
다. 해안지역은 아름다운 섬과 코르크나무가 자라는 거친 바위 해변으로 해
발고도 600m 선에서 지중해와 나란히 뻗어 있으며, 동쪽으로 아름다운 커
르케나섬과 그 남쪽으로 제르바섬이 지중해에 떠 있다. 아랍과 아프리카 그
리고 유럽 세계를 이어주는 십자로 같은 역할을 하고 있는 튀니지는 많은 왕
조가 번성했던 나라답게 풍부한 문화유산으로 가득하다. 로마, 비잔틴, 아
랍, 오스만 튀르크 왕조를 거쳐 프랑스의 지배를 받기까지 여러 왕조의 영향
을 받으며 문명을 발전시켜 나갔다. 지중해 연안 중심부에 위치하고 있는 튀
니지는 예로부터 바다와 다양한 문화적인 영향으로 열려있는, 외부 개방적인
국가였다.

   그리하여 유럽, 오리엔트, 아프리카와의 가교로서 카르타고(Carthago)의

유적을 비롯하여 외국과의 교통을 연상시키는 유적이 많다. 오랫동안 터키 제국의 속령으로 지내다가 1881년 프랑스의 보호령이 되었다. 2차 세계대전 후 네오 데스토르당의 독립운동이 일어나 1950년 독립을 달성하였다. 다음 해 왕제를 폐지하고 1959년 헌법을 제정하여 점진적인 튀니지형 사회주의를 표방하여 오늘에 이르고 있다.

이 나라의 다양한 풍경은 아메리카 대륙을 전부 합친 것보다도 많은 역사를 겪어왔다는 것을 알 수 있다. 튀니지에서는 프랑스-아랍 문화의 혼합으로 상상도 할 수 없이 광대하게 펼쳐진 사하라의 모습만 보아도 이 나라에서 발견한 것들에 감동을 하게 된다.

국토면적은 163,610km²(한반도의 4분의 3)이며, 인구는 2022년 현재 약 1,193만 6천 명이다. 수도는 튀니스(Tunis)이며, 시차는 한국 시각보다 8시간 늦다. 한국이 정오(12시)이면 튀니지는 새벽 04시가 된다.

환율은 한화 1만 원이 튀니지 약 22디나르로 통용되며, 외화는 주로 미국 달러를 사용한다.

종교는 이슬람이 99%를 차지하며, 나머지는 가톨릭, 유대교 순이다.

전압은 110V/220V(혼용) 50Hz를 사용하며, 날씨는 평균 최저 10~15℃, 최고 17~21℃로 생활하기에 편리한 온도를 유지하고 있다. 외화를 디나르로 환전한 후 환전증이 가끔 필요하므로 반드시 챙겨 두는 것이 좋다.

국토면적의 27.8%가 농경지이고, 36.3%가 목초지, 5.4%가 산림지대로, 북아프리카에서 가장 좋은 환경을 갖추고 있다. 북부에서는 밀, 수도 튀니스 부근에서 포도, 본 곶(串)에서 과일과 채소가 재배되며, 남부의 연해 지방에서는 올리브가 생산된다. 19세기 말 이래 유럽인의 대규모 농장은 독립 후 접수되어 협동농장이 되었다. 수산업이 활발하며 수스(Sousse)가 그 중심이다. 독립 후 공업화 정책에 따라 제철, 정유, 시멘트, 건재, 화학, 식품 등의 공업이 일어났다. 지하자원은 인(燐)광석이 많으며 그 밖에 철광, 수은, 망간, 석유 등이 있다. 주요 수출품은 올리브유와 채소, 과일 통조림, 인광석 등인데, 인광석은 모로코와 더불어 세계 2대 수출국이며, 석유는 1968년 이후 튀니지 제1의 수출품이 되었다. 수출 상대국은 유럽과 미국 등이다.

2019년 12월 12일 알제리 국경을 넘어 튀니지 두가(Dougga)로 이동했다. 두가는 튀니지 북부의 현재 테보스크 근처의 Punic Berber 및 Roman

로마식 두가 유적지

정착지였다. 현재 고고학적 유적지는 65헥타르에 달하며, 유네스코는 1997년 두가를 세계문화유산으로 지정하여 북아프리카에서 가장 잘 보존된 '로마의 작은 도시'라고 한다.

로마 유적지 주피터신전

시골 가운데에 있는 이 유적지는 현대 도시화의 잠식으로부터 지속적인 보호를 받고 있다. 예를 들어 카르타고는 여러 곳으로부터 약탈당하고 재건되었다. 하지만 두가는 로마 시대에 세운 각종 건축물이 수많은 세월이 흘러갔지만, 다수가 원형을 그대로 유지하고 있다.

엘젬(El Jem)은 프랑스어로 El Djem, 라틴어로 티스드루스(Thysdrus)이다. 튀니지 마디아주에 있는 이곳은 아프리카 도시 가운데 로마의 영향을 가장 많이 받은 도시이다. 그리고 엘젬은 모든 로마인 체류 지역과 마찬가지로 카르타고인의 체류 지역 위에 건설되었다. 특히 2세기 때 로마제국 시대에 건설된 티스드루스는 오늘날과 같이 건조하지 않은 기후 아래에서 수출용 올리브유 제조업의 중심도시로 번영했다. 이 도시는 지금과 같은 로마 가톨릭교회의 직함인 대주교를 겸했다.

3세기 초 원형경기장이 건설될 무렵 티스드루스는 로마제국에서 카르

로마 유적지 원형경기장 외형

타고에 이어 두 번째로 큰 북아프리카 도시의 자리를 놓고 하드루메툼
(Hadrumétum, 현재의 수스)과 경쟁했지만 238년에 벌어진 반란 때 고르
디아누스 1세가 카르타고 인근에 있는 별장에서 자살했고, 막시미누스 트락
스 황제에 충성을 맹세한 로마 군대가 도시를 파괴했는데 이때 부분적으로
파괴된 이후로 더 이상 회복되지 않았다.

　이곳에 있는 원형경기장은 1979년 유네스코가 지정한 세계유산으로 선
정되었다. 그리고 이곳 원형경기장은 세계에서 제일 큰 원형경기장이며 로
마 유적지 중 가장 보존이 잘된 원형경기장이다. 이 경기장은 바닥에 돌을 깔
아 사암 블록으로 쌓아 올린 타원형으로 된 3층 건축물이다. 타원으로 된 경
기장의 넓이는 동서의 길이가 148m이고, 남북의 길이가 122m이다. 경기장

로마 유적지 원형경기장 내부

바닥 동쪽에서 서쪽으로 내려가는 지하 통로에는 각기 코너별로 선수들의 분장실과 경기에 필요한 도구와 경기운영에 필요한 자재들을 코너별로 분리해 놓았던 곳이 지금은 공간으로 변하여 여행객들을 우두커니 맞이하고 있다. 그리고 경기장 관람석은 각 층이 계단으로 이루어져 있고, 경기장 외형은 층층이 통로를 이용하여 경기장이나 외

로마 유적지 원형경기장 지하통로

곽을 바라볼 수 있다. 그리고 통로에는 보행자와 잡상인들이 경기장을 수시로 이동할 수 있게 했으며 실내에서 경기장을 한 바퀴 돌아다닐 수 있게 완벽한 설계를 거쳐 건설되었다.

지나간 세월 동안 여러 원형극장과 원형경기장을 보아왔지만, 실내에 들어와서 이렇게 꼼꼼하게 자세히 살펴보는 것은 이번이 처음이다. 그래서 필자는 금쪽같은 시간을 할애해 이곳에서 온종일 투자했지만 헤어질 때는 섭섭함이 발길을 가로막는다. 아쉬움을 뒤로 하고 정문을 나오면서 입구의 노점 상인들과 인사를 나누면서 다시 온다간다는 기약 없는 약속을 인사로 대신하고 다음 일정을 위하여 숙소로 향했다.

튀니스는 튀니지의 수도인데 과거와 현재가 공존하는 도시이다. 구시가지는 이슬람 세계의 중세 모습이 잘 보존되어 있지만, 신시가지에는 세련된 호텔과 은행, 상점, 위락시설, 카페 등이 많다. 튀니스는 모든 것이 편안하게 느껴지는 도시로 여유를 갖고 카르타고의 고대 유적지를 둘러보거나 일광욕을 즐기며 한가로이 여행을 즐길 수 있는 곳이다. 신시가지는 구시가지의 동쪽에 있는 계획도시로서 넓은 도로망, 카페, 멋진 빌딩들로 유럽의 분위기가 흠뻑 배어난다. 신시가지 내의 구시가지는 튀니지의 역사와 문화 중심으로, 재래시장의 미로와 같은 골목에서는 향수, 실크, 서적, 보석과 귀금속 등을 팔고 있다. 시내의 명소로는 전통의상, 집기 등을 전시한 고궁에 있는 다르벤 압달라박물관, 구시가지에서 완벽한 건축미를 자랑하는 하얀 돔의 시디 마레스 회교사원, 튀니지 최고의 박물관인 바르도박물관 등이 있다. 이 박물관 내 다섯 개의 전시실에는 선사시대, 카르타고 시대, 로마 시대, 기독교 시대, 이슬람 시대 등을 시대별로 구분하여 튀니지의 역사를 이해하기 쉽도록 보여주고 있다. 박물관에서 특히 관심을 끄는 것은 세계적으로 아름다운 모자이크 중의 하나로 로마 시대 전시관에 있는 아홉 명의 여신에게 둘러싸여 있는 로마 시인의 모자이크와 마차탄 넵튠상 등이 있다.

튀니스 국립바르도모자이크박물관 작품

다르 엘 베이(Dar El Bey)는 1795년 후세이니드 군주가 건설한 2층 건물 왕궁이다. 2층은 화려한 방과 스페인의 예술이 가미된 장식으로 사치의 극치를 보여준다. 이곳은 과거 프랑스, 스페인, 독일, 영국, 터키 등에서 방문하는 외국사절과 국빈을 모셨던 궁이며 프랑스 보호령이 되면서 행정청 건물로 사용하게 되었다. 하지만 이 건물은 현재 수상 집무실로 쓰고 있다. 시내에는 이외에도 조용히 산책할 수 있는 벨베데르공원과 아랍식 목욕탕인 하맘을 비롯하여 고급 레스토랑과 쇼핑센터 등 즐길 거리가 다양하다.

튀니스의 메디나(Medina)는 건축, 조각 관련 예술과 도시 계획의 발전에 큰 영향을 끼쳤다. 대부분의 역사적인 이슬람 중심지가 몇 세기에 걸쳐 심각하게 파괴되고 재건되는 과정을 거쳤기 때문에 남아있는 건물군은 드물지만, 메디나는 여전히 그 동질성을 보존하고 있다. 알모하드와 하프시드 왕조 치

세인 12~16세기에 튀니스는 이슬람 세계에서 가장 위대하고 부유한 도시에 속했다. 궁전, 모스크, 묘, 마드라사, 분수 등 700여 개의 기념물이 이곳의 놀라운 과거를 증언해 준다.

튀니스는 튀니지 북부의 상업과 경제의 중심지이며 튀니지 전체의 행정중심지이다. 도시는 지중해와의 사이에 오직 튀니스호수만을 둔 채 바다와 가깝게 자리하고 있다. 튀니스는 메디나라고 불리는 구시가와 현재 도심지인 프렌치쿼터(French Quarter) 그리고 도시의 남부와 북부에 세워진 새롭고 더 넓은 지역 등 세 부분으로 나뉘어 있다.

메디나의 모든 것 중에서 길을 따라 보이는 신비하고 다채로운 문들은 튀니지 메디나 주민들의 생각과 삶의 방식을 가장 잘 드러낸다. 단순한 문, 하프시드 양식의 이중 직사각형 문 등이 있고, 문 아래에 작은 문이 달린 '코우카(Khoukha)'라고 알려진 문도 있다. 코우카는 아브드 알아지즈 이븐 무사 이븐 누이사르(Abd al-Aziz ibn Musa ibn Nusayr)의 아내인 스페인 공주가 이슬람교도 신하들로 하여금 그들의 군주인 남편에게 경배하게 하도록 고안한 것이다.

이곳을 뒤로하고 우리는 메디나의 전통 바자르(재래시장)로 향했다. 상인들과 재미있는 흥정도 해보고 생활용품도 구입하고 난 후, 지중해 바닷가로 이동하여 지중해의 아름다운 해변을 따라 야자수 그늘 아래 하얀 모래알을 밟고 석양을 바라보며 조용히 생면부지의 숙소를 찾아 한 걸음, 두 걸음 옮겨 본다.

시디 부 사이드(Sidi Bou Said)는 튀니지의 수도 튀니스로부터 20km 정도 떨어진 곳에 위치한 튀니스주의 도시이다. 독특한 돔 형태의 지붕과 아치형의 대문 그리고 발코니가 모두 푸른색으로 장식되어 있는 이곳은 튀니지의 전통 건축양식을 볼 수 있어 관광객들이 많이 찾는 명소이다. 이곳은 또 흰 벽에 마린브로 창이 늘어서 있는 고지의 거리에 있으며 유럽 예술가들이 많이 체류했던 곳으로도 유명하다. 그리고 튀니스만의 경치를 한눈에 볼 수 있는 곳이다.

시디 부 사이드는 카르타고를 가는 길에 라 마사 해변과 함께 둘러볼 수도 있는 고대도시이다. 바이사언덕 정상에는 1890년에 프랑스인이 세운 세인트 루이스 성당이 있으나 일반에게 개방하지 않는다. 성당 뒤편으로는 국립박물관이 있으며 바이사 유적 발굴터가 있다. 시디 부 사이드는 이곳에 살았던 종교지도자의 이름을 딴 것인데 언덕 위에 하얗고 파란 집들이 있는 낭만적인

시디 부 사이드 지중해 전통마을

곳이다. 마을 골목을 따라서 카페와 공예 · 보석 가게가 있다. 라 마사 · 가마쓰 · 라우아드 해변에는 윈드서핑을 즐기기 좋은 곳이며 해변을 따라 멋진 음식점과 위락시설 등이 있다.

카르타고(Carthago, 라틴어; Carthago, 페니키아어; Qart-Hadasht)는 현재 튀니스 일대에 위치해 있던 페니키아 계열의 고대도시로, 이 이름은 고대 로마인들이 부른 것이다. 페니키아어로는 콰르트하다쉬트(새로운 도시)이며, 그리스인은 '칼케돈'이라 불렀다. 이곳은 지중해를 사이에 두고 로마와 패권 다툼을 벌였으며, 기원전 146년 제3차 포에니 전쟁에서 패배하여 로마 공화정의 아프리카 속주의 일부가 되었다. 이후 완전히 파괴된 도시를 기원전 46년에 율리우스 카이사르가 재건하여 북아프리카 일대 상공업의 중심지가 되었으며 5세기경에는 반달족의 침입을 받았다. 698년 다시 아랍인들에게 파괴되어 역사 속으로 사라졌다.

카르타고의 폐허는 현재 유네스코가 지정한 세계문화유산 중 하나이다. 그리고 로마는 티아라를 건설했고, 그리하여 과거 페니키아 식민지와 동쪽의 벵가지부터 서쪽의 지브롤터와 포르투갈에 이르는 지역(사르데냐, 코르시카, 시칠리아 일부, 발레아레스제도 등)들을 아우르는 대제국을 건설했다.

카르타고는 지중해에 면해 있으면서 동시에 육지에 비옥한 경작지를 소유한 탓에 농업에 종사한 가문들과 상업에 종사한 가문들 사이에 갈등이 끊이질 않았다. 일반적으로 상업 중심파가 정부를 장악하고 있었으며, 기원전 6세기에 이르러 지중해 서부의 헤게모니를 확립시키기에 이른다. 기원전 6세기 초반, 항해자 한노가 아프리카 해안가까지 항해한 것으로 알려져 있으며,

현재의 시에라리온에까지 도달했다고 알려져 있다.

튀니스의 교외 걸프만 중앙에 위치한 카르타고는 유적들의 보물 창고이다. 카르타고는 기원전 814년 페니키아의 공주 디도가 세운 도시라고 알려져 있으며 튀니지에서 역사적인 가치가 가장 높은 유적이다. 한니발 장군이 로마에 저항했으나 결국은 기원전 146년 정복당했다. 후에 로마가 점령했으나 439년 스페인에서 남하한 반달족에게 넘어갔다. 705년 아랍 세력이 확장하면서 이슬람화되었으며 페니키아와 로마의 공공목욕탕, 신전 등 유적으로 가득 찬 곳이다. 카르타고는 당시 건설된 노천극장이 잘 보존되어 있으며 해마다 카르타고 국제 축제가 이곳에서 열리고 있다. 극장 뒤편에는 복원된 로마의 건축물이 있고, 카르타고박물관에는 안토니우스의 목욕탕과 신석기, 페니키아, 로마, 비잔틴 유물이 전시되어 있다.

그리고 포에니 전쟁은 기원전 254년 지중해 시칠리아섬 동북쪽에 있는 메시나라는 곳에서 카르타고와 로마가 패권 다툼으로 인해 일어났다. 23년간이나 지속하였으며 전쟁 말기에 카르타고를 지휘한 장군은 하빌카르 바르카 장군이었다. 그는 유명한 지중해의 전설적인 영웅 한니발 장군의 아버지이다. 그러나 카르타고는 전쟁에서 패하고 말았다. 그 후 세력을 야심 차게 키워온 카르타고는 기원전 218년 2차 포니에 전쟁에 도전, 로마와 치열한 전투를 하였다. 2차 포니에 전쟁에도 카르타고는 속수무책으로 로마군사들 앞에서 무너지고 말았다. 그리고 이번 2차 포니에 전쟁을 지휘한 장군은 아버지에 이어 지중해 3대 영웅(한니발, 알렉산더 대왕, 나폴레옹) 중 한 명인 한니발 장군이었다. 그리고 전쟁에 도전한 카르타고는 한니발 장군의 고향이기도 하다. 그

한니발 장군의 고향 카르타고 유적지

러고 난 후 반세기를 지나 기원전 149년 3차 포니에 전쟁이 발발하여 기원전 146년에 그 지긋지긋한 3차 포니에 전쟁이 로마의 승리로 막을 내렸다.

로마는 카르타고가 다시는 재기의 회생이 불가능할 정도로 철저하게 파괴하였다. 그리고 그 자리에 로마의 도시를 건설했다. 그래서 카르타고에 남아있는 유적은 카르타고 유적이 아니고 로마가 카르타고 지역에 세운 로마의 유적이라는 것을 명심해야 한다.

우리 일행은 그나마 현재까지 보잘것없이 흔적만이라도 남아있는 유적이지만 역사적으로 유명하고 인류에게 소중한 문화유적지를 조용히 차례대로 둘러보았다. 그리고 기념 촬영도 하고 기념품도 하나 구입하면서 튀니지 여행을 마무리했다.

리비아 Libya

　지중해와 사하라를 보유한 나라 리비아(Libya)는, 북쪽으로는 코발트 빛의 아름다운 지중해를, 남쪽으로는 세계최대의 사하라사막을 끼고 있다. 리비아는 반만년의 풍부한 문화유산과 295억 배럴의 석유가 매장되어 있는 등, 많은 자원을 지닌 나라로 공식 국명은 리비아인민사회주의아랍공화국(The Great Socialist People's Libyan Arab Jamahiriya)이다.

　'리비아'라는 이름은 원래 북아프리카 일대의 사막을 일컫던 그리스어이다. 국토의 90%가 사막 지대로 이루어져 있다. 아프리카 대륙에서 네 번째로 넓은 국가로서, 과거에 이탈리아의 통치를 받다가 1951년에 왕국으로 독립하였다. 법률상의 수도는 벵가지(Benghazi)이나 실질적인 사실상의 수도는 트리폴리(Tripoli)라고 할 수 있다. 국토 대부분이 사하라(사막)의 건조한 불모지이며, 튀니지와 알제리(서쪽), 니제르와 차드(남쪽), 수단(남동쪽), 이집트(동쪽), 지중해(북쪽)와 각각 접해 있다.

　리비아는 고대 그리스와 이탈리아 유적의 웅장함을 지니고 있으며, 리비아인들은 다른 북아프리카에서 볼 수 없는 여행자들에 대한 친절함으로 인해 좋은 평판을 듣고 있다. 리비아는 야자수와 사막뿐만 아니라 지중해의 분위기도 함께 느낄 수 있는 곳이다.

렙티스 마그나(Leptis Magna)와 수도인 트리폴리 동쪽에 남아있는 로마 유적과 리비아 동부의 그리스 유적, 아랍의 침략을 지탱하며 사하라에서 1,000년 동안 이어져 내려온 페잔(Fezzan)의 Garamantian 왕조 유적 등에서 지중해 최고의 문화유산을 볼 수 있다.

우리에게 리비아는 카다피 지도자와 대수로 공사 수주로 잘 알려진 나라이다. 우리나라는 대수로 공사뿐만 아니라 여러 건설공사 수주와 리비아 기간산업 확충 및 인프라 건설에 참여하였으며, 트리폴리에서는 대우 자동차를 흔하게 볼 수 있다. 무아마르 알 카다피(Muammar al-Qaddafi)의 38년 철권통치가 이어지고 있었지만 2003년 대량살상무기(WMD) 포기 선언 뒤 경제제재가 풀리면서 리비아에도 변화의 바람과 개방의 물결이 일고 있다.

국토면적은 1,676,198km^2(한반도 8배)이며, 인구(2022년 기준)는 약 695만 8천 명이다. 언어는 아랍어 이외에 영어와 이탈리아어도 사용할 수 있다.

시차는 한국 시각보다 7시간 늦다. 한국이 정오(12시)이면 리비아는 새벽 05시가 된다. 환율은 한화 1만 원이 리비아 약 12.33디나르로 통용되며 신용카드와 여행자 수표는 거의 사용할 수 없기 때문에 현금만 사용된다. 외화로는 미국 달러를 선호하는 편이나, 최근에는 유로화도 받고 있다. 전압은 220V/50Hz를 사용하며, 종교는 전 인구의 97%가 수니파 이슬람교도이다.

트리폴리 세리피스 신전

　트리폴리는 리비아의 실질적인 수도이다. 트리폴리시의 오래된 벽으로 둘러싸인 메디나(Medina)는 지중해의 오래된 유적 중의 하나이다. 이 벽은 로마 점령기에 트리폴리타니아의 내란을 대비해 육지 쪽으로 만들어졌으며, 많은 외침에도 불구하고 점령자들이 보수하여 아직도 남아있다.

　8세기에는 무슬림 통치자들이 바다 쪽에 벽을 쌓아서 세 개의 대문을 통해 도시로 들어오게 하였다. 서쪽으로는 밥 자나타(Bab Zanata), 남동쪽으로는 밥 하와라(Bab Hawara) 그리고 북쪽 벽으로는 밥 알바흐(Bab Al-Bahr)라는 대문을 만들어 수도를 방어하였다. 이것은 우리나라의 조선 시대 숭례문(남대문), 흥인지문(동대문), 돈의문(서대문)이 만들어졌던 사정과 다르지 않았을 것이다. 아싸라야 알함라(Assaraya Alhamra) 성은 고도의 동쪽 면을

황제에게 바쳤다는 안토니우스 신전

지키고 있는데, 로마 시대 이전에 건축되어 아직도 트리폴리의 스카이라인을 이루고 있다.

성 소피아 사원은 마치 이스탄불에 산재해 있는 여느 모스크와 비슷해 보인다. 간혹 사람들이 마주 보고는 블루모스크와 아주 흡사하다고 느낄 수도 있다. 또한 많은 역사적인 모스크와 생동감 넘치는 메디나가 좋은 역할을 하고 있다. 튀르크와 이탈리아의 식민지 지배 동안에도 인상적인 도시의 건축물을 만들었으며, 무엇보다도 카다피의 혁명은 각종 간판과 현대적인 상업 도시로 볼 수 없게 만들어버렸다. 쉽게 눈에 띄는 트리폴리의 조형물은 붉은 성 아사이 알-함라(Assai al-Hamra)로 북쪽 곶에 위치해 바다가 어떤 것인지를 조망하게 했다. 방대한 구조, 미로와 골목의 가옥들은 100년 이상이 걸려서 건설되었다. 한때 이 도시를 통치했던 튀르크, 카라만리, 스페인, 몰타, 이탈리아 등의 예술과 건축의 흔적이 남아있다. 메디나는 트리폴리의 심장으로 시각적으로 가장 활기가 넘친다. 여행자들에게 유용한 상업지역 수크에는 독특한 분위기가 흐르고 지방의 향기가 느껴진다.

지중해 지역에서 최고의 로마제국 유적으로 인정받는 렙티스 마그나는 환상적인 건축물과 거대한 규모로 인해 유적에 관심이 없는 여행자라도 인상적인 느낌을 받게 된다. 도시는 원래 피노시아인 항구로 기원전 천년부터 정착이 이루어진 곳이다. 노예, 금, 상아, 고가의 금속이 주변 지역의 비옥한 농경지에서 보충되어 부를 창출했다.

리비아 엘마르는 기브주에 있는 고대도시로 유적을 대(大) 렙티스라고도 한다. BC 9세기 무렵에는 오에아(지금의 트리폴리), 사브라타와 함께 '트리폴리스'라고 불렸다. 2세기 후반 렙티스 출신의 로마 황제 셉티무스 세베루스 때에 전성기를 맞이하여 북아프리카에서 무역의 중심지로 번성하였다. 황제는 도시를 정비하여 동서남북으로 뻗은 도로를 내고 새로운 포룸과 바실리카 등을 건설하였다. 1921년부터 로마 시대의 유적이 발굴되어 세베루스의 개선문, 대규모의 공공목욕탕, 열주(列柱)와 아치가 늘어선 시장, 1세기 초에 건설된 장대한 원형극장, 거대한 바실리카, 포룸 등의 유적이 양호한 상태로 복원되었다. 1982년 유네스코에서 세계문화유산으로 지정하였다.

세베란 아치(Severan Arch)는 기원전 230년 제후가 자신의 고향을 방문한 셉티무스 세베루스 황제에게 경의를 표하기 위해 건설했다고 한다. 멀지 않은 곳에 대리석과 화강암으로 장식된 로마 이외의 지역에서 가장 큰 하드리아닉 목욕탕(Hardrianic Baths)이 있다. 님프를 숭배하기 위해 만든 님페움(Nymphaeum)이 부분적으로 남아있으며, 로마의 포룸처럼 디자인으로 웅장하기가 비슷한 두 개의 거대한 포룸 그리고 비범하게 정교한 바실리카(Basilica)와 극장(Theatre) 등을 발견할 수 있다.

사브라타(Sabratha)는 트리폴리 서쪽 약 80km 지점에 있으며, 이곳은 기원전 8세기까지 그 역사를 거슬러 올라간다. '사브라타'라는 이름은 현지 원주민인 베르베르(Berber)족 언어의 의미로 '곡물 시장'이라는 뜻이다. 카르타고 정착민들이 넘어오면서 항구지역에 자리를 잡았고, 그 후 BC 2세기부터 그리스 문명이 들어오면서 건축양식 등이 영향을 받게 되었다. 그리고 이때부터 사브라타는 주변 지역에서 중요한 항구로 크게 번성하였다.

사브라타 유적지

AD 1세기경의 큰 지진으로 붕괴한 건축물들은 이후 로마식민지의 건축물로 바뀌게 되며 오늘날 우리가 볼 수 있는 것도 그 시절의 흔적들이다.

오에아(지금의 트리폴리), 또한 렙티스 마그나와 함께 트리폴리타니아 지방으로 불리는 사브라타는 페니키아인이 아프리카의 각종 생산물을 운반, 수송하는 무역항으로 건설하였다. 당시 트리폴리타니아를 방문한 페니키아인은 오에아, 사브라타, 렙티스 마그나의 세 도시를 건설하고, 지중해 무역의 거점으로 삼았다. 그 후 트리폴리타니아는 카르타고, 알렉산더 대왕의 지배하에 들어갔고, 기원전 84년부터는 로마제국의 속주가 되어 로마의 곡창이 되었다. 이후 행정의 중심을 오에아(현재의 트리폴리)로 옮기고 사브라타는 이전의 번영을 되찾을 수 없었다. 사브라타 유적이 다시 주목을 받게 된 것은

리비아 사하라사막(출처 : 현지 여행안내서)

리비아 사하라사막(출처 : 현지 여행안내서)

1920년대부터 시작된 이탈리아 식민지 지역 발굴 이후이다. 사브라타 유적
은 1982년 세계 문화유산으로 등록되었다.

Part 2.

남아프리카

South Africa

짐바브웨 Zimbabwe

짐바브웨(Zimbabwe)는 아프리카 대륙 중앙 남부에 있는 나라로, 1888년부터 영국 남아프리카회사의 지배를 받다가 1923년 영국의 자치식민지로 편입되었다. 1953년 로디지아 · 니아살랜드연방(Federation of Rhodesia and Nyasaland)을 수립하였고 1963년 연방 해체 후 영국의 자치식민지로 계속 남았으며, 1980년 정식 독립하였다.

정식명칭은 짐바브웨공화국(Republic of Zimbabwe)이다. 동쪽으로 모잠비크, 남쪽으로 남아프리카공화국, 북쪽으로 잠비아, 서쪽으로는 보츠와나와 국경을 접한다. 로디지아 · 니아살랜드연방 구성체 중 니아살랜드와 북(北)로디지아는 1964년에 각각 말라위와 잠비아로 독립하였다. 그러나 남로디지아는 소수의 영국계 백인이 다수의 아프리카 흑인을 지배하고 극심한 인종차별 정책을 취해 국제적인 비난을 받았으며, 1980년에 총선을 치른 후 국제승인을 받아 정식 독립을 맞이하였다. 국명은 쇼나어(語)로 '돌집(Houses of Stone)'을 뜻하는 'dzimba dzemabwe'에서 유래했다. 행정구역은 8개 주와 2개 특별시로 되어있다.

1980년 영국으로부터 90년간 식민지 지배하에 있다가 독립한 공화제 국가로서 정부는 대통령제 형태를 채택하고 있으며 상하 양원제를 운용하고 있다. 짐바브웨는 잠비아와 모잠비크, 보츠와나와 남아프리카공화국과 접하고 있는 내륙국가이며 세계최대의 인공호수인 카리바호수와 윙기, 마나 풀 국립공원 그리고 빅토리아폭포 등 훌륭한 관광자원이 있다. 전 국토의 11%에 해당하는 넓은 지역이 국립공원으로 지정되어 있으며, 국토의 50% 이상이 고원지대이다. 동부의 이니양가(Inyanga) 산지는 해발 2,500m가 넘는다. 북쪽에는 잠베지(Zambezi)강, 남쪽에는 림포포강, 동쪽은 사비강이 관류하여 동남부로 흐르고 있으며, 잠베지강에는 거대한 인공호 카리바호수와 빅토리아폭포가 있다. 계절은 4~10월 건기와 11~3월 우기로 나뉘며, 연중 10월이 가장 더운 계절이다. 그러나 온도는 섭씨 22도에서 30도, 겨울은 15~22도 정도이며, 습도는 낮다.

민족구성은 마쇼나와 카란자, 제주루, 다우, 마니카, 고레고레, 디벨레, 통가족 및 백인계인 영국인, 그리스인, 포르투갈인, 남아공 백인계 등으로 20세기 초에 이주한 사람들의 후손이 약 70만 명으로 전체인구의 8%를 점유하고 있다. 종교는 아프리카인 대부분이 애니미즘(Animism)을 믿고 있으며 유럽인과 소수의 아프리카인이 그리스도 교도이다. 친절한 국민성을 갖고 있으나 최근에는 영국인이 소유한 토지에 대한 국민의 감정폭발로 정치적인 문제가 되고 있다.

국토면적은 390,580km²(한반도의 1.7배)이며, 수도는 하라레(Harare)이다. 인구(2022년 기준)는 약 1,510만 명으로, 종족 구성은 아프리카인

(98%), 혼혈인 및 아시아인(1%), 백인(1%)순이다.

주요 언어는 영어(English), 쇼나어(Shona), 은데벨레어(Ndebele) 등을 사용하며, 종교는 기독교와 토착 종교 혼합(50%), 기독교(25%), 토착 종교 (24%), 이슬람 및 기타(1%) 순이며, 시차는 한국 시각보다 7시간 늦다. 한국 이 정오(12시)이면 짐바브웨는 새벽 05시가 된다.

짐바브웨 달러는 단종 상태라 화폐로서 가치가 없다. 그래서 미국 달러, 남아공 랜드, 유로화 등으로 통용 중이다. 전압은 220V/50Hz를 사용하고 있다.

2006년 8월 20일 아프리카 최남단 4개국(짐바브웨, 보츠와나, 잠비아, 남 아프리카공화국)을 여행하기 위해 홍콩을 경유하여 남아프리카 최대 상공업 의 중심도시 요하네스버그 공항에 도착해서 연결편으로 짐바브웨 빅토리아 국제공항으로 향했다.

공항에 도착하니 아프리카 전통 복장을 한 사람들이 우리 일행들을 혼이 빠지고 넋이 나갈 정도로 요란하고 풍성하게 맞이하여 주는 행사는 지금도 눈에 선하다. 그리고 점심 식사를 호텔 1층 테라스에서 하고 있는데 덩치가 조그마한 원숭이들이 주변에서 서성거리다가 기회를 포착해서 공격하듯이 달려와서 식탁 위에 놓여있는 과일들을 싹쓸이해서 달아난다. 원숭이들은 이 내 안전한 곳으로 이동해서 보란 듯이 여유 있게 과일을 야금야금 먹는다.

그리고 이곳 바로 이웃에는 웅장하고 거대한 빅토리아폭포가 장관을 이루 며 흘러내리고 있다. 빅토리아폭포는 아프리카 대륙 남부의 짐바브웨와 잠

짐바브웨 방문 환영식(출처 : 현지 여행안내서)

비아를 국경으로 경계하여 흐르는
잠베지강에 위치하고 있다. 이 폭
포는 세계 3대 폭포 중의 하나로
높이가 100~150m이고, 이곳저
곳에서 떨어지는 폭포군의 총 너
비가 1,500m에 이른다. 폭포 위
에 몇 개의 작은 섬이 있어 여러 개
의 폭포로 갈라져 떨어진다. 폭음
과 물보라가 요란하여 우기 때 원
주민들은 '천둥소리 나는 연기'라고

빅토리아폭포(짐바브웨)

불러왔는데, 1855년 영국의 선교사이며 탐험가인 리빙스턴(Livingstone, 1813~1873)이 발견하여 영국 여왕의 이름을 따서 '빅토리아폭포'라고 이름 지었다.

1904년에 철도가 개통되고 난 후 국립공원으로 지정되면서 지금은 세계적인 관광지가 되어 지구촌 여행자들의 주목을 받고 있다. 모두 다섯 명인 우리 일행들은 오후 내내 폭포와 폭포 사이를 오가기도 하고 이곳저곳에 어김없이 나타나는 원숭이들을 구경하며 즐겁고 유익한 시간을 보냈다.

다음 날 잠베지강 사파리 투어를 떠나기 위해 잠베지강 어귀에 있는 선착장으로 향했다. 잠베지강은 아프리카 남부에 흐르는 강으로 길이가 2,740km이고, 유역 면적은 133만 km^2에 이른다. 앙골라 동부에서 발원한

잠베지강 선상 사파리 투어

잠베지강은 짐바브웨와 잠비아 국경을 경계로 하여 흘러가서 모잠비크해협을 통해 인도양으로 흘러 들어간다.

오늘은 빅토리아폭포 상류에서 조그마한 유람선을 타고 강기슭을 오가며 잠베지강에 서식하는 야생동물을 관람하는 일정이다. 목적은 주로 물고기들 외에 하마와 악어 무리들을 관찰하기 위한 투어이다.

필자는 선장에게 양해를 구하여 직접 유람선을 운전하며 두 시간 동안 유유히 흐르는 잠베지강을 거슬러 올라갔다가 내려오는 일정을 무난히 소화했다. 하마무리와 악어 떼가 멀리 물속에서 헤엄치는 모습과 머리 부분(눈, 코, 입) 정도만 관찰할 수 있고 육상에서처럼 통째로 바라볼 수는 없었다. 그러나 우리는 잠베지강의 수상 사파리 투어 일정을 만족스럽게 생각하며 다음 여행지인 보츠와나로 이동했다.

보츠와나 Botswana

　보츠와나(Botswana)는 아프리카 남부 중앙내륙에 있는 나라이다. 1895년 영국의 베추아날란드(Bechuanaland) 보호령이 되어 일부는 케이프 식민지에 편입되었고, 1966년 9월 보츠와나공화국(Republic of Botswana)으로 독립하였다.

　정식명칭은 보츠와나공화국이다. 동쪽은 짐바브웨, 서쪽과 북쪽은 나미비아, 남쪽과 남동쪽은 남아프리카공화국과 국경을 접하고, 북단부는 짧은 국경으로 잠비아와 접하고 있다.

　츠와나(Tswana)족이 79%로 다른 아프리카 국가들과 비교하면 종족 간 갈등이 거의 없고 민주주의 제도가 발전되어 독재 등의 정치적 불안요인이 없다. 그러나 세계 최고의 후천성면역결핍증(AIDS) 감염 국으로 우리가 방문한 연도 평균 나이가 33.74세(2006년)이며 사망률이 출생률보다 높아 인구가 줄고 있다. 국제연합(UN), 아프리카통일기구(OAU), 영국연방에 가입되어 있고, 행정구역은 9개 지구와 5개 시 협의회로 이루어져 있다.

　보츠와나는 '한국의 슈바이처'로 일컬어졌던 김정(金精) 박사가 아프리카에서 의술을 펼쳤던 곳이다. 이곳은 국토의 약 3분의 1이 남회귀선(南回歸線) 이남에 있고, 북단은 남위 18° 부근에 위치해 있다.

심한 건조기후로 인구는 적은 편이지만 바롤롱족, 방과케체족, 발레떼족 등 츠와나족에 속하는 8대 부족이 각기 부족별로 지정된 지역에서 토지 소유권을 가지고 살고 있다. 이 중 츠와나어를 사용하는 7개 종족(90%)은 비옥한 동부 지역에 거주하며 서쪽 오카방고 지방과 칼라하리사막에는 부시면족이 살고 있다. 주민들은 부족별로 지정된 지역에서 목축과 농업에 종사하고 있다. 하지만 일부는 유럽인 농원의 노동자로 고용되어 있기도 하나, 고용의 기회가 적어 남아프리카공화국에 진출하고 있는 실정이다. 츠와나어가 보츠와나 국민 사이에 광범위하게 통용되고 있으며, 영어는 공용어로 관청이나 상용어로 사용되고 있다. 보츠와나의 국민은 대부분이 반투계에 속한다. 이 지방의 원주민인 부시면은 인구가 희박한 지역에서 소수가 아직도 원시적인 수렵 생활을 하고 있지만, 백인과 반투계 여러 종족의 박해로 인해 점차 쇠퇴하고 있다.

국토면적은 582,000km²이며, 수도는 가보로네(Gaborone)이다. 인구 (2022년 기준)는 약 239만 7천 명으로, 종족 구성은 츠와나족(79%), 카랑가족(11%), 기타(10%) 순이다.

주요 언어는 영어와 츠와나어(Setswana)를 사용하고 있으며, 종교는 기독교(72%), 토속신앙(6%), 기타(2%), 무교(20%) 순이다.

시차는 한국 시각보다 7시간 늦다. 한국이 정오(12시)이면 보츠와나는 새벽 05시가 된다. 환율은 한화 1만 원이 보츠와나 약 8.6풀라로 통용된다. 전압은 230V/50Hz를 사용하고 있다.

보츠와나의 최대 관광명소이며 관광코스의 백미라고 할 수 있는 초베 국립
공원(Chobe National Park)은 멸종 위기 동물 보호를 위해 정부에서 지정
한 보츠와나의 국립공원이다. 이 지역은 보츠와나 북서쪽에 있으며 보츠와나
에서 두 번째로 큰 국립공원이다. 이곳은 아프리카 대륙에서 가장 많은 동물
이 밀집해 있는 지역이며 사파리 투어로 유명하다. 정부는 1932년에 초베 지
역의 24,000km²를 수렵 금지지역으로 지정 고시하고 1933년에 그 넓이를
31,600km²로 확장했다. 그리고 1967년에는 보츠와나 최초의 국립공원으로
지정되었다.

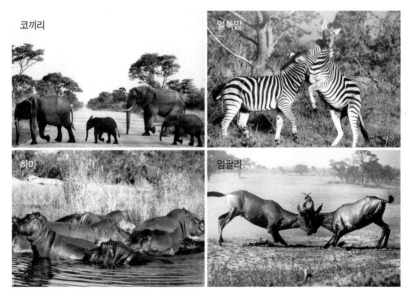

초베 국립공원 야생 동물들(출처 : 현지 여행안내서)

이 공원에서 사파리 투어로 가장 장관을 이루는 것 중 손꼽히는 것은 세계에서 가장 큰 집단을 형성하고 있는 코끼리 떼이다. 이곳 코끼리 떼는 건기에는 리니안타강과 초베강에서 지내다가 우기에는 200km가 떨어진 남동쪽으로 이동한다. 나미비아와 강을 사이에 두고 국경을 경계로 하므로 강을 건너면 나미비아 지역에서 서식하고 다시 돌아오면 보츠와나 지역에서 서식하게 된다.

이곳 코끼리들은 지구상의 코끼리 중에서 몸집이 가장 거대하지만, 상아는 작은 편이다. 그래서 부러지기 쉽다. 초대형 어미 코끼리가 먹이를 찾아 이동하기 위하여 초베강을 건너기 시작하면 크고 작은 십여 마리 이상 되는 코끼리 가족들이 몸집의 크기와 서열대로 줄을 지어 이동하는 모습은 이곳에서만 볼 수 있는 장관이다. 그리고 무리 중 아기코끼리가 맨 나중에 영문도 모르고 뒤를 따라가는 모습은 말로 표현할 수 없을 정도로 귀엽기도 하다. 한 가지 아쉬운 것은 육식동물(사자, 치타, 하이에나 등)들은 보지 못했다.

아쉬움을 뒤로하고 잠베지강처럼 초베강 유람선을 직접 운전하면서 유익하고 즐거운 하루 일정을 소화했다. 마지막 하선할 때는 '하루를 더 투자했으면……' 하는 아쉬움에 짧은 일정이 유감스럽기도 했다.

잠비아 Zambia

잠비아(Zambia)는 아프리카 대륙의 중앙 남부에 있는 내륙국으로, 1888년부터 영국 남아프리카회사에 의해 지배되다가 1911년 남·북로디지아로 분리, 통치되었다. 1923년 북(北)로디지아는 영국 보호령이 되었고, 1953년 로디지아·니아살랜드연방을 거쳐 1964년 독립하였다.

정식명칭은 잠비아공화국(Republic of Zambia)이다. 북쪽으로 콩고민주공화국, 북동쪽으로 탄자니아, 동남쪽으로 모잠비크, 남쪽으로 짐바브웨와 보츠와나, 나미비아, 서쪽으로 앙골라와 국경을 접한다.

광물 자원이 풍부하며 특히 구리의 생산량은 세계적인 규모이다. 국명은 잠베지강(江)에서 딴 것이다. 행정구역은 9개 주로 되어있다. 1953년 수립된 로디지아·니아살랜드연방 구성체 중 니아살랜드(Nyasaland)는 1964년 말라위로 독립하였고, 소수의 영국계 백인이 다수의 아프리카 흑인을 지배하며 극심한 인종차별 정책을 취했던 남(南)로디지아는 1980년 짐바브웨로 독립하였다.

아프리카의 남부 중앙부에 위치하며 인종을 초월한 하나의 잠비아, 하나의 국가를 추구하는 나라이다. 짐바브웨와는 잠베지강 줄기의 인공호수인 카리바호수를 경계로 하고 있다. 호수는 길이 280km, 폭 40km로 아프리카에서 가장 넓은 세계 제2의 호수이다.

잠비아는 행정구역상 9개의 주로 나뉘며, 이들은 각각 카푸에강과 루앙가강의 지류 사이에 있는 루사카주, 고원지방으로 농업지대인 중앙주, 루아푸라강과 무웨루호수 일대에 있는 루아푸라주, 말라위 국경에 있는 동부주를 비롯하여 북서주, 서부주, 남부주, 북부주, 코퍼벨트주로 되어있다. 국토 대부분은 사바나 초지이며, 밀림과 습지대 또한 발달해 있다. 농경이 가능한 면적은 국토의 5%에 불과하며, 나머지는 해발 1,200m 내외의 고원지대(카푸에계곡, 잠베지계곡과 방와울루호수 주변의 습지대)이다.

3대 하천인 잠베지강, 카푸에강, 루앙가강이 각각 서부와 중부, 동부에서 잠비아 내륙을 남북으로 관류하여 카리바호수로 흐르고 있다. 열대에 속하나 고원지대여서 온화한 편이며 계곡은 대단히 덥다. 계절은 세 계절로 나뉜다. 시원한 건기인 겨울(5~8월)은 16~27도, 더운 건기인 9~11월은 23~28도, 무더운 우기(12~4월)는 27~32도의 분포를 보인다. 가장 더운 달은 10월로 남부에서는 39도까지 올라가며, 북부는 31도 정도이다. 7월은 가장 시원하며, 평균기온은 17도이다.

국토면적은 752,618km²(한반도의 약 3.4배). 인구(2022년 기준)는 약 1,893만 명이며, 종족 구성은 아프리카인(99.5%)이 대부분을 차지한다. 주요 언어는 영어를 공용어로 사용하며, 수도는 루사카(Lusaka)이다. 종교는 기독교(50%), 이슬람교(24%), 힌두교(20%), 토속신앙(1%) 순이다.

시차는 한국 시각보다 7시간 늦다. 한국이 정오(12시)이면 잠비아는 새벽 05시가 된다. 환율은 한화 1만 원이 잠비아 약 6크와차로 통용된다. 전압은 230V/50Hz를 사용하고 있다.

우리는 보츠와나 지역에서 육로를 이용, 국경을 넘어 잠비아 리빙스턴 지역으로 이동해서 호텔에 투숙했다. 리빙스턴이라는 지명은 1855년 영국의 탐험가 리빙스턴이 이곳에서 폭포를 발견하고 영국 여왕의 이름을 따서 빅토리아폭포라고 이름을 지어준 장소이기도 하다. 그래서 이곳 도시의 지명은 리빙스턴을 기리기 위해 '리빙스턴'이라 불린다.

빅토리아폭포

우리는 오늘 온종일 잠비아 지역에서 빅토리아폭포를 관광하는 일정이다. 잠베지강과 빅토리아폭포를 사이에 두고 잠비아와 짐바브웨가 국경을 마주하고 있어 폭포의 높이와 넓이는 별반 차이가 없다.

빅토리아폭포 헬기 투어

빅토리아폭포 항공촬영

이틀 전에는 짐바브웨에서 잠비아를 바라보며 빅토리아폭포를 구경하고, 오늘은 잠비아에서 짐바브웨를 바라보며 폭포를 구경하는 일정이다. 필자는 인솔자와 상의해서 옵션으로(100달러) 1시간 헬리콥터를 타고 빅토리아폭포와 잠베지강 상류를 돌아보기로 했다.

헬기 투어 중 가장 흥미진진한 코스는 조종사의 서비스로 진행한 헬기 저공비행이다. 헬기가 육지와 닿을 듯 말 듯할 즈음에 헬기의 프로펠러 소리에 지상의 동물들(멧돼지, 임팔라 등)이 혼비백산하여 나무와 나무 사이를 질주하며 달아나는 광경이다. 이 장면은 이 세상 어디에서도 보기 어려운 진풍경이었다. 그렇지만 촬영할 기회가 주어지지 않아 사진으로 남기지 못해 짠한 아쉬움이 남는다.

잠비아 루사카 국립공원(출처 : 현지 여행안내서)

　헬기 투어 이후 우리는 정해진 산책로를 따라 여유 있게 일행들과 어울려 세계 3대 폭포 중의 하나인 빅토리아폭포를 눈과 가슴속에 추억으로 차곡차곡 담아보았다. 그리고 서쪽 하늘에 지는 석양을 바라본 우리는 다음 일정을 머릿속에 그리며 공항으로 향했다.

남아프리카공화국 Republic of South Africa

아프리카 대륙의 최남단에 위치한 국가로, 정식명칭은 남아프리카공화국 (Republic of South Africa)이다. 북쪽으로 나미비아, 보츠와나, 짐바브웨, 동쪽으로 모잠비크, 스와질란드와 접해 있고 영토 내에 독립국 레소토 (Lesotho)가 있다. 서쪽으로는 대서양, 남동쪽으로는 인도양과 접한다. 인종차별 정책으로 말미암아 1974년 국제연합(UN)에서 축출되기도 하여 한동안 국제적으로 고립 상황에 처하였으나, 1994년 5월 넬슨 만델라 집권 이후 인종차별정책을 철폐하였다.

그 후 영국연방에 재가입 하였고, UN 총회 의석도 회복했으며, 미국과 유럽공동체(EC)의 경제제재도 풀렸다. 행정상 남아프리카공화국은 케이프 프로빈스, 트렌스발, 오렌지 프리스테이트 그리고 나탈 등 4개 지역으로 구분되며 9개 주로 구성되어 있다.

이 나라는 지리적으로 모잠비크와 접경인 인도양의 폰타도 오우로에서 대서양의 오렌지강 하구에 이르는 해안선의 길이가 3,000km에 달하며, 중부는 해발 1,200m의 고원지대로 동부 해안선을 따라 남으로 내려오면서 폭

200km에서 폭 약 60km로 좁아지는 해발 3,000m 정도의 산악지형이다. 마치 목걸이와 같은 형태를 하고 있다. 이곳은 적도에서 내려오는 아굴라스 난류와 남극에서 올라오는 벵구엘라 한류가 케이프 포인트(Cape Point)에서 만나 한류는 서쪽 해안을 따라 북상한다.

주요 종족으로 줄루족, 호사족, 코이코인족 등이 있으며 네덜란드계 백인과 아시아계 그리고 인도계 등 다양한 민족이 살고 있다. 금광 노동자로 1904년에 들어온 중국인이 63,000여 명에 이르는데, 이들은 오늘날 남아공 화교 사회의 기반을 다졌다. 다인종 국가인 남아프리카공화국은 연간 900만 캐럿의 다이아몬드와 600t의 금 생산 이외에도 크롬과 망간, 석탄 등 풍부한 광산물이 있으며, 농업, 수산업, 에너지산업에도 아프리카 제일의 생산량을 자랑하고 있다. 남아공은 40여 개 국가의 통신사가 참여한 3만 km에 달하는 해저 광케이블 프로젝트를 착수하여 80기가(GIGA)바이트 케이블 시스템으로 2001년 아프리카의 국가들과 유럽 그리고 아시아를 연결하게 되었다.

국토면적은 1,220,813km²(한반도의 약 5.5배)이며, 수도는 프리토리아(Pretoria)이다. 인구(2022년 기준)는 약 6,004만 2천 명, 종족 구성은 흑인(79%), 백인(10%), 유색인(10%) 순이다. 공용어는 영어와 아프리칸스(Afrikaans)어, 츠와나어, 줄루어 등 11개의 언어가 있다. 종교는 기독교와 가톨릭이 75%, 아프리카 전통신앙, 이슬람교 순이다.

시차는 한국 시각보다 7시간 늦다. 한국이 정오(12시)이면 남아공은 새벽 05시가 된다. 환율은 한화 1만 원이 남아공 약 126랜드로 통용된다. 전압은 220~230V/50Hz를 사용하고 있다.

저녁 늦은 밤 남아프리카공화국 제2의 도시 케이프타운(Cape Town)에 도착해서 바로 숙소로 향했다. 케이프타운은 남아프리카공화국 최남단의 북서쪽에 있는 항구도시이다. 이 도시는 이 나라의 입법상 수도로서 국회의사당이 있는 곳이다. 높이 1,087m의 테이블산을 등지고 있으며 테이블만에 면하고, 테이블 마운틴(Table Mountain)이 자리 잡고 있는 천년의 양항이자 세계적인 미항으로 손꼽히고 있다.

기후는 온대의 지중해성 기후로 5~8월에 걸쳐 비가 많이 내린다. 케이프타운은 특히 항공과 철도, 해상항로 등 교통의 중심지이며 상업과 금융업이 번성하고 조선, 식품, 가구, 기계공업 등이 발달하였다. 시가지에는 대학, 박물관, 미술관, 식물원 등 다양한 문화 시설이 잘 갖추어져 있는 도시로, 1652년 네덜란드 동인도회사 기지로 건설되었고 1806년 영국의 지배하에 들어갔다. 그리고 이 나라는 1910년 영국으로부터 독립하여 영국의 지배를 벗어나 현재에 이르고 있다.

조식 후 유람선을 타고 물개섬으로 이동했다. 섬 자체는 조그마한 바위섬으로 이루어져 있는데 물개 수십 마리가 일광욕을 즐기고 있다. 난생처음 바라보는 장면이기에 신기하게 가슴에 와 닿는다. 그리고 펭귄 서식지로 이동해서 펭귄 부부가 집을 짓고, 알을 낳고, 새끼를 기르며 살아가는 모습을 보니 인간사회와 다름이 없어 보인다. 참고로 펭귄은 인간사회와 마찬가지로 일부일처제이다. 태어나서 처음 보는 전경이기에 뒤뚱뒤뚱하며 걸어가는 펭귄의 모습은 보고 또 보아도 보고 싶은 마음은 지울 길이 없다.

그리고 다음으로 이동한 곳은 케이프 포인트이다. 이곳은 아프리카 최남단

케이프 포인트

인도양과 대서양을 구분하는 지역으로 그 중심점에 있는 곳이다. 정상에는
인도양과 대서양을 오가는 선박들의 이정표 역할을 하는 등대가 자리 잡고
있고, 가까이에는 아프리카 최남단을 실감 나게 하는 이정표와 거리표시판이
한눈에 들어온다. 뉴욕까지는 15,241km, 베를린까지는 9,575km라고 안내
하고 있다. 그리고 낙상 방지를 위해 길을 따라 돌담이 있어 여행자들을 보호
하고 있다.

　케이프 포인트 절벽에서 부서지는 파도 그리고 해변에 펼쳐지는 자연경관
을 바라보며 시원하게 불어오는 바람과 함께 이곳이 바로 아프리카에서 인도
양과 대서양을 한눈에 바라볼 수 있는 케이프 포인트임을 실감하게 한다.

　희망봉(Cape of Good Hope)은 아프리카 대륙 남쪽 끝자락에 있는 곳

희망봉

(串)이다. 북쪽으로 약 40km 지점에 아시아의 인도로 가는 항로 중개무역
지로 번성했던 케이프타운이 있고, 남동쪽으로 약 160km 지점에 아프리
카 최남단(남위 35°) 지역인 아굴라스곶이 있다. 1488년 포르투갈의 항해

희망봉

사 바르톨로뮤 디아스(Bartolomeu
Dias)가 처음 발견했으며 1497년
바스코 다가마(Vasco da Gama)가
이곳을 지나가다가 인도양 쪽으로
뱃머리가 좌회전하면서 동방 항로가
나타나자 드디어 인도로 가는 희망
이 보인다고 외치며 이곳을 '희망봉'

이라고 이름을 지었다고 한다. 지금은 이 부근 일대가 자연보호지구로 지정되어 있고 수많은 동식물이 서식하고 있다. 또한 이곳은 경치가 아름답기로 유명하여 남아프리카공화국 관광지 중의 백미라고 할 수 있다.

막상 말로만 듣고 교과서에서나 볼 수 있었던 희망봉을 눈앞에 두고 바라보는 심정은 가슴 벅찬 감동이라 아니할 수 없다. 유럽 사람들은 높이가 100m에도 미치지 못하는 이 희망봉을 수에즈운하가 개통되기 전에는, 이곳을 반드시 거쳐야 아시아의 인도나 중국에 갈 수 있었다. 이곳을 지나면 인도로 가는 항로가 열려있기에 많은 뱃사람은 희망과 용기를 가지고 뱃고동을 울리며 인도를 찾아가기 위해 전진에 전진을 거듭하여 마침내 인도에 도착했을 거라고 믿어진다.

케이프타운을 품고 있는 테이블 마운틴은 약 20억 년 전에 형성된 것으로 지각이 융기하고 이것이 침식으로 수평으로 깎인 것인데, 해발 1,087m 높이 정상은 테이블 모양으로 회색 석영 사암으로 이루어져 있다. 가운데에는 3km 길이의 고원이 펼쳐져 있으며, 양쪽에는 깎아지른 절벽이 도사리고 있다. 정상에 오르기 위해서는 해발 300m 주차장까지 버스나 자동차를 이용한다.

케이블카

테이블 마운틴에서 바라보는 만델라섬(교도소)

 주차장에서는 정상까지 케이블카를 이용하며 최대 65명까지 태우고 단 5분 만에 정상에 오를 수 있다. 팁을 전하자면 전면이 통유리로 되어있는 케이블카는 360° 회전을 할 수 있어 오르고 내리면서 주변 경관을 즐길 수 있다. 정상에서 유유히 바다를 바라보면 조그마한 섬이 하나 보인다. 일명 '만델라섬'이다. 넬슨 만델라 대통령이 정치범으로 18년간 수감된 수용소이다. 주변에 파도가 거세게 일고 있어 정부에서 수용소로 적합하다고 판단해 정치범들의 수용소로 이용하고 있다고 한다.

 테이블 마운틴에서 하산하고 난 후 타조농장으로 이동했다. 타조농장에서 특이한 체험으로는 타조 알을 구덩이에 여러 개 쌓아놓고 타조 알 위에 여행자들이 신발을 신고 올라가도 타조 알이 깨어지거나 부서지지 않는다. 일행

레세디 민속촌

들 모두가 한 번씩 체험하고 농장 주변을 둘러보고 나서 레세디(Lesedi) 민
속촌으로 향했다.

　민속촌에는 여느 나라와 다름이 없이 초기 이곳에 정착한 원주민들의 생활
양식을 그대로 보존하고 있으며 민
족의상을 입은 지역주민들이 가는
곳마다 여행객들을 친절하게 안내하
고 있다.

현지인들과 민속놀이 체험

　우리 일행들도 그들과 어울려 절
구질도 해보고 음식도 만들어 보면
서 악기(북)를 쳐보고 기념 촬영도

보츠와나 초베 국립공원 대형 코끼리(출처 : 현지 여행안내서)

하면서 즐거운 하루를 보냈다.

　이것으로 남아프리카 4개국 여행 일정을 무사히 마치고 출국을 위하여 숙소인 호텔로 이동했다.

말라위 Malawi

말라위(Malawi)의 정식명칭은 말라위공화국(Republic of Malawi)이다. '불꽃'이라는 뜻의 말라위는 국토의 2할을 차지하고 있는 가늘고 긴 말라위호 주위에 위치한 남북으로 길쭉한 나라이다.

말라위는 19세기 중엽 리빙스턴(Livingstone)의 아프리카 탐험으로 유럽에 처음 소개된 이래 줄곧 유럽인들이 진출하여 식민지화, 저항운동, 독립이라는 역사를 밟아 왔으나, 이와는 상관없이 말라위호에서 내륙으로 향하여 융기해 있는 대지와 고원은 시원하고 전망이 뛰어나다.

또한 이곳은 말라위호수(Lake Malawi)를 오가는 배가 있어서 버스나 기차 여행과는 또 다른 여행의 즐거움을 맛볼 수 있다.

아프리카에서 세 번째로 규모가 큰 가늘고 긴 말라위호수를 에워싸고 위치한 길쭉한 나라인 말라위는 북동쪽으로 탄자니아, 남서쪽으로는 모잠비크, 북서쪽으로는 잠비아와 국경이 맞닿아 있다. 말라위는 크게 세 개의 지형으로 구분된다. 북부는 산악지형으로 3,000m가 넘는 높은 산과 계곡, 험준한 고원으로 이루어져 있다. 반면 평균 1,000m 지대의 평평한 고원으로 이루어진 중앙부는 국가의 주 농업지대로 아름다운 자연경관을 자랑한다. 남부지대는 2,100m에 다다르는 말라위호수 남단의 좀바(Zomba) 평원을 제외하고는 대체로 나지막한 평원으로 이루어져 있다. 1891년부터 1964년까지 영국의 식민지 지배를 받았다. 세계적으로 빈국에 속하며 산업 인프라가 취약하고 문맹률도 높다. 수도는 릴롱궤(Lilongwe)이다.

국토의 모양은 길고 좁으며, 남북의 길이가 837km이고, 동서 폭은 8~160km이다. 여러 부족이 모여 함께 살지만, 카무주 반다(Banda, H. Kamuzu) 대통령의 강력한 지도력으로 인해 부족 간의 갈등이나 대립이 거의 없는 곳이다. 특히 이곳의 사회 분위기는 무척 도덕적이어서 치안상태가 좋아 범죄도 별로 없는 곳이다.

국토면적은 118,484km²(한반도의 약 2분의 1)이며, 인구(2022년 기준)는 1,964만 8천 명이다. 종교는 기독교(80%), 이슬람교(13%) 순이다.

시차는 한국 시각보다 7시간 늦다. 한국이 정오(12시)이면 말라위는 새벽 05시가 된다. 환율은 한화 1만 원이 말라위 약 6,486크와카로 통용된다. 그리고 전압은 220~240V/50Hz를 사용하고 있다.

수도 릴롱궤는 말라위의 내륙 평지에 자리 잡고 있는데 블랜타이어(Blantyre)에 이어 말라위에서 두 번째로 큰 도시이다. 기름진 중부고원에서 생산하는 농작물 거래의 중심지인 이 도시는 1965년 반다 대통령에 의해 말라위 북부와 중부의 경제개발 거점으로 선정되었고, 릴롱궤가 이 나라의 새로운 수도로 발전하기 시작한 것은 1968년부터였다.

이 도시는 서비스와 유통의 중심지 구실을 하는 구(舊)도시와 여기에서 5km 떨어진 곳에 정부청사와 외국 대사관들이 들어서 있는 캐피틀 힐(Capital Hill) 사이에 펼쳐져 있다. 1970~1980년대에 국제공항 신설, 살리마(동쪽)와 잠비아 국경지대(서쪽)까지 철로 연장, 릴롱궤 북부의 공단 조성, 중부 고원지대의 기름진 담배경작지 개발 등을 포함하는 개발산업을 전개했다. 말라위호(湖) 서쪽으로 약 70km 거리의 고원 위에 있는 릴롱궤는 국토의 중앙부에 위치한다. 1969년부터 6년간에 걸쳐 수도를 남부의 좀바에서 이곳으로 옮겨, 1975년 새로운 수도가 되었으며 행정과 상업, 농업의 중심지이다. 도시는 병원과 학교, 쇼핑센터, 골프장 등 비교적 현대적인 시설을 갖추고 있으며, 도심은 빈부의 격차가 심해 부유한 지역과 빈민가로 뚜렷하게 구분된다. 릴롱궤강이 도심의 중심을 관통하여 지나가는데 이곳에 릴롱궤의 최대 재래시장이 위치한다. 북쪽은 캐피틀 힐이라고 부르며 대통령 거주지와 의회 건물 그리고 말라위의 영웅으로 칭송되는 전임 대통령의 무덤이 있다. 공항과 도심을 연결하는 중간 지점에 대한민국 대양상선에서 설립한 대양병원과 간호대학이 있다. 도심의 남쪽은 빈민가에 해당된다.

말라위호수는 아프리카 동부 지구대에 산재하는 호소지대(湖沼地帶)의 최남단에 있으며 동남부 최대의 호수로, 니아사호라고도 한다.

탄자니아에서는 '냐사'(호수라는 뜻)라고 불리며 모잠비크에서는 '니아사호'라고 부른다. 이 호수는 말라위와 모잠비크, 탄자니아에 걸쳐 있으며, 아프리카에서는 세 번째, 세계에서는 아홉 번째로 큰 호수이다.

말라위호수는 스코틀랜드의 탐험가이자 선교사인 리빙스턴에 의해 발견되

말라위호수

어 영미권에서는 '리빙스턴호수'라고 부르기도 한다. 특히 열대 지방에 위치하여 다양한 어종이 서식하는 곳으로 알려져 있다. 면적은 약 3만 km²(경상남북도 면적), 남북의 길이 약 580km, 동서의 길이 80km, 호안 선의 길이는 1,500km, 호면 높이가 464m, 최대수심은 705m, 평균수심이 273m이다. 실제로 보게 되면 호수라기보다는 거의 바다에 가까울 만큼 큰 호수이다. '니아사'란 반투계(系)의 현지어로 '많은 물'이라는 뜻이다. 이 호수는 말라위와 모잠비크, 탄자니아의 국경 지역에 있다.

말라위호수는 세계 유수의 깊은 호수로서 남북으로 좁고 길게 뻗어 있으나 계절에 따라 다소 변화한다. 호안은 급경사면을 이루며, 서안과 북동안으로 작은 하천이 흘러들고, 남단에서 잠베지강의 지류인 시레강이 흘러나간다.

말라위호수에서 고기잡는 어부(출처 : 현지 여행안내서)

호수에는 호안의 도시를 연결하는 정기항로가 있고, 소형선은 시레강과 호수 사이를 왕래하여 내륙교통(內陸交通)에 큰 역할을 한다. 또한 어업도 성하고 교통이 편리하여 관광객이 많이 모여든다.

말라위호수 국립공원은 대부분 고유종인 물고기 수백여 종이 서식하며 산으로 둘러싸여 깊고 깨끗한 물을 가진, 광활한 말라위호수의 남쪽 끝에 있다. 이 공원은 갈라파고스제도(Galapagos Islands)의 핀치(Finch)새의 연구와 비교될 정도로 진화의 연구에 아주 중요한 장소이다.

호수의 물은 놀라울 정도로 맑다. 수위는 계절에 따라 주기적으로 변동하며 장기적인 변동 주기를 가지고 있다. 최근 몇 년 동안(아마도 늘어난 강수량과 고원 지역에서 숲이 파괴되어 생긴 많은 빈터 때문에) 관측이 시작된 이래 최고의 수위가 기록되고 있다. 말라위호수 자체는 세계에서 세 번째로 깊으며, 리프트 밸리(Rift Valley)의 긴 틈을 메우고 있다.

말라위 국토면적의 4분의 1에 가까운 말라위호수는 육안으로 봐서는 바다인지 호수인지 분간할 수가 없다. 그래서 말라위호수를 떼놓고 말라위를 설명할 수 없다.

그런 까닭으로 우리 일행들은 말라위호수로 이동했다. 여기저기에서 유람선을 띄워놓고 고객들을 유혹한다. 1시간 코스로 유람선을 흥정해서 유유히 떠다니는 고기잡이 어선들 그리고 이 동네, 저 동네를 오고 가는 여객선들을 바라보며 즐겁고 유익한 일정을 마무리했다.

그리고 이곳 전통 바자르(Bazaar)로 이동했다. 이 집 저 집을 둘러 보았

말라위호수 부근 과일가게

쿠발리 민속촌

지만, 노상의 과일 가게가 과일도 많고 손님도 제일 많이 북적거린다. 이것 저것을 흥정해 보고 10달러를 지불하고 과일 봉지를 손에 쥐고 시장을 빠져 나왔다.

그리고 쿠발리 민속촌으로 향했다. 민속촌에는 밀랍으로 만든 인형들이 눈에 제일 많이 보인다. 모두가 아프리카 전통 복장이기에 그곳으로 시선이 집중된다. 모두가 이 나라의 소중한 문화유산이라 생각하며 하나하나 빠짐 없이 관람하고 민속촌을 나오면서 모잠비크로 가기 위해 말라위와 이별을 해야 했다.

모잠비크 Mozambique

모잠비크(Mozambique)의 정식명칭은 모잠비크공화국(Republic of Mozambique)이다. 북쪽은 탄자니아, 서쪽은 북으로부터 니아사호(湖 : 말라위호)를 사이에 두고 말라위와 잠비아, 짐바브웨, 남쪽은 에스와티니(스와질란드)와 남아프리카공화국, 동쪽과 남동쪽은 모잠비크해협을 사이에 끼고 마다가스카르섬과 마주하고 있다.

1995년 남아프리카공화국의 주선으로 영국과 식민관계가 없는 국가로서는 처음으로 영국연방에 가입하였고, 2006년 9월에는 국제 프랑스어 사용국 기구인 프랑코포니(La Francophonie)의 참관국 자격을 얻었다. 행정구역은 10개 주와 1개 시로 이루어져 있다.

모잠비크는 아프리카 동남부 국가의 하나로 야생동물의 천국이다. 동쪽으로는 인도양과 면하고 있으며, 북에서 시계 반대 방향으로는 탄자니아와 말라위, 잠비아, 짐바브웨, 남아공과 경계를 이루고 있다. 국토는 광활한 해안 평야와 해발 950~3,800m의 내륙 고원지방으로 크게 나뉘며 국토의 절반이 초지와 삼림이다. 아프리카에서 가장 아름다운 2,500km의 해변을 따라 홀륭한 휴양지와 함께 리조트 섬, 산호초들이 발달하고 있으며 따뜻한 인도양 난류로 연중 온화하다. 서부에서 유입한 잠베지강이 국토의 중앙 800km를 가로질러 흐르고 있으며, 이 중 460km는 내륙 수운이 가능하다. 이 강을 중심으로 크고 작은 25개의 강이 인도양으로 흐르며 아름다운 경관을 만들어 내고 있다. 기후는 4~10월 건기와 11~3월 우기로 나뉘며, 북부 내륙지방은 고원지대로 선선한 기후를 보인다. 강 유역은 기온이 다소 높은 편이나, 해안지방은 연평균 기온 21~26도로 온화하다. 북부 고원지대는 연간 1,460mm의 비가 내리며, 남부는 760mm 정도이다. 서부는 주로 사바나와 스텝(초원) 지역으로 건조 기후대에 속하며 해발 2,436m의 최고봉 몽테빙가산이 짐바브웨와 경계를 이루고 있다.

국민의 대다수는 반투계이며 포루투칼계와 아시아계가 섞여 있다. 주로 농업에 종사하며 조와 수수, 고구마, 사탕수수를 재배하고 있다. 모잠비크는 국민소득 800달러 정도의 극빈 국가이며 17년간 내전에 시달리다가 최근 정치와 경제 안정에 노력을 기울이고 있다.

국토면적은 799,380km^2(한반도의 약 3.6배)이며, 수도는 마푸투(Maputo)다. 인구(2022년 기준)는 약 3,216만 3천 명, 언어는 포르투갈어와 스와힐리어를 사용하고 있다.

시차는 한국 시각보다 6시간 늦다. 한국이 정오(12시)이면 모잠비크는 아침 06시가 된다. 환율은 한화 1만 원이 모잠비크 약 545메디칼로 통용되며, 전압은 240V/50Hz를 사용한다.

종교는 로마 가톨릭(24%), 이슬람교(18%), 그 외 토속신앙과 무교 등이 있으며, 종족 구성으로는 총가족, 마쿠아 롬웨족 등이다.

　모잠비크 남쪽 끝에 위치한 마푸투는 세계를 여행하는 여행자들 사이에 케이프타운이나 리우에 버금가는 아름다운 도시로 알려져 있다. 시민 전쟁이 일어난 후 거의 20년에 걸친 전쟁으로 수도는 박탈되어 부서진 건물로 거리는 쇠퇴해져 간 면이 있으나, 도시는 점차 확실하게 향상되어 가고 있다. 그리고 이곳의 자연환경은 경이롭기까지 하다. 어떤 사람들은 이미 마푸투가 예전의 모습을 되찾았다고 말하는 이도 있다. 오래된 시골의 유적지들을 관광하며 가끔은 시골길에 앉아서 휴식을 취할 수도 있다. 오래전 에펠(파리 에펠탑의 설계자)에 의해 건축된 중앙역인 기차역도 볼 수 있는데 이 역은 최근 보수공사가 이루어져 윤기 나는 질 좋은 나무와 대리석 장식 그리고 거대한 동판 지붕을 올려 궁전처럼 보인다.

　옛 이름은 로렌수마르케스(Lourenço Marques)였으나 1976년에 개칭하였다. 델라고아만(灣)에 임하며, 독립 전에는 남아프리카공화국 트란스발주(州), 스와질란드(지금의 에스와티니) 및 로디지아(지금의 짐바브웨)의 광물과 생산품의 중계무역항이었다.

　1787년 에스피리토 산토 성채가 구축되어 군사 요지가 되었으며, 1895년에는 철도로 트란스발 및 로디지아와 연결되고, 다시 대륙횡단철도에도 연결되었다. 1907년에 모잠비크의 정부청사가 설치되어 국내의 정치·행정의 중심도시로 성장하였고, 1975년 독립국이 되자 수도가 되었다. 시가는 해안의 습지대를 매립하여 건설된 상공업지구와 언덕 위의 주택지로 되어있으며, 대학과 박물관, 동·식물원 등도 있다. 최근에는 서쪽 교외의 위성도시인 마톨라가 공업항으로서 중요해졌다. 또한 무역의 중심지로 연간 화물 취급량이 930만 톤 이상이며, 식품 가공, 시멘트, 비누, 가구제조 등의 공업이 번성하고 있다.

우리는 조식 후 일정에 있는 마푸투 중앙역(Maputo Central Station)으로 향했다. 중앙역 광장에 도착하자마자 역사 정면에 '중앙역 개통 120주년'이라는 대문짝만한 현수막이 붙어있다. 우리가 방문한 날이 2017년 11월 20일이다. 연도를 계산하면 1897년에 중앙역 개통식을 했다는 결론이 나온다. 우리나라 대한민국 철도역사와 비교하면 우리나라 최초 경인선 철도(서울과 인천) 경성역(서울역) 개통식은 1900년 11월 12일이다.

마푸투 중앙역

마푸투국립박물관

아프리카 오지 모잠비크 중앙역이 서울역 개통식보다 3년이 앞선다. 그제
야 비로소 현지 가이드가 자존심을 가지고 제일 먼저 중앙역을 안내하는 것
이 이해가 된다. 역사 내 안팎을 두루 살펴보고, 열차에 시승도 해보고, 역사

박물관 옥상의 재래식 무기

깊은 중앙역사를 배경으로 기념 촬영
을 한 후 다음 장소로 이동했다.

　마푸투국립박물관(Maputo Natio-
nal Museum) 1층에는 각종 생활 도
구와 예술품을 소품으로 전시해 놓았
으며, 옥상에는 전쟁터에서 사용한 각
종 재래식 무기들을 전시하고 있다.

현지 가이드의 설명에 의하면 모잠비크에는 조선인민공화국(북한)의 주재원과 주민들이 50명 정도 상주하고 있으며, 대한민국(남한) 주재원과 동포들은 150명 정도 상주하고 있다고 한다. 이들은 상호 대화나 만남 자체를 거부하고 있으며 상호연락도 주지 않는다고 한다. 외교 관계에 엄격한 북한 정보부 지령에 따른 것이 아닐까 짐작해 본다.

그리고 국회의사당(우리나라 군청과 지방 시청 크기)을 방문했지만, 일정에 없는 이유로 외관 기념 촬영에 그치고 마푸투 중앙시장에 들렀다. 생활필수품과 채소, 곡물, 어물, 과일 가게 등에서 북적거리며 영업을 하는 현지인들 틈에 끼어서 물건들을 만져 보고 맛도 보아가며 흥정을 하면서 서투른 대화로 웃음을 자아내기도 했다.

저녁에는 마푸투에서 유일한 한국식당을 찾아가서 친절한 여사장의 안내를 받아 머나먼 이국땅에서 도가니탕으로 눈물이 날 정도로 맛있게 식사를 했다. 그리고 여사장의 망향을 달래기 위해 소주잔을 기울이며 여사장의 고국 고향 이야기를 주고받았다.

그리고 모잠비크 여행을 마무리하고 숙소로 가기 위해 버스에 몸을 실었다.

마푸투에서 유일한 한국식당 여사장

에스와티니(스와질란드) Kingdom of Eswatini

아프리카 남부에 있는 작고 아름다운 나라 에스와티니(옛 스와질란드, Kingdom of Eswatini)는 동쪽 일부가 모잠비크와 접하며 나머지 3면이 남아프리카공화국과 접해 있다. 면적은 작지만, 산악을 배경으로 한 아름다운 풍경으로 인해 '아프리카의 알프스'라고 불린다. 비옥한 토지, 온난한 기후, 물과 광물 자원 등 좋은 조건을 가졌지만, 경제적으로 인접국 남아프리카공화국의 지배 아래 있다. 남아공과 모잠비크 사이에 위치한 자그마한 나라 에스와티니는 아프리카에 남은 단 세 개의 군주제 국가 중 하나이다. 면적은 작으나 사막만 없을 뿐 아프리카의 모든 경치를 모아 놓은 축소판이라고 할 수 있을 만큼 아름답다. 이 나라는 레소토, 보츠와나와 함께 영국의 조차지로 있다가 1968년 소후자 2세 왕에 의해 독립을 이룩한 나라이며 사회적으로나 정치적으로 안정되어 있다.

에스와티니는 고도에 따라 다양한 기후를 보이나, 혹한이나 혹서는 없고 습도는 높은 편이다. 음스와티(Mswati) 3세 국왕을 필두로 이 나라 국민은 그들이 지닌 전통과 풍부한 문화, 사회, 자연 유산을 굳건히 잘 보전해

나가고 있다. 특히 풍부한 광물 자원과 넓은 산림지대, 비옥한 농경지가 있다. 음바바네(Mbabane)가 행정 수도이며, 이 나라에서 제2의 도시 만지니(Manzini)가 대표적인 상업 중심지이다.

국토면적은 17,364km²(한반도의 약 12분의 1)이며, 인구(2022년 기준)는 약 117만 2,500명이다. 주요 언어는 영어와 스와티(Siswati)어를 사용하고, 종교는 기독교(60%), 토속신앙(40%) 순이다. 종족은 아프리카인(97%)과 유럽인(3%)으로 구성되어 있다.

환율은 한화 1만 원이 에스와티니 약 126릴랑게니로 통용되며, 시차는 한국 시각보다 7시간 늦다. 한국이 정오(12시)이면 에스와티니는 새벽 05시가된다. 전압은 220V/50Hz를 사용하고 있다.

수도 음바바네는 아프리카에서 가장 작은 국가 중의 하나인 남아프리카 에스와티니의 행정상 수도(입법수도이자 왕실의 수도는 로밤바)이자 가장 큰 도시로서 서부 고지 벨트(Highveld), 에줄위니 계곡(Ezulwini Valley)의 북쪽 끝에 자리 잡고 있다. 이곳은 은행과 호텔, 쇼핑 시설 등이 집중되어 있고 인근에 골프코스도 갖추고 있는 에스와티니의 산업 및 관광의 중심지로서 언덕으로 둘러싸여 있는 도시이다.

음바바네는 해발고도 1,375m의 고원에 위치하여 기후가 쾌적하다. 음바바네의 역사는 매우 짧은데, 19세기 말에 도시건설의 기반이 생겨났다. 1902년에 영국이 에스와티니를 점령한 후 음바바네에 행정본부를 세우면서 실제 도시형태를 갖추게 되었다.

1964년 고지 벨트 지역의 철광석 산지에서 철광석을 수출하기 위해 모잠비크와 철도가 건설되었다. 모잠비크의 수도 마푸투항까지 철도가 부설되어 (1964년 개통), 북서부 봄브산(山)에서 산출되는 철광석과 하블록에서 산출되는 석면 등 주요 수출품의 수송에 이용하고 있다. 1902년 식민지 정부청사가 브레머스도르프(현재 만지니)에서 이곳으로 옮겨졌다.

왕궁은 교외에 있으며, 철도국과 방송국 등 행정·문화 시설 등이 있다. 그러나 고원이기 때문에 공항은 남동쪽 약 30km 떨어진 마차파에 있으며, 요하네스버그, 더반, 마푸투와 연결된다.

음바바네는 중부 만지니시로부터 약 40km 정도 떨어져 있다. 도시건설의 약 70% 정도가 민간부문인데 그 중 약 57%가 주거지역이며, 43%가 상업지역이다.

음바바네에는 정부에서 운영하는 15개 이상의 초등교육 기관과 고등학교와 사설 교육기관 및 국립도서관 등이 있으며, 스와질란드대학교(University of Swaziland)와 스와질란드기술전문대학(Swaziland College of Technology) 그리고 장애인들을 위한 특별학교도 있다.

음바바네 시내 명소는 쇼핑몰인 몰(The Mall), 뉴 몰(The New Mall)과 주도로인 앨리스터 밀러(Allister Miller) 도로 등이 있는데 이 주도로 상에 주요한 건축물들이 집중되어 있다. 시티센터 서쪽에는 현대적인 쇼핑 시설인 스와지 플라자(Swazi Plaza)가 있어 상징적인 공간 역할을 하고 있으며, 앨리스터 밀러 도로 북쪽 가장자리에 있는 음바바네 시장(Mbabane Market)에서는 각종 공예품을 구입할 수 있다. 도시 외곽에는 로열 스와지 컨트리클럽(Royal Swazi Country Club)과 에스와티니 명소의 하나인 에줄위니 계곡이 있다.

남부 아프리카 에스와티니 중부에 있는 도시 만지니는 에스와티니 수도인 음바바네에서 40km 정도 떨어진, 지도상으로 보면 에스와티니 중심에 있는 도시이다. 원래 이곳 만지니가 에스와티니의 수도였지만, 100년 전 전쟁으로 도시가 파괴되어 음바바네로 수도가 옮겨졌다. 지금 만지니는 인구 약 7만 명의 에스와티니의 대표적인 공업 도시로 성장했다.

만지니의 남쪽으로는 인도양을 향해 동류(東流)하는 대(大) 우수투강이 흐르며, 북쪽에는 말케른스 관개시설이 있다. 처음 1887년 이곳에 거래소를 세운 상인의 이름을 따서 '브레머스도르프'라고 했으나 1960년에 지금의 이름으로 바뀌었다. 이곳은 1895~1899년에 에스와티니의 행정중심지였으며, 지금은 농업과 상공업의 중요한 중심지이다. 스와지족(族)의 생활 중심지로 인구가 매우 밀집된 이곳은 중앙 초원 지역에 있으며, 스와지족은 영농인으로 옥수수와 목화, 담배, 과일 등을 재배한다.

만지니는 에스와티니에서 제2의 도시이며 공업의 중심지이다. 1890년에서 1902년 사이에는 영국과 보어의 행정중심지이기도 했으며, 앵글로-보어 전쟁 시 보어의 배반 군이 만지니를 파괴했다. 목요일과 금요일에 열리는 아침 시장은 볼만 한데 에스와티니의 여타 시장들과는 다른 분위기가 난다.

우리는 모잠비크 마푸투에서 223km의 거리에 있는 에스와티니 수도 음바바네까지 4시간에 걸쳐 버스로 이동했다.

제일 먼저 이 나라 민속촌을 방문했다. 민속 마을에는 관광 차원에서 가정

민속 마을

집처럼 꾸며놓고 아낙네들이 실제 살림을 하는 것처럼 거주하고 있다. 이집 저집 돌아가며 둘러보아도 주택 모양이나 살림살이는 별로 차이가 없다.

마지막으로 기념 촬영을 하고 나서 이 나라 건국자 쇼부자 2세 왕의 기념관 겸 공원(King Sobhuza 2 Memorial Park)으로 이동했다. 우리 일행을 반갑게 맞이한 기념관 관계자는 왕실의 명에 의해서 외부에서 사진 촬영은 가능하지만, 기념관 입장과 내

쇼부자 2세 왕 기념관

부는 관람할 수가 없다고 한다. 그리고 유리창 너머로 보이는 사진을 보고 저 사진은 첫째 부인이고, 이 사진은 아들이고, 저 사진은 본인이고, 이 사진은 가족사진이라고 한 후 더 이상은 설명할 것이 없다고 하며 주변을 둘러보고 사진이나 찍으라고 한다. 현지 가이드의 설명을 빌리자면 건국자 쇼부자 2세 왕은 부인이 70명이나 되고 자녀가 270명이라고 한다. 그리고 그의 아들 현재 왕 음소와티 3세 국왕도 현재 부인이 14명이며 매년 1회에 걸쳐 간택령을 내려 1명의 부인을 더 맞이한다고 한다.

21세기 지구촌에 정말로 이런 나라가 있을까 하는 의구심이 든다. 그리고 이 나라 현지 가이드의 설명이 아니면 이 세상에 믿을 사람이 단 한 사람도 없을 것 같다. 지구상에 수많은 국가와 민족이 살고 있지만, 소설 같

양초공장

흑인 현지 가이드와 식사

은 이야기 덕분에 진짜인지 가짜인지 확인하고 싶은 마음이 가슴속에서 요동을 친다.

　다음은 헌신적인 봉사(자기 몸을 태워 주위를 밝히다)의 대명사 촛불 스와지캔들(Swazi candles) 양초공장을 방문해서 작업과정과 생산라인을 견학하고 양초공장 사장님의 배려로 공장 구내식당에서 흑인 현지 가이드 로니와 저녁 식사를 함께했다. 그리고 숙박도 호텔에서 합숙하는 등 아프리카 여행의 이미지를 추억 속에 간직하며 에스와티니 일정을 마무리하고 다음 여행지 레소토로 출발했다.

레소토 Lesotho

레소토(Lesotho)의 정식명칭은 레소토 왕국(Kingdom of Lesotho)이다.
남아프리카공화국에 완전히 둘러싸여 있는 내륙국이자 고산국인 이 천상의
왕국(The Kingdom of Sky)은 아프리카 특유의 장엄한 자연경관과 더불어
고산지대 사람들의 잔잔한 생활상을 지녔으며 세계 각국에서 모여든 여행객
들의 관심을 끌기에 충분하다. 레소토는 아프리카 남부의 조그마한 나라 중
하나일 뿐이지만, 잘 알려진 나라들에서는 찾아볼 수 없는 특별하고 차별화
된 아프리카라 할 수 있다.

레소토는 인도양에서 내륙으로 약 320km 들어간 곳에 있으며, 산의 경치
가 아름다워 '남아프리카의 스위스'라고 부른다. 그러나 산업은 거의 발달하
지 못했다. 이 나라는 바수톨란드(Basutoland) 보호령으로 영국의 통치를
받다가 1966년에 독립했다. 비동맹중립주의를 내세우나 남아프리카공화국
에 둘러싸여 있어 경제적으로는 종속 상태에 있다.

국토의 서남부는 오렌지강 유역으로 해발 1,500~1,800m의 다소 고지대
이며 드라켄즈버그산맥이 남북으로 뻗어 있고, 동부는 해발 2,000m 이상의

고지대로 해발 1,000m 이하 되는 지대가 없는 '아프리카의 지붕'이란 별칭을 갖고 있는 산악 국가이다. 동북부의 남아공과 접경지대에 있는 타바나은틀레니아나산은 레소토의 최고봉으로 해발 3,482m에 달하며, 중동부에는 호수가 발달하고 있으나 농경지는 국토의 12%에 불과하다. 연중 일조일은 300일, 맑고 높은 파란 하늘, 청량한 산악 공기가 매혹적이다. 여름인 11~1월은 32°로 덥지만, 산악지역에는 연중 눈이 내리는 나라이다. 5~7월은 겨울이며, 기온은 7° 정도이다. 국민의 약 80%가 바소토족이며 이외에도 코사족과 백인이 살고 있는데 국민성이 친절하고, 어른을 공경하고, 고유의 전통과 문화를 잘 보존하며 지켜가고 있다.

국토면적은 30,355km²(한반도의 약 7분의 1)이며, 인구(2022년 기준)는 215만 9천 명이다. 주요 언어는 레소토어와 영어를 사용하며, 종교는 기독교(80%), 기타 토속종교 순이다.

시차는 한국 시각보다 7시간 늦다. 한국이 정오(12시)이면 레소토는 새벽 05시가 된다. 환율은 한화 1만 원이 레소토 164로티 정도로 통용된다. 전압은 220V/50Hz를 사용하고 있다.

레소토 서쪽 저지대에 자리 잡고 있는 마세루(Maseru)는 레소토의 수도이다. '붉은 사암'이라는 뜻의 마세루는 남아프리카공화국 접경지역, 카레돈(Caledon 또는 Mohokare) 강변에 자리 잡고 있으며, 레소토에서 가장 큰 도시이다. 해발고도 약 1,500m의 고원에 있는 마세루는 남아프리카공화국과의 경계에 가깝고 정원 속의 아름다운 도시이며, 이 나라의 행정 중심이다.

시내에는 일반 도시와 마찬가지로 왕궁과 국회의사당, 방송국, 호텔, 카지

마세루 시내 전경

노, 국제전시장, 스타디움 그리고 쇼핑센터 등이 있으며, 여행자들이 주로 방문하는 곳은 바쏘쏘 헷이란 민속공예품센터이다. 이밖에도 식민지풍의 건축물 성당과 교황 요한 바오로 2세가 방문했던 파팔 페빌리언과 전통천인 쏘킬드와 모텡천을 판매하는 직물센터 등이 있다. 또한 시내 북쪽에 있는 도자기 언덕은 1852년 모슈슈 왕의 아들 모라포가 조지 케스카트가 이끄는 12 로열 렌서 부대를 물리쳤던 곳으로 시내를 조망하기에 좋은 곳이다.

마세루는 1869년 영국 정부가 여기에 본부를 세움으로써, 레소토 수도로서 성장하게 되었다. 1947년 영국 왕의 마세루 방문을 위해 만들어진 왕로 (Kings way)는 도로 면을 포장하였으며, 지금도 도시 중심을 통과하는 주요 도로로 남아있다.

이곳은 레소토의 다른 도시들처럼 고층 건물을 찾아보기 힘들며, 식민지 시대에 세워진 건축물들을 여기저기에서 볼 수 있다. 1869년 바소토(소토)족의 추장 음쉐쉐(Moshoeshoe) 1세가 산악요새인 타바보시우(Thaba Bosiu) 근처에 이 도시를 건설했는데 19세기에 지은 건물은 거의 남아있지 않다. 레소토는 블룸폰테인~나탈 본선 철도의 역인 마르세일즈와 마세루 사이의 짧은 철도에 의해 남아프리카공화국 철도망과 연결된다. 따라서 마세루는 이 나라의 농산물 및 인부 수송 그리고 교역의 창구가 되고 있다.

도시 내에서 양초, 가축, 양털, 가죽, 카펫 등을 생산하여 무역을 하고 있으며, 레소토 국민의회와 대법원 청사, 레소토 라디오 방송국, 고등학교, 기술학교, 레소토 농업대학 등이 있다. 그리고 이곳에서 남동쪽으로 24km 떨어진 로마에는 레소토국립대학교(1975)가 있다. 수도인 마세루에서 50km쯤 떨어진 곳에는 '브리모 은째'라고 불리는 아름다운 명승지가 있다.

오늘이 2017년 11월 23일이다. 왕궁을 방문하기 위해 정문에 도착하니 현재 개보수와 증축 관계로 관계자 외 출입을 금지하고 있다. 방향을 바꾸어 우리 일행은 마세루 전망대가 있는 국회의사당으로 향했다. 이곳은 고원지대이며 넓고 평편한 부지 위에 도청이나 광역시 의회 건물 크기 정도의 국회의사당이 우리를 기다리고 있다. 국회의사당 정원에서 시내를 내려다보면 마세루 시내가 한눈에 바라보인다. 그러나 입구에는 검문 검색대가 있고 국회 관계자 외에는 출입을 통제하고 있다. 더욱더 놀라운 것은 민의의 전당 국회의사당을 배경으로 기념 촬영도 금지하고 있다. 그래서 국회의사당을 등지고 정

국회의사당 정원

원을 배경으로 기념 촬영을 하고 돌아서야만 했다. 돌아서는 발길에 서운함이 그지없다. 그러나 지역이 아프리카라는 이유로 마음을 다스리며 국회의사당과 헤어졌다.

그리고 객지나 타향에서 제일 정감이 가는 곳은 정통 바자르(재래시장)이다. 시장 상인들과 허물없는 흥정도 해보고 농담도 해가며 시장을 누비다가 발길이 멈추어졌다. 마주 보는 과일 가게 아줌마 피부가 새까만 흑인이지만 이목구비가 반듯하게 너무나 잘 생겼다. 거기에다가 관상도 훌륭하다. 못난 부모를 만났는지 신랑을 잘못 만났는지 궁금하다. 아니면 '앞으로 큰 부자가 되어 잘 살겠지.'라며 후한 점수를 주고 레소토와 더불어 흑인 아줌마와 이별을 하고 다음 여행지인 나미비아로 이동했다.

나미비아 ^{Namibia}

정식명칭은 나미비아공화국(Republic of Namibia)이다. 북쪽은 앙골라, 동쪽은 보츠와나, 남쪽은 남아프리카공화국, 북동부는 잠비아와 접하며, 서쪽은 대서양에 면한다. 영토 대부분(국토의 5분의 1)이 사막인 나미비아(Namibia)는 남아프리카공화국의 수탈로 말미암아 경제가 피폐하였으며 독립한 뒤에도 남아프리카공화국에 대한 종속이 별로 개선되지 않았다.

세계 제3위의 다이아몬드 생산국인 이 나라의 행정구역은 13개 지구로 이루어져 있으며 아프리카 대륙 남서부에 자리 잡고 있다. 누구나 한 번 여행하면 또 가고 싶어 하는 나라이자 광활하고 고요한 평원과 사막, 파란 하늘, 사파리로 유명한 나미비아는 인구밀도가 낮고 인구증가율 3%에 인구의 60%가 북부지역에 편중되어 있다. 서북부 해안은 해골 해안이란 별칭을 갖고 있으며 '신이 화가 나서 만든 나라' 또는 '신이 지구에 물감을 칠하는 과정에서 다른 곳에 푸른색을 너무 쓴 나머지 나미비아를 칠하게 될 즈음에는 남은 게 누런색밖에 없어 여기에 칠했다.'는 전설을 갖고 있다.

북부내륙의 말라버린 거대한 호수 에토샤 팬(Etosha Pan)은 나미비아 최대의 국립공원으로 야생동물의 천국이다. 남아공과의 경계인 오렌지강은 나미비아의 주요 하천이며 이외에도 북쪽으로 앙골라와 경계를 이루는 쿠네네강, 동북부의 카방고강이 오카방고 델타(Okavango delta)로 흐르고 있다.

1951년 이후 남아공의 식민통치를 받다가 1990년 대륙에서 마지막 독립국이 된 나미비아는 황량하기 이를 데 없는 해안선이 약 1,300km에 이르며, 바다와 연결된 사막은 내륙 80km~130km까지 이어진다. 중앙내륙에는 최고봉인 해발 2,573m의 코닉스테인산과 함께 해발 1,000m 이상인 고원지대이다. 이 지대는 서쪽과 북쪽으로 경사를 이루며 부시먼의 생활무대였던 칼라하리사막으로 이어지고 있다.

연간 강우량은 200mm 이내로 건조하며, 고원지대는 간혹 600mm 정도의 비가 내린다. 벵구엘라의 한류 영향으로 나미브(Namib)사막은 습기를 머금은 신선한 기후를 보이며, 이곳은 연중 안개가 낀다. 비는 10~4월 사이에 내륙지방에 내리며 북부가 남부에 비해 좀 더 많은 비가 내린다. 여름의 주간 온도는 섭씨 40도 정도로 덥고, 야간에는 15도 정도로 시원하며 일교차가 심하다.

국민의 50%는 농업과 목축에 종사하는 흑인계와 오왐보(Owambo)족, 7만여 백인, 한때 남부 아프리카 전역에 분포했던 부시먼, 유럽계 혼혈인 레오보스족, 헤레로, 나마, 힘바 등 약 12개 종족이 있다. 주요 산업은 관광과 목축, 농업이며 세계 3위의 다이아몬드 생산국이다. 남북한 동시 수교국으로 1993년 각각 수교하였다.

국토면적은 825,615km^2(한반도의 약 3.8배)이며, 인구(2022년 기준)는 약 258만 7천 5백 명이다. 주요 언어는 영어를 사용한다. 종족은 오왐보족, 카방고(Kavango)족, 헤레로(Herero)족, 다말라(Damala)족, 나마(Nama)족 등으로 구성되어 있다.

종교는 기독교(80%), 토착 종교(10%) 순이다.

시차는 한국 시각보다 7시간 늦다. 한국이 정오(12시)이면 나미비아는 새벽 05시가 된다. 환율은 한화 1만 원이 나미비아 약 126달러로 통용된다. 전압은 220~240V/50Hz를 사용하고 있다.

나미비아를 방문한 날은 2017년 11월 24일이다. 남아프리카 요하네스버그에서 항공편으로 2시간 30분에 걸쳐 나미비아의 서부 대서양 해변에 자리

나미비아에서만 볼 수 있는 민속의상들(출처 : 현지 여행안내서)

잡고 있는 월비스베이(Walvisbay) 국제공항에 도착했다. 공항을 빠져나오자마자 바윗돌에 '여기가 사막이다.'라는 낙서를 해 놓았다. 그리고 플라밍고 서식지로 이동했다. 잔잔한 호숫가 모래사장은 붉은색으로 온통 치장을 하고 있다. 이유는 호수에 붉은색의 미생물인 플랑크톤(Plankton)이 다량으로 서식하고 있기 때문이다. 플라밍고 깃털이 붉은 것은 플라밍고가 이것을 주식으로 생활하고 있기에 동물의 진화된 결과물의 증거이다.

그리고 다음은 나미브사막에서 여행의 진주라고 할 수 있는 쿼드바이킹을 타고 평지와 언덕진 누런 사막을 이동하며 서서히 혹은 질주를 하며 즐기는 일정이다. 모두가 헬멧을 쓰고 야심 차게 도전했다. 즐겁고 짜릿짜릿한 공포 분위기 속에서도 기분 좋고 가슴 벅찬 감동을 느끼며 주어진 한 시간을 즐기

쿼드바이킹을 타고 질주하는 일행들

고 무사히 출발지에 도착했다. 그리고 긴장한 탓인지 우리는 탄성을 지르며 서로가 서로에게 박수를 아끼지 않았다.

　그리고 다음 날 나미브 붉은 사막으로 이동하기 위해 남회귀선을 통과했다. 남회귀선은 남반구의 남위 23~27°의 위선을 말하며 동지 때 태양이 이 선 바로 위에 머물다가 차츰차츰 북반구로 이동한다. 반대로 하지 때는 북위 23~27°의 위선에서 머물다가 다시 남반구로 반복적으로 이동하는데 이 선을 일명 하지선(북회귀선)이라고 한다. 그리고 그 반대는 동지선이라고 한다. 우리나라와 같이 지구의 온대 지방에 속한 지역 국가들은 태양력에 의하여 태양의 남중 고도에 따라 일정하게 봄과 여름, 가을, 겨울철을 피부로 느낄 수 있게 사계절 현상이 뚜렷하게 나타난다.

남회귀선 지점 통과

나미브사막은 이곳 대서양 연안 일대 전역에 건조한 사막 지역을 말한다. 남쪽의 뤼데리츠(Luderitz)항구에서 북부의 앙골라 국경에 이르는 해골 해안까지 이어지는 기다란 사막 지역이다. 정적이 도는 황량한 사막으로 시시각각 변화하는 사막 경관이 경이롭다. 뤼데리츠항구와 사구, 해변 휴양지 스바코프문트(Swakopmund)를 비롯하여 100만 헥타르의 황량한 해골 해안, 안개가 짙게 깔린 해변 등은 나미비아사막에서 매력이 넘치는 곳이다.

아프리카 하면 일반적으로 북부의 사하라사막과 중부 초원의 모습이 먼저 떠오른다. 하지만 아프리카 남부 역시 북부와 중부에 못지않은 매력이 있다. 그중에 나미비아는 우리나라에 잘 알려지지 않았지만 돋보이는 나라이다. 나미비아에서 가장 매력적인 여행 장소라면 나미브사막에 있는 나미브-나우클루프트(Namib-Naukluft) 국립공원을 꼽을 수 있다.

나미브-나우클루프트 국립공원은 나미브 지역의 중부 스바코프문트에서 남쪽에 해당하는 면적 47,000km²에 이르는 넓은 야생보호구역이다. 사막 경관의 진수를 느낄 수 있는 사막 하이킹은 아프리카 사막 여행의 좋은 추억이 된다. 관광객을 위한 캠프장이 여러 곳에 있으며 120km의 사막 왕복 여행에 약 8일이 소요된다. 나우클루프트 서쪽에 있는 세스림 지구는 급경사면으로 이어지며 누런 모래벌판만이 끝없이 나타난다.

소수스 블레이(Sossus Vlei) 지구 또한 300m가 넘는 사구가 장관을 연출하고 있다. 우기에는 물이 고이는 웅덩이가 군데군데 있을 뿐 시야에 들어오는 지평선까지 온통 모래사막이 펼쳐지는 곳이다. 캠핑장이 없어 당일 여행만 가능하다. 오라비스만에서 남쪽으로 42km 떨어진 샌드위치 지구는 조류

세계에서 가장 높은 소수스 블레이 붉은 사막

사파리의 명소로, 호수 주변에는 갈대가 자라고 있다.

광막한 나미브사막 내에서 하이라이트는 단연 소수스 블레이이다. 세계에서 가장 높은 붉은색 모래 언덕들이 군락을 이루고 있는 곳이다. 대서양 해변의 모래가 서풍에 실려 날아와 억겁의 세월에 걸쳐 모래 산을 이루고 있는데 그 표면이 너무 고와 손을 대기조차 아까울 정도이다. 그러나 깊은 발자국에 허물어져도 한두 시간 후엔 제 모습으로 되찾아간다. 특히 일출과 석양 속에 황금색으로 피어나는 소수스블레이의 모습은 그저 '신비'라고밖에 표현할 길이 없다. 대지와 바람이 만들어 낸 웅장한 예술작품인 소수스블레이는 아프리카 최고의 여행지 중 하나임이 분명하다.

소수스블레이에서 60km, 차로 약 30분 정도 떨어져 있는 세스리엠 캐넌

메말라 죽어버린 데드블레이 사막

(Sesriem Canyon)은 700만 년 전 유럽의 빙하기에 기원을 둔 협곡이다. 넓이 500m, 깊이는 50m에 이르는 이 협곡은 200만 년 전의 해빙기에 얼었던 얼음이 녹기 시작하면서 지금의 웅장한 모습을 드러내기 시작했다. 좁은 협곡의 아래쪽에서 길게 찢어진 하늘을 바라보면 자연의 아름다움과 인간의 왜소함을 깨닫는다.

데드블레이(Dedvlei)는 나미브사막 가운데에 위치한 초현실적인 풍광의 오아시스 지역이다. 예전에 초목이 무성한 오아시스였던 이곳은 현재 나무들이 모두 메말라 죽어 버린 삭막한 지형이 되어버렸다. 그러나 꿈에서나 볼 수 있을 것 같은 몽환적인 분위기를 나타내기에 나미브사막을 방문하는 대부분의 여행자가 이곳에 들러 혹독한 사막의 자연환경을 직접 몸으로 실감한다.

독일식 분위기를 물씬 풍기고 있는 나미비아의 수도 빈트후크 (Windhoek)는 국토의 중심에 있으므로 도로, 철도 등 교통의 요지일 뿐 아니라 상업, 문화의 중심지로서 역할을 톡톡히 하고 있다. 1,650m 고지에 자리 잡고 있는 이곳은 오왐보, 카반고, 헤레로, 다말라, 나마족 주민뿐 아니라 유럽 대륙에서 건너온 사람들까지 모두 모인, 다양한 민족들의 집합지라 할 수 있다.

빈트후크가 생긴 지는 100년이 겨우 넘었을 뿐이다. 원래 이곳의 지명은 'Winterhoek'였는데 독일이 나미비아를 점령하게 되면서 '바람 부는 언덕'이라는 뜻의 빈트후크(Windhoek)라고 그 명칭이 바뀌었다.

해발 1,650m 고지에 위치한 빈투후크에서는 많은 양의 비와 다양한 고원

나미비아 에토샤 국립공원(출처 : 현지 여행안내서)

의 기후를 즐길 수 있다. 많은 양의 강우량은 각종 식물이 우거진 정원과 보기 좋은 꽃밭을 만들어준다. 빈트후크의 인구는 대략 330,000명에 육박한다. 도심을 걷다 보면 대부분이 혼혈 인종임을 알 수 있다. 도심 중앙에는 독일의 식민지 건물과 파스텔 톤의 현대식 건축물이 섞여 있어 독특한 분위기를 자아낸다. 그리고 상상했던 아프리카 도시치고는 청결하고 깨끗한 도시임을 느낄 수 있다. 하늘 높이 솟아있는 크리스투스 교회(Christuskirche)는 신 고딕 양식으로 독일의 신교파인 루터교회에 의해 제작되었다. 다음으로 눈에 띄는 건물로는 국회 건물과 지금은 박물관으로 쓰이고 있는 요새 알테 페스테(Alte Feste), 지붕이 독일식인 기차역 등 모두 1912년 이전에 지어진 건물이다. 빈투후크는 도보로 돌아보기 좋은 구불구불한 길이 여럿 있는데,

나미비아 에토샤 국립공원(출처 : 현지 여행안내서)

대기권 밖에서 떨어진 운석들

근처에 잡목 숲속에는 다양한 볼거리가 숨어 있다. 포스트거리(Post Street)

중앙에 있는 보행자 거리에는 대기권 밖에서 떨어진 24톤짜리 운석 33호가

전시되어 있다.

Part 3.

서아프리카 1

West Africa 1

세네갈 Senegal

서부 아프리카의 관문인 세네갈(Senegal)은 한반도 정도의 면적에 인구 약 1,765만 명(2022년 기준), 1인당 국민소득 686달러에 불과한 최빈 개도 국 중의 하나이다.

정식명칭은 세네갈공화국(Republic of Senegal)이다. 동쪽은 말리, 남쪽 은 기니와 기니비사우, 북쪽은 모리타니와 국경을 접하고, 서쪽은 대서양에 면한다. 중앙에서 약간 남쪽으로, 대서양 안에서 감비아강 연변을 따라 동서 로 길게 뻗은 감비아(Gambia)를 내포하고 있다. 행정구역은 11개 지구로 이루어져 있다.

1960년 프랑스로부터 독립한 이후 비동맹 중립, 친불, 친서방 외교 노선을 견지해 오고 있는 세네갈은 안정적인 국내정세와 04~05년간 약 6%대의 경 제성장 달성으로 서부 아프리카 불어권 국가 중 중심적인 역할을 수행하고 있 다. 세네갈은 이러한 정치적인 영향력을 바탕으로 향후 UN 개혁과 관련하여 아프리카에 배정될 두 개의 상임이사국에 진출한다는 것이 공식 입장이다.

정치적으로는 지난 1981년 아프리카 국가 중 최초로 다당제를 도입하였고, 군인과 경찰의 정치개입 금지가 명문화되어 있다. 2000년 대선에서 독립 이후 최초로 여야 정권교체를 평화적으로 이룬 이 나라는 아프리카 민주화의 모범국가로 평가받고 있기도 하다. 정부 형태는 대통령 중심제이고, 의회는 단원제를 채택하고 있다.

경제적으로는 2022년 기준 GDP가 약 1,500억 달러, 수출 35억 달러, 수입 100억 달러 등으로 나날이 발전하고 있다. 주요 수출품은 어류 및 수산가공품, 인산염, 땅콩 등의 농산물이며, 가전제품과 자동차, 플라스틱 종류 등의 생필 공산품은 전량 수입에 의존하고 있는 전형적인 개도국형 시장구조를 지니고 있다.

서부 아프리카에 대한 프랑스의 침략은 세네갈에서부터 시작되었고, 세네갈의 전통적인 농산물은 땅콩과 깊은 인연이 있다. 1870년대 이후 프랑스가 아프리카에서 최초로 철도를 건설한 곳은 알제리이지만, 프랑스가 서부 아프리카에서 건설한 세네갈 다카르~니제르철도는 세네갈의 황금이라고 불리던 땅콩의 생산지에 부설된 철도여서 일명 이 철도를 '땅콩철도'라고 불렀다.

땅콩 재배는 경제에 분명히 도움이 되나 땅의 양분을 모두 빨아들여 땅콩을 재배한 토양은 비·바람에 의해 쉽게 풍화·침식되어 치명적인 영향을 미친다.

세네갈에 의해 남동북지역으로 전체가 둘러싸인 독립 국가인 감비아는 북부 세네갈과 남부 세네갈인 카자망스(Casamance)를 분리하고 있다.

세네갈에는 세 개의 강이 흐른다. 모리타니와 국경을 형성하는 북쪽의 세네갈강, 극동 쪽의 발원지만 제외하고 감비아에 둘러싸인 중앙의 감비아강,

인근 지역을 비옥하게 만들어주고 지역 명칭의 유래가 되기도 했던 남쪽의 카자망스강 등이다.

세네갈의 기후는 쾌적한 열대성 기후로, 다카르(Dakar)는 서부 아프리카에서 가장 시원하고 서늘한 지역이다. 11월에서 6월까지는 건조한 기후가 지속되고, 7월부터 10월까지는 고온다습한 기후가 지속된다.

세네갈은 문맹률이 50%에 달하는 가운데 초등교육 등록률(81.5%)은 사하라 이남 아프리카 지역의 평균(95%)에도 미달하는 상황이다. 세네갈은 서부 아프리카의 지적·문화적 중심지로 인정되고 있는데, 특히 다카르대학(2022년 기준 약 5만 명 등록)은 불어권 아프리카 학생들이 선망하는 대학이 되고 있다. 개설 학과는 문학과 법학, 경제학, 과학, 의학, 언론, 공학, 교육학 등이다.

세네갈은 아프리카에서 가장 문화 수준이 높은 나라 중의 하나로 우수한 작가나 시인, 영화감독 등이 나왔으며 전 대통령 레오폴 세다르 상고르(Leopold Sedar Senghor)도 시인이며 학자로, 프랑스어로 된 저서를 냈다. 그러나 문맹률은 50.7%(15세 이상, 2022년 추정치)로 높은 편이다. 다카르대학에는 프랑스어권 아프리카 국가에서 온 유학생이 많다. 세네갈인은 대체로 대가족주의로 친척이나 친구를 중히 여기며 방문자에게도 친절하다.

아프리카의 많은 부족처럼, 세네갈의 주요 토착민인 월로프(Wolof)족은 고도로 계층화된 사회로, 출생에 의해 신분이 결정된다. 사회 최고위층은 전통적인 귀족과 무사 계급이며 그다음이 농민과 상인이고, 대장장이나 가죽가공업자, 목공기술자, 직물공, 그리오(Griots) 등은 카스트 계급으로 내려간다.

그리오는 카스트 중 최하위층이지만 대단한 존경을 받고 있는데, 그 이유는 그들이 구전되는 전통을 이어가는 책임을 지고 있기 때문이다. 그들은 대개 한 집안이나 마을의 역사를 암송할 수 있는 유일한 사람이기 때문이다.

종교적으로 보면 인구의 90% 이상이 회교도로서 회교도 공동체(Brother-hood) 정신이 사회 깊숙이 뿌리박혀 있으며, 이들의 정신적인 지도자라고 할 수 있는 매러부(Marabout)들이 회교도들의 사회경제 생활을 인도하고 있다.

정통 이슬람과 세네갈의 신앙을 구분 짓는 큰 특징은 바로 매러부 숭배이다. 세네갈에서는 알라와 성도들을 연결시켜 준다고 여겨지는 그랜드칼리프(Grand Caliphs) 또는 매러부를 극진히 숭배한다.

세네갈은 쾌적한 기후 때문에 유럽의 주요 관광지로 각광받고 있는데 2018년 기준으로 약 60만 명의 관광객이 주로 유럽 등지에서 방문하고 있다. 그래서 대서양 해변을 따라 외국인을 위한 관광 리조트들이 개발되어 있으며, 유럽이 겨울철인 10~2월 중 따뜻한 기후를 즐기고 월동을 위하여 그리고 세네갈에 도래하는 철새를 보기 위해 여행자들이 많이 오기도 한다.

세네갈 자원의 잠재력은 유네스코가 지정하는 세계문화유산을 네 개나 보유하고 있다는 점에서도 엿볼 수 있다. 15~19세기 서부 아프리카의 노예무역중심지인 고리(Goree)섬을 비롯하여 세네갈 삼각지에 위치한 주드 조류국립보호지(Djoudj National Bird Sanctuary), 사바나와 삼림의 보고로서 350종의 조류와 80종의 포유류 등이 서식하는 니오콜로 코바(Niokolo-Koba) 국립공원, 과거 서부 아프리카의 수도이자 식민도시의 표본으로서 가치가 있는 셍루이(Saint-Louis) 등이다.

열대 세네갈 자연의 아름다움은 짧은 기간 동안에만 만날 수 있어 아름다움으로 찬사를 얻고 있다. 아프리카의 도시 중에서 많은 여행자가 가장 좋아하는 도시의 모습인 수도 다카르로부터 삼림과 농경지대인 비옥한 카자망스 지역에 이르기까지, 국토의 상당 부분이 푸르고 생명력이 왕성하다. 특히 이 나라를 둘러싼 광활한 사막과 비교할 때 더욱 그렇다.

국토면적은 196,190km²이며, 수도는 다카르(Dakar)이다.

현재 인구는 약 1,765만 명(2022년 기준)이고, 공용어는 프랑스어를 사용하며, 종족 구성은 월로프족(43.3%), 플라니족(23.8%), 세레르족(14.7%) 등이다. 종교는 이슬람교(94%), 그리스도교(5%) 순이다.

시차는 한국 시각보다 9시간 늦다. 한국이 오후 6시(18시)이면 세네갈은 당일 오전 9시(09시)가 된다. 전압은 220V/60Hz를 사용하며, 환율은 한화 1만 원이 세네갈 4,811세파프랑으로 통용된다.

우리 일행들이 가장 먼저 도착한 곳은 프랑스로부터 식민지 시대를 청산하고 독립을 한 기념으로 국민들의 정성을 한곳에 모아 세운 독립기념상이다. 이 나라 국민의 뜻을 마음속에 담아 주위를 두루 살펴보고 독립광장으로 이동하면서 그랑모스크, 대통령궁 등을 차창관광으로 대신하고 아프리카 최서단 알마티 포인트(아프리카 서쪽 땅끝지역)로 이동했다.

호젓한 바닷가에는 '이곳이 아프리카 서단 땅끝 지역'이라는 팻말이 우리를

알마티 포인트(서쪽 땅끝)

기다리고 있다. 간단하게 기념사진을 남기고 이 나라 필수 관광코스인 고리 섬으로 향했다.

고리섬은 세네갈 수도 다카르항구에서 대서양상에 2km 정도 떨어진 길이 900m, 너비 350m의 작은 섬이다. 17세기 프랑스가 지배하고 있던 노예무역의 전진기지라고 하는 섬이다.

고리섬으로 가는 배편은 터미널에서 세계 각국 각처에서 많은 관광객이 몰려옴에 따라 1시간 간격으로 왕래할 수 있다. 관광객들이 집중적으로 몰려드는 곳은 단연 '노예의 집'이다. 그 당시 노예 상인들은 현지 아프리카 부족장들과 노예 매매를 하고 노예를 인수받아 가두어 두기에 안전한 이곳 섬으로 옮겨서 남성방, 여성방, 아이들방, 말썽꾸러기 독방 등으로 분리해서 음식을

고리섬

제공하고 대소변을 관리하며, 매매
가 시행되기 전에 사망하면 고기밥
이 되게 바다에 던져버리는 천인공
노할 만행을 자행하던 곳이다.

　필자가 그 옛날 그 자리, 방과 방
이곳저곳을 둘러보아도 노예는 어
디에도 없고, 공방과 텅텅 빈 사무
실만이 관광객을 맞이하고 있다.
지금은 그 당시 필요에 의해 사용
하던 시설물들을 전시하여 박물관

노예들이 팔려가는 출구

으로 이용하고 있다. 그러나 그 옛날 노예제도가 합법적으로 이루어질 때는 사진에서와같이 출구를 통해 이곳을 떠난 후로는 파란만장하고 기구한 처지에 놓여서 죽음에 이르기까지 더는 자유를 누릴 수 없는 몸이 되었다.

노예의 집 입구(노예 기념물)

그리고 생면부지의 주인에게 노예가 되어 소와 말처럼 시키는 대로 일만 하다가 죽음을 맞이한다. 그리고 이곳을 출발해 목적지 북아메리카, 남아메리카, 카리브해 섬나라 등을 뱃길로 이동하는 과정에 지병이 발생하여 정상적인 생활을 할 수 없는 병든 노예는 돈을 지급하고 노예를 인수할 사람이 없다는 이유로 바다에 던져서 물고기 밥 신세가 된다고 한다.

흑인 노예들은 고리섬 방향으로 쳐다보기도 싫었다는 말이 여기서 나온다. 그게 바로 세네갈 고리섬 노예의 집이다.

필자는 이곳을 서아프리카 16개국을 2회에 걸쳐 방문하기 위해 2015년 11월 2일과 2019년 2월 17일에 두 번이나 방문한 적이 있다.

마지막으로 고리역사박물관을 이곳저곳 빠짐없이 둘러보고 현지식으로 점심을 먹고 난 후 다음 일정을 위하여 여객선을 타고 수도 다카르로 이동했다.

감비아 Republic of The Gambia

감비아(Gambia)는 서부 아프리카에 있는 조그마한 나라로 서쪽으로 대서양과 접하고 있으며, 해안선의 길이는 60km 정도이다. 알렉스 헤일리(Alex Haley)의 소설 《뿌리》의 무대로 한때 세계의 관심을 불러일으켰던 나라이다. 정식명칭은 감비아공화국(Republic of The Gambia)이다. 세네갈에 둘러싸여 감비아강을 따라 길쭉하게 형성된 나라로, 서쪽은 대서양과 접한다. 1982년부터 1989년까지 세네갈과 연방정부를 이루기도 했으나 프랑스의 식민지였던 세네갈과 영국의 식민지였던 감비아는 제도나 사상적인 측면에서 통합이 어려워 실현되지 않고 있다. 1991년 우호 및 원조협정 이후에도 긴장관계에 놓여있다. 행정구역은 5개 구획과 1개 시(반줄, Banjul)로 이루어져 있다.

폭 60여 km로 세네갈 내륙으로 300여 km 뻗어 들어가 있는 나라 감비아 국토의 중앙부에는 총연장 960km의 감비아강 하류가 흐르고 있다. 이 강은 연중 내륙 수운이 가능하다. 해발고도 100m 내외의 저지대로 이뤄진 나라 감비아는 이 강의 하류에서 중류에 이르는 강기슭 양쪽에 있는 유역의 땅이다. 하류는 강을 빼고 나면 육지의 폭이 양쪽으로 각각 약 20km 정도에 불과하다. 국토는 북·동·남쪽 3면이 세네갈에 완전히 둘러싸여 있으며 연중 990mm의 비가 내린다. 국민의 대부분은 만딩고족과 월로프족, 플라니족으로 구성되어 있다. 이들 대다수가 회교를 신봉하고 있으며 일부는 기독교와 아프리카 토속신앙을 믿고 있다. 모든 것을 감싸고 있는 이웃인 세네갈과 주변의 거대한 국가에 비해 감비아는 아프리카의 다른 곳에 있는 작은 조각처럼 보인다.

감비아는 아프리카 대륙에서 가장 작은 국가에 속하지만, 수도 반줄의 복잡한 시장은 독특한 아프리카의 경험을 하게 하고, 충분한 거리의 문화는 현혹적인 도시의 휴가를 쫓아내기에 충분하다. 아프리카에서 작은 수도 중의 하나인 반줄은 감비아강의 입구에 있는 섬으로 본토와 작은 지류로 인해 분리된다. 성장이 불가능한 이 도시는 수년 동안 발달이 없었다. 조용하며 언덕에서 내려온 듯한 분위기를 풍긴다. 그래서 한 나라의 수도라기보다는 큰 마을 같은 느낌이 든다.

반줄의 활력 넘치는 핵심은 앨버트시장(Albert Market)으로 의류와 신발, 채소, 가정용품, 수공

수공예품 시장(출처 : 현지 여행안내서)

예품 등을 쇼핑하거나 두세 시간을 거닐기에 적당한 곳이다. 색채가 넘치고, 생동감 있고 혼란스러운 반줄 시장의 모습은 아프리카에서 최고다. 근교에 있는 맥카티광장(MacCarthy Square)에는 전쟁박물관과 영국 조지 4세의 대관식을 기념하기 위해 세운 분수가 있다. 일부 전시품을 둘러보기엔 감비아국립박물관이 적당한데 사진과 지도, 고고학과 관련한 문서들이 전시돼 있다.

멀지 않은 곳에 감비아에서 가장 높은 35m 건물인 아치 22(Arch 22)가 있다. 전 감비아 대통령인 중위 야야 자메(Yahya AJJ. Jameh)가 주도한 1994년 7월 22일의 쿠데타를 기념하기 위해 건설한 건물로, 아치에서 도시의 해안까지 환상적인 전망이 눈에 들어온다.

감비아는 서아프리카에서 가장 작은 나라에 속한다. 경계는 내륙으로 기다랗게 감비아강을 따라 60km의 너비와 300km의 길이를 갖고 있어 감비아에서 가장 쉽게 눈에 띄는 지형적인 특징 물로 감비아강을 따라 국토를 둘로 나누고 있다. 감비아의 서부 국경은 대서양이며, 반대 방향은 세네갈에 의해 둘러싸여 있다. 지형은 평평하고 감비아강이 꼬불꼬불 흐르고 있으며 고도가 겨우 10m밖에 안 된다.

저지대 강어귀는 맹그로브가 자라는 강변 지역으로 갈대지대가 그사이에 위치한다. 물이 신선한 지역에는 산림이 늘어선 걸 볼 수 있다. 강을 벗어나면 감비아는 남부 사헬로 사하라사막 남부의 반 불모지다. 자연의 식물군은 건조한 녹지와 사바나 지역에 한정돼 나타난다.

560종 이상의 조류가 감비아에 분포하는데 작은 크기의 새들을 보호하

부부 원숭이(출처 : 현지 여행안내서)

기 위해 정부가 노력을 집중하고 있다. 아부코 자연 서식지(Abuko Natural Reserve)는 반줄 근교에서 조류를 관찰하기에 가장 좋은 곳이며, 그 외 다섯 곳의 국립공원에는 서식지가 풍부하여 동물군이 분포하고 있다. 해안에 있는 탄지 조류 서식지(Tanji Bird Reserve)는 철새들의 중요한 경유지가 된다. 특히 매년 겨울 유럽에서 이동한 물새들이 많다. 아부코와 감비아강 국립공원에는 원숭이와 침팬지가 서식한다. 감비아의 기온은 길고 건조한 겨울(11~5월)과 짧은 우기(6~10월)로 구분되며, 8월이 비가 가장 많이 내리는 시기이다. 평균 낮 기온은 12~2월 사이가 24도, 6~9월 사이가 30도를 나타낸다. 해안지역은 온도가 온화하고 내륙으로 들어갈수록 비 오는 기간이 줄어든다.

감비아는 1455년 포르투갈 항해사들에 의해 처음으로 유럽에 소개되었다. 이들 항해사가 감비아강 하류에 상륙한 이래 17세기에 접어들면서 영국 상인과 프랑스인들이 들어와 정착하였다. 그러면서 열강들이 식민지 쟁탈을 벌이게 되었다. 감비아는 1783년 영국식민지가 되었으며, 프랑스는 세네갈을 점령했다. 1889년 양국 간의 협정으로 국경을 확정하고 1954년에는 헌법이 공포되었다. 1963년에는 자치 정부를 인정하고 1965년 2월 19일 영연방 독립국이 되었다. 아직 의무교육이 시행되지 않고 있으며 문맹률이 60%를 넘고 있다.

다른 아프리카 종족과 마찬가지로 감비아의 주요 토착 인종은 출생으로 인하여 사회적인 위치를 차지하고 있고 사회를 유지하고 있다. 사회적으로 고위층은 귀족과 전사들이며, 뒤를 이어 농부와 무역상, 카스트에 속한 사람은 대장장이, 가죽 노동자, 목공이다. 그리고 그리오(Griots)가 최하위층에 존재한다. 노예들은 사회적인 계단에서 최하위층을 차지하며 노예제도가 사라진 지 오래됐지만, 노예의 후손들은 예전의 주인들을 위해 거주하면서 농업을 돌본다.

감비아에서 압도적인 우위를 차지하는 종교인은 무슬림으로 많은 종교 행위가 전통적인 애니미즘 신앙과 혼합돼 있다. 감비아인은 그리 그리(Gris Gris)로 불리는 작은 가죽 주머니를 목이나 팔, 허리 주위에 달고 다니는데, 이 부적은 악마 또는 재앙을 피하게 한다고 믿는다. 독실한 이슬람 신자들은 작은 경전이나 코란을 간직하고 다닌다.

국토면적은 11,300km²이며, 인구는 현재 약 256만 명(2022년 기준)이다. 주요 언어는 영어(공식 언어), 만딩카, 월로프, 룰라 및 기타 토착 언어를 사용한다. 종족 구성은 만딩고족(42%), 플라니족(18%), 월로프족(16%), 졸라족(10%) 순이다. 종교는 이슬람교(90%), 기독교(9%), 나머지 토속신앙 등이 있다.

시차는 한국 시각보다 9시간 늦다. 한국이 오후 6시(18시)이면 감비아는 당일 오전 9시(09시)가 된다. 환율은 한화 1만 원이 감비아 333달라시로 통용되며, 전압은 220V/60Hz를 사용하고 있다.

우리는 아프리카 대륙에서 작은 나라(경상남도 크기와 비교되는) 감비아 수도 반줄 시내를 자유시간으로 하루 일정을 소화하기로 했다.

짧은 역사로 환경이 너무 열악해 고적이나 유적지는 전혀 찾아볼 수 없으며 관광지라고 소개할 만한 곳이 없다고 한다. 그래서 현지 가이드와 상의해서 가이드가 마음 가는 대로, 인솔하는 대로 견학도 하고 관람도 하기로 했다.

제일 먼저 염색공장으로 이동했다. 염색공장이라고 하기에는 시설이 너무 열악하다. 노상에서 인력으로 사람들이 손수 염색 칠을 하는 과정을 볼 수 있을 뿐이다. 앨버트시장은 재래시장과 현대적인 시장으로 구분돼 있는데, 현대시장은 그나마 구경이라도 할 수 있다. 그러나 전통재래시장은 노상에 4개의 기둥 그리고 그 위에 초가지붕으로 비바람을 면할 수 있게 하고 생활필수품을 이곳저곳에 모아둔 상태가 전부이다. 그래서 시장에서 거래되는 상품들의 종류들을 알아보기 위해 이 골목 저 골목을 헤매다가 특별하게 눈에 띄는

바카우 해변

상품이 없어 바카우(Bakau) 해변으로 이동했다. 이곳은 감비아에서 제일 아름다운 해변으로 대서양 전경이 한눈에 들어온다.

외국인 관광객들도 하나둘 눈에 띈다. 그리고 여기저기에는 이 나라에서 고급식당이라고 할 수 있는 레스토랑들이 해변을 장식하고 있다. 그래서 제일 마음에 드는 식당에 들어가서 현지식으로 점심을 먹고 물 맑고 경치 좋은 대서양 해변을 바라보며 기념사진 촬영으로 감비아 일정을 마무리했다.

말리 Mali

말리(Mali)의 정식명칭은 말리공화국(Republic of Mali)이다. 북쪽으로 알제리, 동쪽으로 니제르, 남쪽으로 부르키나파소와 코트디부아르, 기니, 서쪽으로 세네갈, 모리타니와 국경을 접하고 있는 내륙국이다. 국토 대부분이 사하라사막에 속하며 북쪽에서부터 남쪽으로 사막, 스텝, 사바나 기후가 차례대로 전개된다.

독립 초에는 친소 경향이 강하였고, 프랑스와는 우호 관계를 유지했다. 그러나 1986년 프랑스 정부가 말리 이민자를 불법체류자로 국외 추방한 후 관계가 악화되었다. 행정구역은 8개 지구로 이루어져 있다. 북부는 사하라사막과 이어져 있으며, 중앙부는 건조한 사헬(Sahel) 목초지, 남부는 사바나지대이다. 동북부는 해발 600~700m의 아드랄데이포라스 지형을 제외한 나머지는 해발 230~360m의 평탄한 지형을 이루고 있다.

서남부의 기니에서 유입한 니제르강이 중앙부로 흘러들어 호를 그리며 니제르로 흐르고 있다. 강 유역 중앙부에는 거대한 내륙 삼각주 및 크고 작은 지류와 호소(湖沼)를 형성하고 있으며, 우기에는 삼각주지대가 범람하

기도 한다. 중부 팀부크투(Timbu-
ktu)의 1월 평균 기온은 22도 정
도로 쾌적하며, 5월은 35도이
다. 연간 강우량은 각각 북부지방
200mm, 중부지방 230mm, 사
헬지대는 200~600mm, 남부는
640~1,260mm 정도이다. 민족구
성은 밤바라(Bambara) 28%, 후라

니제르강(출처 : 현지 여행안내서)

니 10%를 비롯하여 사라코레, 송하이, 말링케, 투아레그 등으로 이루어져
있으며, 주민의 53%가 회교, 45%가 토속종교, 2%가 기독교를 믿고 있다.

말리는 양과 염소, 낙타, 소, 나귀를 기르고 땅콩과 목화, 아몬드, 대추,
얌, 사이잘 삼을 재배한다. 니제르강에서는 담수 어업에도 종사를 하고 있
다. 보크사이트와 철, 망간, 인광석, 암염 등 지하자원의 매장량이 풍부한 말
리는 피혁가공과 직조, 카펫, 식품산업이 활발하다. 수출입 품목으로는 섬유
류와 기계, 차량, 건축자재, 설탕, 기름 등을 수입하며 땅콩, 건어물, 피혁,
낙농 제품들을 수출하고 있다.

말리의 역사는 암벽화가 있을 정도로 오래전 사하라가 축복받은 낙원 시대
로 거슬러 올라간다. 하지만 처음 알려진 제국은 가나였으며 11세기에 모리
타니와 모로코에서 무슬림 베르베르에 의해 지배당했으나, 이슬람의 보급에
는 미온적인 제국이었다.

13세기 중반에 만딩고족의 지도자인 순디아타 케이타(Sundiata Keita)가

이슬람으로 개종하고 금과 소금 무역에 대한 독점권을 장악했다. 진보적인 마나스(제왕)의 영향으로 인해 젠네(Djenn'e)와 팀부크투는 서아프리카의 샹그릴라가 됐으며 막강한 제국의 힘을 기르기 위해 모스크와 대학교가 설립됐다.

1883년 말리는 프랑스의 식민지가 되었으며 서아프리카의 이웃 국가와 더불어 가난하던 말리에 철도와 관개시설을 건설했다. 1960년 6월 말리는 드디어 독립을 획득하고 세네갈과 연합정부를 구성했으나, 얼마 못 가 동조는 깨지고 난폭한 세네갈의 지배자 모디보 케이타(Modibo Keita)가 말리공화국의 대통령까지 차지했다. 케이타는 정치·경제적으로 프랑스와의 협조를 통해 두 지역에 대한 정치적인 구분을 만들었으나 소련 군대의 조언에 너무 많이 의존했다. 1962년 말리는 국가적 자랑거리인 세파프랑에서 탈피와 함께 새로운 통화를 신설하고 사회주의적인 경제정책으로 인해 경제가 파탄되고 재정이 위축됐다. 물가를 절감하려는 모험적인 시도는 호응을 얻지 못했고, 1968년 무사 트리오레(Moussa Traor'e)가 무혈 쿠데타를 통해 정권을 장악했다.

트라오레는 1968년부터 1991년까지 말리를 통치했지만 모든 면에서 잘하거나 언제나 인정받는 정부는 아니었다.

말리는 1970년대와 1980년대에 몇 번의 쿠데타 기도와 1979년 학생 시위를 제외하면 비교적 평화로운 국가였다. 투아렉(Tuareg) 반군에 대한 산혹한 진압과 정치적 다원성의 요구에 대한 거부와 시위자들에 대한 사격 진압 정책 등 트라오레 정부 정책에 대한 반감으로 1991년 아마두 투마니 투레(Amadou Toumani Tour'e) 장군의 주도하에 군부가 국가 통치권을 장악하고 민간인 수마나 삭코(Soumana Sacko)를 임시정부 대표에 임명했다. 1992년 다당제에 의한 선거가 실시되고 알파 코나레(Alpha O. Konare)가 대통령에 당선됐다.

말리의 다수 인종은 밤바라로, 많은 공직을 장악하고 있지만, 소수인 도곤(Dogons)족과 투아렉족은 전통적인 삶의 방식을 유지하고 있다. 투아렉 또는 '사막의 파란 사람들'(그들의 인디고 예복과 터번으로 인해 지어진 이름)은 고대의 유목민으로, 현재도 사막을 이동하며 생활하고

보보와 밤바라의 작은 마을

있다. 그들은 자신들의 인종에 대해 영광스럽게 생각하며 전쟁 능력과 예술 능력으로 유명한데 도시화와 재정착이란 새로운 국면을 맞고 있다. 가뭄과 정부의 정책이 투아렉의 전통적인 삶의 방식을 위협하고 있긴 하지만 사막으로 변하기 전까지 지평선 끝에서 낙타를 타고 이동하며 존재할 것으로 본다. 도곤족은 내륙 삼각주의 길고 좁은 급경사면 가장자리에 살지만 믿기 어려울 정도로 발달된 현대화된 농부들이다. 도곤족의 고향인 페이즈 도곤(Pays Dogon)은 문화적인 독특함으로 인해 세계 문화 보호지역으로 정해져 있다. 도곤족은 또한 예술적인 능력과 정성 들여 만든 가면으로도 유명하다.

국토면적은 124만 km²이며, 수도는 바마코(Bamako)이다. 현재 인구는

2,150만 명(2022년 기준)이고, 공용어는 프랑스어를 사용한다.

시차는 한국 시각보다 9시간 늦다. 한국이 오후 6시(18시)이면 말리는 당일 오전 9시(09시)가 된다. 전압은 220V/50Hz를 사용하며, 환율은 한화 1만 원이 말리 4,811세파프랑으로 통용된다.

오늘이 2015년 11월 6일이다. 가장 먼저 도착한 곳은 밤바라 왕국의 황제 궁전이다. 그 당시 철근이나 시멘트 등 건축문화가 미치지 못한 시절이라 진흙으로 벽돌을 만들어 1층 높이의 건물을 세우고 그 위에 진흙으로 완성한 궁전이다. 그 당시 아프리카 건축문화 시설로 봐서는 대단하고 거대한 왕궁이었다. 지방의 일반인들 주택은 4개의 기둥을 세우고 그 위에 비바람을 피

밤바라 왕국의 황제궁전

할 수 있는 장치가 전부이다. 실내의 살림살이라고는 손수레에 실어도 손수레 한 대에도 못 미친다. 이 미비한 세간으로 5~6식구가 한곳(방)에서 일상생활을 하며 살아간다. 의복이라고는 모든 식구가 달랑 입고 있는 한 벌뿐이다. 빨래라는 자체를 모르고 살아간다. 옷을 입은 채로 물에 들어가 어슬렁거리다가 헤엄을 친 후 밖으로 나와서 일상생활을 하다 보면 언제 옷이 마른 건지 모르는 실정이다. 그리고 아프리카 저소득 국가의 변방에는 지금도 이렇게 열악한 환경에서 소수민족이 살고 있다는 것을 기억해야 한다. 필자가 보고 느낀 나라와 지역을 거론하지 못하는 심정에 대해 양해를 바란다. 그런데 현지 가이드의 설명을 빌리자면 인류 역사상 지구상의 최고 부자는 13세기 아프리카 대륙 흑인의 나라 말리왕 만사 무사(Mansa Musa)라고 한다. 물가 상승률을 고려해서 금액을 현재 가치로 환산한 결과 1위에 이 나라 말리 만사 무사왕, 6위에 앤드루 카네기, 7위에 존 록펠러, 9위에 마이크로 소프트 창업자 빌 게이츠가 차지했다고 한다.

필자가 의문스럽다고 견해 차이를 보이자 그 당시 말리는 세계 금 생산량의 50% 이상을 생산하고 왕이 직접 관리하며, 1324년 부인 800여 명과 수행원, 노예 1,200명 그리고 낙타 100여 마리를 동원해서 사우디아라비아의 메카에 성지순례를 다녀온 적이 있다고 한다. 자기 말을 인정하라는 뜻이다.

그리고 진흙 모스크는 밤바라 왕국의 궁전처럼 진흙으로 모스크 건물을 세웠으며 진흙 모스크라는 이유로 보존할 가치가 있다고 판단한 유네스코는 세계문화유산으로 등재하고 있다. 그리고 그 당시 종교적인 의식을 진행하던 빈자리에는 오늘도 어김없이 빈 공간만이 우두커니 관광객을 맞이하고 있다.

진흙 모스크(출처 : 현지 여행안내서)

도자기 시장 역시 진흙으로 구워서 만든 항아리, 화분, 접시, 그릇 등의 제품들을 종류별로 노상에 쌓아놓고 주인 없는 가게가 나그네들을 맞이하고 있다. 주인을 찾아 한 점을 구입하고 싶어도 여로에 가지고 다니기가 불편해서

눈에 다가오는 물건들을 마음으로만 구입하고 말리 여행을 마무리했다. 그리고 우리는 초가집보다 시설이 열악한 숙소 호텔(라지, Lodge)로 이동했다.

도자기 시장

부르키나파소 ^{Burkina Faso}

부르키나파소(Burkina Faso)의 동쪽은 니제르와 베냉, 북쪽과 서쪽은 말리, 남쪽은 코트디부아르 그리고 가나, 토고와 국경을 접한다. 독립 이후 쿠데타가 반복되면서 정권과 체제가 바뀌었고 현재의 정권도 1987년 쿠데타로 집권한 군부정권이다. 15만 명 이상의 국민이 코트디부아르나 가나 등지로 품팔이를 나갈 만큼 가난하여 미국과 프랑스의 원조에 국가재정을 의존하고 있다. 부르키나파소는 친서방, 비동맹중립정책을 유지하고 있으며, EU 9개국과 ACP(아프리카, 카리브해, 태평양지역)의 개발도상국 46개국 간에 체결된 로메협정(Lome Convention) 회원국이다.

45개 주의 행정구역으로 이루어진 부르키나파소는 서부 아프리카 내륙에 있는 고원 국가로, 과거 어퍼볼타(Upper Volta)였던 국가이다. 남서부의 반포라(Banfora) 경사면에서 시작되는 해발 300~750m의 모시 고원이 국토의 절반을 차지한다. 지형은 전체적으로 동쪽으로 가면서 낮아져 평탄하고 단조로운 사바나지대를 이루고 있다. 국토를 관류하는 3개의 볼타강은 모두 북에서 남으로 흘러 가나로 들어가고 있는데, 이들은 동쪽에서부터 백, 적,

볼타강(출처 : 현지 여행안내서)

흑의 볼타강이 된다. 이 세 강이 가나에서 합류하여 볼타강을 이루고 있다. 어퍼볼타로 불리게 된 이유는 볼타강 상류가 부르키나파소에 모두 있기 때문이다.

수도 와가두구(Ouagadougou)의 1월 평균 기온은 25도, 4월 평균 기온은 36도, 7월 평균 기온은 32도를 보인다. 북부지방의 연간 강우량은 250mm, 남부는 1,020mm 분포를 나타내고 있다. 1968년부터 6년간 있었던 아프리카 최악의 가뭄이 닥쳐 많은 기아와 희생이 있었다. 종족은 크게 네 개 인종으로 나뉜다. 첫째는 원주민인 볼타 종족으로 총인구의 50% 이상을 차지하는 모시족, 구룬시족, 보보족, 로비족이 있다. 둘째는 만데족, 셋째는 유목민이나 반유목 생활을 하는 플라니족 그리고 유럽계 등이다.

볼타족과 만데족은 주로 농경 생활을 하면서 애니미즘(Animism)을 믿고 있지만, 플라니족은 이슬람교를 믿고 있다. 이 나라는 조와 수수, 옥수수, 쌀, 얌, 목화, 땅콩 등이 생산되고 있으며 천연자원으로 망간과 구리, 금, 다이아몬드가 있다.

주요 수출품은 가축, 건어물, 땅콩, 목화, 노동력 등이다. 부르키나파소는 공용어로 프랑스어를 사용하고 있으며 이외에도 84개의 부족어가 통용되고 있다. 문맹률은 70%로, 아프리카에서 가장 높다. 학령아동의 취학률도 극히

낮을 뿐 아니라 중등교육은 더욱더 낮다.

대다수의 부르키나파소 국민은 15세기에 가나 주변을 질주하던 기수들로 모시 제국의 후손들이다. 다른 아프리카 국가들과 달리 사회계층의 존재가 없던 마을 구조를 운영했으며 모시족은 원저성의 상사보다 더 일치하기 어려운 귀족 태생의 제국을 유지했다. 법과 행정기구, 정부조직이 발달돼 있었고 기병대가 영토를 방어했다. 후에 이슬람국가와 인접하고 호의적인 부르키나파소가 어찌하여 서아프리카에서 무슬림이 적은 국가 중의 하나가 됐는지 의문시되고 있다. 상(어퍼)볼타는 프랑스가 지배하기 시작한 1897년까지 안정된 상태로 존재하고 있었다. 그러나 작게 세분화하려는 정책에 반대해 인접국가로 이동해 작은 제국을 유지했다.

상볼타의 일부는 말리, 니제르, 코트디부아르로 편입됐고, 남아있던 상볼타는 이웃 국가인 코트디부아르의 프랑스인 농장으로 원주민 노예가 이동했다. 다음 60년 동안은 코트디부아르가 서아프리카에 여왕처럼 남아있었으며, 상볼타는 가난하고 불쌍한 이웃이었다. 20세기 중반에 식민정책이 약화되면서 상볼타는 독립을 원하는 국가 대열에 합류했다. 1960년 모시족인 모리스 야메오고(Maurice Yame'ogo)가 최초 대통령에 당선되었다. 불행히도 야메오고의 선거를 통한 승리는 실정으로 인해 혼란스러워졌다. 경제정책의 실패와 부패에 대한 저항은 일반 민중에 의한 폭동과 시위를 야기했다. 연속적인 쿠데타 끝에 젊은 사회주의자인 토마스 상카라(Thomas Sankara) 대위가 통제권을 장악했다.

상카라는 독불장군으로 변해 공공 부문의 발전과 함께 국호를 부르키나파

소('정직한 사람들의 땅' 또는 '청렴한 사람들의 땅'이란 뜻)로 개정하고 급진
적인 사회주의 정책을 실행하였다. 집중공격 방식으로 모든 아동에게 홍역
과 황열병에 대한 예방접종을 실시하고 모든 마을 자체에 의료교육을 했으
며, 350여 개의 학교를 신설하고 장관의 특권을 약화했다. 그리고 니제르 국
경까지 새로운 철로를 건설했다. 하지만 당원과 조언자들을 없앤 상카라 정
권은 오래가지 못하고 브레이스 꼼파오레(Blaise Compaoré)가 쿠데타로 집
권했다. 쿠데타는 상카라를 와가두구 외곽으로 끌고 가 저격함으로써 완성됐
다. 꼼파오레는 권좌를 차지하고 정부 인사의 임금을 상카라 이전 수준으로
회복시켰으며 식품 공급을 감소시켰다. 2014년도 민중봉기 때 꼼파오레는
축출되고 임시 과도정부가 들어선 상태로 유지되었다.

부르키나파소는 60개 이상의
인종이 살고 있다. 각자의 사회
는 문화적인 명성을 갖고 있으며
가장 두드러진 인종은 서부 외곽
의 부르키나베(Burkinabé)족이
다. 주요 그룹으로 보보-디울라소
(BoBo-Dioulaso)에 사는 보보
족과 플라니, 로비, 세푸노가 있으
며 가장 인상적인 인종은 모시족이
다. 모시는 황제 모로-나바(Mo-
ro-Naba) 또는 왕실의 후손들로

2m가 넘는 가면(출처 : 현지 여행안내서)

사회적으로 높은 명성과 영향력을 행사하고 있다. 모시족의 일부는 무슬림이지만, 부르키나파소는 서아프리카의 다른 나라와 달리 이슬람의 영향을 가장 적게 받은 나라이다. 절반 이상의 인구가 전통적인 애니미즘 신앙을 믿고 있다. 각 인종은 고유한 방식을 갖고 있으며 모시, 보보, 로비의 예술은 상당히 유명하다. 모시는 영양 가죽으로 만든 가면으로 유명한데 백색 또는 적색으로 칠해진 2m가 넘는 인상적인 가면이 있다.

국토면적은 274,200km^{2}이며, 현재 인구는 약 2,210만 명(2022년 기준)이다. 종교는 토속신앙(69%), 회교(7%), 천주교(4%) 순이다.

시차는 한국 시각보다 9시간 늦다. 한국이 오후 6시(18시)이면 부르키나파소는 당일 오전 9시(09시)가 된다. 환율은 한화 1만 원이 부르키나파소 4,811세파프랑으로 통용된다. 전압은 220V/50Hz를 사용한다.

그랜드 모스크 진흙 사원

우리는 조식 후 부르키나파소 제2의 상업 도시이며 보보인의 고향이자 이슬람 성지 그랜드 모스크(진흙 사원)로 향했다.

진흙 사원은 12세기를 기점으로 서아프리카 일원에 소수민족의 왕들이 종교를 이슬람으로 개종하면서 자기 권위와 권력을 과시하며 종교적인 성지를 세워 지역적으로 이슬람교를 전파하는 이슬람 성지였다. 지역마다 우리나라 성당이나 교회 그리고 사찰처럼 산재해 있으며 그 대표적인 모스크가 말리의 나이저(Niger)강 삼각주에 있는 젠네(Jenne)의 진흙 모스크이다. 이곳 보보-디울라스 진흙 사원은 외벽 진흙의 색상과 규모가 크고, 작은 것 외에는 여느 진흙 사원과 대동소이하다. 각처에 소수민족이 지금까지도 이용하고 있는 진흙 모스크도 있지만 사용하지 않는 진흙 모스크는 개보수 과정을 거쳐 관광자원으로 활용하고 있다.

외벽에 무수히 많이 박혀 있는 나무 말뚝은 철근 역할을 하며 건물을 보호하고 외벽의 손상된 부위를 보수하기 위한 구조물로 이용하고 있다.

마네가박물관은 다양한 가면과 전통악기 그리고 지역 주민들의 생활용품

박물관 소장품

필자가 악어 등에 올라타다

을 전시하고 있으며 인체 조각작품이 다수를 차지하고 있다.

그리고 이 나라 수도 와가두구에 있는 악어 양식장으로 향했다.

양식장은 호수에 있으며 악어들이 많이 서식하고 있다. 악어 양식장 관리자가 먹이로 악어를 유인하여 육지로 이동시킨다. 그리고 관광객들을 향해 악어 등에 올라타고 싶은 사람은 나오라고 한다. 악어 등에 올라타려고 하는 사람은 아무도 없다.

조련사가 채찍을 들고 기회를 부여하기에 필자가 용기를 내어서 악어 등에 올라타 보았다. 그러나 엉덩이가 왠지 불안하고 마음이 편하지 않았다.

인증 사진을 촬영하고 내려오는 순간 주변에 있던 모두가 감탄하며 박수로 환영한다. 한 번 더 기회가 주어진다 해도 두 번 다시 타볼 생각은 전혀 없었다.

니제르 ^{Niger}

정식명칭은 니제르공화국(Republic of Niger)이다. 니제르(Niger)는 북쪽으로 알제리와 리비아, 동쪽으로 차드, 남쪽으로 나이지리아와 베냉, 서쪽으로 부르키나파소와 말리, 남동쪽으로 차드호(湖)를 끼고 카메룬과 접한다.

이 나라는 비동맹 중립국으로 있으며 우라늄 매장량이 세계 5위이지만 정치 불안 등으로 아프리카에서 최빈국에 속한다. 행정구역은 1개 수도 행정구를 포함한 8개 지구로 이루어져 있다. 서부 아프리카의 내륙국가인 니제르는 국토의 75%가 사막이며, 중북부는 해발 1,900m의 방궤자네산이 있고, 북부 국경 지역은 해발 1,000m의 자도 고원이 있다. 이외의 지

시골에서 장 보러가는 여인들(출처 : 현지 여행안내서)

역은 해발 300m 정도로 평탄한 지형을 이루며, 서부의 니제르강 유역은 사바나지대로 주민의 대부분이 이 지역에 편중되어 있다. 지역에 따라 연간 250~650mm의 비가 내리며 연평균 기온은 약 섭씨 29도이나, 야간은 10도로 일교차가 크다. 국민의 52%를 차지하는 하우사(Hausa)족을 비롯하여 후라니족, 제르마족, 송하이족, 투아레그족이 살고 있으며 농경과 유목을 하고 있다.

바다에서 650km 떨어진 내륙국가인 니제르는 북쪽에 알제리와 리비아, 동쪽에 차드, 남쪽에 나이지리아와 베냉, 서쪽에 부르키나파소와 말리가 위치한다. 프랑스의 거의 두 배 크기로 서아프리카에서 큰 나라 중의 하나이지만 인구가 적다. 90%의 인구가 북부의 타는 듯한 사막을 피해 남부의 녹지대에 거주한다. 지형은 흔들거리는 뜨거운 물병이 누워있는 모양으로 3분의 2가 사막이며, 나머지 3분의 1이 반사막 또는 사헬이다. 병목에 해당하는 작은 남부지역에만 경작에 필요한 충분한 비가 내린다. 사막의 비율이 증가하고 있어 언젠가는 국토가 모래 아래로 사라져 버릴지도 모른다. 니제르에는 물 공급이 제한되어 있다. 니제르강은 국토의 남부 일부만 지나간

니메아 중앙시장 이모저모(출처 : 현지 여행안내서)

다. 니제르의 급속한 사막화는 여러 가지 이유가 있는데 모든 것이 얽혀서 진행되고 있다. 1970년대의 가뭄과 과다한 초지 소모, 장작으로 쓰기 위한 벌목으로 인해 모래가 유입돼 경작을 할 수 없게 만들고 있다. 사막화는 북부와 중부 지역이 심각하고, 남부는 하마와 기린, 코끼리, 버펄로, 표범 등이 국립공원에서 서식할 수 있을 정도의 비가 내린다. 12~2월이 시원한 계절이다. 사막에서 밤에는 온도가 0도까지 내려간다. 하르마탄(Harmattan) 바람은 비가 내리기 전인 12~2월 사이에 불어온다. 우기는 6~10월까지인데 여행을 어렵게 만든다.

가장 먼저 발견된 제국은 10~13세기의 카넴-보누(Kanem-bornu) 제국으로, 16세기에 일시적으로 재등장하기도 했다. 이 시기는 하우사족이 나이지리아에서 니제르로 이동하던 시기와 일치하며 이어서 제르마족과 송하이족의 후손들이 이주해 왔다. 각 종족의 술탄은 자신들의 제국을 세우고 유리한 무역로와 금, 노예무역을 이유로 무한정으로 물품을 공급하기 위해 살인을 자행했다. 니제르는 1898년까지 술탄의 지배에서 벗어나 있었으나 프랑스의 타격을 받고 식민지가 되었다. 경제적 분기점인 19세기 말엽의 가뭄은 소금 시장을 강하게 만들어 조미료가 금과 맞먹는 가치를 갖게 됐다. 1950년대가 끝나갈 무렵 식민정책은 이념적인 새로운 제안을 하게 되고, 드골은 서아프리카 식민지에 프랑스연합의 일원으로 자치정부를 구성하거나 독립할 선택권을 부여했다. 독립은 프랑스가 장악하고 있는 사회 기반으로 인해 경제파괴를 의미하는 것이었다. 최초의 선거로 자치정부를 구성했으나 2년 후 정부와 활동이 재개된 정당 간의 논쟁이 이어져 독립 의지를 고무시켰다.

니제르는 1960년 완전한 독립을 획득해 하마니 디오리(Hamani Diori)가 경쟁자 없이 대통령에 당선됐으나 불쌍하게도 프랑스에 의한 행정과 정치적인 권한이 가뭄이 발생한 1973년까지 남아있었다. 가뭄은 모든 사헬지대에 영향을 미쳤으며 아직까지도 완전히 회복되지 않고 있다. 정권을 장악한 쿤체는 우라늄 발견으로 좋은 시절을 맞이했다. 사회주의 국가를 제외하고 세계에서 다섯 번째로 많은 매장량이 발견됐다. 기대하지 않았던 부에 대한 거대한 환상은 샴페인, 캐비어 등으로 새로운 건축물 건설뿐이었으며 기업가와 수완가만이 부를 움켜쥘 수 있었다. 아리 사이부(Ali Saibou) 대령이 통치권을 이어받아 민주주의로 재편을 약속했으나 얼마 안 가 공허한 약속임이 판명났다. 1980년대 후반과 1990년대는 학생들의 시위와 노동자들의 파업으

하우사족 민속촌(출처 : 현지 여행안내서)

로 인해 도시가 불편을 겪었으며 아가데스(Agadez)를 중심으로 한 변방에서 투아렉 반군의 활동으로 인해 정부를 더 약화시켰다. 1991년 특별회의가 소집되고 사이부가 정권을 임시정부에 이양해 다당제에 의한 선거를 1992년에 실시했다. 모하맨 우스만(Mohamane Ousmane)이 선거에 승리해 투아렉과 좋은 관계를 유지했지만, 투아렉은 정부와 타협하지 않고 의심

민속놀이 축제를 즐기는 젊은 여성들(출처 : 현지 여행안내서)

스러운 이해관계를 유지했다. 결국 1993년 양 진영 간의 평화 관계가 성립됐지만, 평화는 위태롭게 유지했다.

하우사족은 언어에서 문화적으로 특별한 구분을 하고 있지 못하다. 서아프리카의 2천만 명에 달하는 사람이 '굿모닝' 말을 하우사어로 사용하고 있으며, 많은 사람이 제2 언어로 사용하고 있어 사하라 지역에서 가장 많이 쓰이는 언어이다. 고대의 하우사 문화는 북부 니제르에서 기원해 성공적으로 퍼져나갔다. 잘 알려진 니제르의 다른 종족은 유목민인 플라니와 투아렉이다. 보로로 플라니(Bororo Fulani)와 워오다베(Wodabe)는 '금기의 사람들'로 복잡하고 혼란스러운 금기사항과 주의 깊은 생각이 요구되는 사람들로 잘 알려져 있다. 한때 사막의 제왕으로 자랑스럽던 투아렉은 역사적으로 불운했지만, 현재는 건설 현장에서 벽돌을 나르거나 광산에서 일을 하고 있다. 결국 투아렉 반군은 산악지대에서 생존을 위해 투쟁하고 있는 셈이다.

국토면적은 1,267,000km²이며, 수도는 니아메(Niamey)이다. 현재 인구는 2,610만 명(2022년 기준)이고, 공용어는 프랑스어이다. 종교는 회교(95%), 기독교, 토속신앙 등이 있다.

시차는 한국 시각보다 8시간 늦다. 한국이 오후 6시(18시)이면 니제르는 당일 오전 10시가 된다. 환율은 한화 1만 원이 니제르 4,811세파프랑으로 통용된다. 전압은 220V/50Hz를 사용하고 있다.

2015년 11월 12일, 호텔에서 조식 후 부르키나파소 수도 와가두구 국제공항에서 니제르에 입국하기 위해 KP047편으로 출국하여 니제르 수도 니아메 국제공항에 도착했다. 서울 S대학교 역사학자 서 교수는 이번 여행 동안 룸메이트를 하면서 서로 가까이 지냈다. 일행들 모두 검색대를 통과하기 위해 줄을 지어 검문검색에 임했다. 바로 앞서가던 서 교수가 목재로 된 조각작품(크기 60cm)을 소지했다는 이유로 검색원과 함께 모퉁이를 돌아 사라지고 없다.

필자는 인솔자에게 서 교수가 검색원과 함께 저쪽으로 동행했다고 일러주었다. 인솔자가 상황파악을 위해 갔지만, 그 길로 두 분 모두 감감무소식이다. 우리 일행들이 필자의 인솔하에 모두 검색대를 통과해서 입국하려는 순간, 입구에서 공안 당국자가 여권을 압수하고 황열병 예방주사를 모두 맞으라고 한다.

필자는 한국에서 2015년 10월 1일 예방접종을 하고 출국했다고 하며 옐로카드를 꺼내 보여주었으나 소용없다며 예방접종을 하라고 한다. 원래 옐로카드를 소지하고 있으면 국제적으로 예방접종을 면제하고 있다. 옐로카드가 없으면 입국을 거부하는 국가는 보았지만, 옐로카드 소지인에게, 그것도 2개월 전에 예방접종을 한 사람에게 또다시 예방접종을 하라고 하는 것은 처음 보는 일이다. 요지는 이 나라 재정수입을 위하여 요구하고 있는 것 같다. 필자는 짧은 기간에 2회 접종은 건강상의 이유로 거부했다.

그리고 1시간 이상이 지나도 인솔자와 서 교수는 소식이 없다.

견디다 못해 필자가 2층 사무실로 가서 조심스럽게 찾아보아도 그 어디에도 보이지 않는다. 시간이 흐르고 일행들과 묵묵히 기다리고 있는데 담당자가 예방접종을 하든지, 아니면 한국으로 돌아가든지 하나를 선택하라고 한다. 그때 '로마에 가면 로마법을 따라야 한다.'는 속담이 생각났다. 건강은 둘째 문제이고 이곳을 벗어나야 하기에 예방접종에 임했다. 그러고 나서 일행 모두가 여권을 돌려받았다. 그러나 아직도 두 분은 소식이나 연락이 없다. 두 분을 남겨두고 이동할 수 없는 것이 문제다. 기다림에 지쳐 이리저리 헤매고 있는 중 창밖에 둘이서 우두커니 서 있는 모습이 보였다. 필자가 성질이 나서 창문을 여러 번 힘차게 걷어차 그 요란한 소리에 시선이 닿았다.

화가 나 항의하는 필자에게 "총을 찬 경비원이 절대로 출입을 못 하게 해서."라는 해명을 듣고 일행들에게 다가가서 "현재 상황이 이렇게 되었으니 원망하지 말고, 두 분도 고생을 많이 했으니 조용히 합류해서 일정을 진행하자."고 설득했다. 그리고 쳐다보기도 싫은 공항을 빠져나왔다. 두 분의 사건을 설명하면 목 조각을 지참하고 입국하므로 세관 당국자가. US 50달러를 요구했다. 그 돈을 지불하지 않으려고 2시간 가까이 저항하고 버티며 고생을 하다가 결국에는 50달러를 지불하고 세관에서 풀려나왔다고 한다.

지금까지의 사건 · 사고에 관해서 모두 잊어버리고 일행 모두가 여행에 전념하기로 약속했다. 그러나 니제르의 관광자원은 너무나 빈약했다. 케네디 대교는 전액을 미국의 원조로 건설하여 대통령의 이름을 따서 명명하였고, 미테랑 대로는 프랑스의 원조로 건설한 덕분에 역시 대통령의 이름을 따서 미테랑 대로라고 이름 지었다고 한다.

독립 대로를 거쳐 니제르박물관, 그랜드 모스크, 중앙시장 등을 차례로 방문하고 마지막으로 봉사 활동을 하기 위해 중등학교를 선택해서 노트와 볼펜을 학생들에게 나누어 주었다. 그리고 학생들과 기념 촬영을 끝으로 니제르 여행을 마무리했다.

봉사활동을 하고 난 후 학생들과 기념사진

베냉 Benin

 베냉(Benin)의 정식명칭은 베냉공화국(Republic of Benin)이다. 동쪽은 나이지리아, 북쪽은 니제르와 부르키나파소, 서쪽은 토고에 접한다. 한때는 아프리카에서 정치적으로 가장 불안정한 나라였으나 2006년 기준 아프리카에서 민주화의 모범 국가로 평가받고 있다. 1972년부터 20년간 공산국가로서 친공 노선을 취하였으나, 현재는 우경 비동맹 중립을 표방하고 있다. 행정구역은 12개 부로 이루어져 있다. 베냉은 서아프리카에서 매력적인 곳의 하나로 수도 포르토노보(Porto-Novo) 근처의 초호에 우뚝 솟은 어촌이 있는 곳이다. 베냉은 그 멋진 특징을 내면에 감추고 있는 곳이라고 할 수 있어 여행자는 인내심을 가지고 베냉의 문화적인 여러 특징을 지켜보는 것이 필요하다.

 이 나라는 부두교와 물신숭배가 여전히 널리 존재하며 이와 관련된 다양한 유물이 여행자의 흥미를 끌기도 하지만, 그와 동시에 여행자를 불쾌하게 만들기도 한다. 베냉은 눈에 띄지 않는 작은 나라이다. 하지만 중요한 무언가를 할 때면 큰 배포를 갖고 하는 나라이다. 서아프리카에서 가장 큰 노예무역이 성행하고 가장 권력 있는 왕국의 일원이었던 베냉 국민은 아프리카에서 세

어촌(출처 : 현지 여행안내서)

번째로 많은 쿠데타를 일으키기도 했는데 서아프리카에서 온 힘을 다해 마르

크시즘을 채용한 유일한 나라였다. 베냉은 형편없는 도로와 사회 기초기반시

설, 나쁜 물과 의료 조건, 관례화된

부패 같은 이웃 국가의 문제를 같이

공유하고 있다. 하지만 비교적 폭력

이 없는 베냉은 대부분의 이웃 국가

보다 더 부유하고 경제적으로 풍요

로워지고 있으며 멋진 해변과 자연

경관이 있는 곳이다.

　　베냉은 기니만(Gulf of Guinea)

아름다운 해변(출처 : 현지 여행안내서)

의 해안까지 수직으로 길게 뻗은 모양을 하고 있다. 해안선은 동서를 가로질러 124km이며, 니제르강(Niger River)에서 베냉만까지 남북으로 672km에 이른다. 국토는 해안지역, '라 테르 드 바(La Terre de Barre)'라고 불리는 고원지대, 수풀이 우거진 사바나로 된 또 다른 고원 지역, 베냉과 니제르의 수자원 저수지가 있는 북서부의 산악지역 아타코라(Atakora), 북동부의 비옥한 니제르 평원 등 5개 자연 지역으로 나뉜다. 거대한 야자나무숲과 코코넛농장이 있는 남부의 경작지는 해안에 형성되어 있다.

베냉의 문화역사는 풍부하며, 백 년이 넘는 동안 베냉인의 예술은 전설적인 다호메이 왕국에 대한 국제적인 관심을 끌어왔다. 19세기 전까지 대부분의 성공한 예술가들이 아보메(Abomey)의 통치 왕을 위해서만 작업했음에도 불구하고 예술은 기능적이면서 정신적인 목적으로 이용되고 있다. 이러한 시대의 역사는 밝게 채색된 아플리케(Appliqué)와 태피스트리(Tapestry)에 잘 나타나 있다. 그리고 아보메의 궁전은 유네스코에 의해 인류의 일반유산으로 지정된 주요 명소이다. 베냉에는 여행자가 접할 수 있는 어마어마하게 다양한 종류의 종교적이고 문화적인 춤이 있다. 일부 춤은 집단으로 추기도 하지만, 대부분은 개별적이고 복잡한 것이 인상적이다. 춤은 대부분 문화와 정체성의 축제인 축제 기간에 추게 되지만 자연스러운 축하 행사에서도 추게 된다. 가장 세계적인 관심을 끄는 베냉 문화의 한 단면은 인구의 약 70%가 신봉하는 애니미즘(Animism)인 부두교의 풍습이다. 부두교는 인간과 정신 세계가 상호 연결되어 있다고 보는 다신교이다. 부두는 한마디로 모든 사물에 있는 정신을 숭배하는 것이다.

국토면적은 112,620km²이며, 수도는 포르토노보이다. 현재 인구는 1,279만 명(2022년 기준)이고, 공용어는 프랑스어이다.

종족 구성은 폰족(47%), 아자족(12%), 요루바족, 바리바족 등 42개 부족으로 이루어져 있다. 종교는 토속신앙(50%), 그리스도교(30%), 이슬람교(20%) 순이다.

시차는 한국 시각보다 8시간 늦다. 한국이 오후 6시(18시)이면 베냉은 당일 오전 10시가 된다. 환율은 한화 1만 원이 베냉 4,811세파프랑으로 통용된다. 전압은 220V/50Hz를 사용하고 있다.

로이 토파 왕궁(Palais Royal du Roi Toffa)은 소수민족의 왕실이라고 보여진다. 과거 선조 때에는 넓은 영토를 가지고 국가를 다스렸지만, 지금은 그 옛날의 영광은 어디에도 찾아볼 수 없고 토호족으로 전락해서 왕실의 명맥만 이어가고 있다. 왕실의 규모는 일개 가정집 크기에 불과하다.

왕이라는 직함으로 정치적인 행동은 찾아볼 수 없고 현지 가이드가 왕이라고 해서 방문하고 있을 뿐이다. 거실을 통해 왕을 접견하

왕과 기념촬영

자 왕께서 그냥 인사도 아니고 큰절을 하라고 한다. "왜 내가 절을 해야 하느냐?"고 반문했다. "중국이나 일본 등 극동지방 동양인들 모두가 큰절하고 간다."고 한다. 그래서 큰절을 한 후 일어서자 돈을 요구한다. 어떻게 하면 좋을까 망설이다가 10달러를 손에 쥐여주니 웃음을 짓는다.

부인과 자녀가 몇 명인지 물어보니 부인 1명에 자녀가 5명이라고 한다. 평범한 가정집 분위기다. 이름도 성도 모르는 왕과 둘이서 기념 촬영을 하고 작별 인사를 하자 왕의 반응은 앉아서 고개만 끄덕인다.

그리고 과거 왕실로 사용했던 왕궁과 민속박물관, 재래시장 등을 차례대로 들러보고 숙소로 이동했다.

다음날 위다(Ouidah)로 이동해서 성스러운 숲으로 향했다. 성스러운 숲

성스러운 나무

노예가 팔려가는 관문

에는 둘레가 한 아름 이상 되는 나무가 하늘 높은 줄 모르고 솟아있다. 과거
에 이 나무가 사진에서와같이 넘어져 있었다고 한다. 그런데 주민들이 초하
루 보름에 정성으로 치성을 드렸더니 어느 날 잠자고 일어나자 직립으로 세
워져 있었다고 한다. 이 같은 현상을 보고 귀신이 곡할 노릇이라고 한다.

　다음 날 노예 수출의 전진기지에서 노예가 매매로 인해 팔려나가는 관문
에 도착했다. 노예가 이곳을 통해 바다에 대기하고 있던 선박에 승선하면 죽
어도 고향 땅 아프리카로 돌아올 수 없는 운명에 처한다. 그리고 소나 말처럼
생면 부지의 주인에게 넘어가 고생만 하다가 생을 마감하는 노예들의 눈물겨
운 사연과 한이 맺힌 지역이며 대문이 없는 관문이다. 그 옛날 노예들이 팔려
가는 모습을 상상하며 사진 촬영과 함께 일정을 마무리했다.

토고 Togo

토고(Togo)는 수도가 국경에 있는 세계 유일의 국가이다.

토고는 조그마한 마을 토고섬에서 유래하였으며, 국명은 '건너편 강둑'이란 의미를 갖고 있다.

토고는 지형적으로 해안과 고원, 중부, 카라, 사바나 지방으로 구분된다. 서쪽으로 가나, 동쪽으로 베냉, 북으로 부르키나파소와 접경하고 대서양 연안의 베냉만에 위치한다. 해안선 길이가 56km, 남북의 길이는 600km로 남북으로 좁고 긴 나라이다.

정식명칭은 토고공화국(Republic of Togo)이다.

제1차 세계대전 후 분할된 영토

조그마한 어촌(출처 : 현지 여행안내서)

중 서부의 영국령 토골란드(Togoland)와 골드코스트(Gold Coast)는 가나의 일부가 되었다. 국토가 남북으로 좁고 긴 형태이기 때문에 가나만에 면한 해안선은 56km로 짧으며 수도인 로메(Lome)가 자리 잡고 있다.

2005년 2월 5일 에야데마(Eyadéma)가 사망함으로써 아프리카 최장기간(38년)의 철권통치가 막을 내렸다. 국명은 'to(물)'와 'go(강둑)'의 합성어로, 19세기에 독일의 식민지가 되었을 때 '강 근처'란 뜻을 지닌 조그만 어촌이었던 데서 유래했다.

행정구역은 5개 지구로 되어있다. 토고에는 에와족과 카비에 두 종족이 주를 이루며, 30대 이하가 전 국민의 70%를 차지하고 있다. 50대 이상은 불과 15%에 지나지 않는다. 국토의 41%는 경작지이며, 삼림은 9% 정도를 차지한다. 토고의 산업은 농업인데 국민의 70%가 종사하고 있다. 주요 농산물로 옥수수와 얌, 카사바, 땅콩, 커피, 코코아, 목화, 조, 쌀 등이 생산된다. 철과 보크사이트, 인이 풍부하다. 코코아와 커피, 야자유, 목화를 수출하며 의류, 기계, 차량, 설탕, 시멘트는 수입에 의존하고 있다. 아프리카 국가 중에서 취학률이 72%로 높은 편이며, 수도 로메는 93%에 이른다.

12세기 이후 니제르에서 이주한 에와족이 오늘날 토고에 정착하였다. 15세기에 들어와 포르투갈이 노예무역을 시작으로 서양에 알려지기 시작하자 프랑스가 1865년 이곳 해안지방에 무역기지를 건설하였다. 이후 독일이 진출하여 1880년 이 지역을 통일하고 보호령으로 선포하였다. 1897년에는 프랑스가, 1899년에는 영국이 각각 독일의 토고 지배권을 인정하였다. 1914년 제1차 세계대전이 일어나면서 토고는 영국과 프랑스에 점령되었다. 1919

년 7월 협정으로 토고는 1922년에 영국령 토고랜드와 프랑스령 토고랜드로 분할되었다. 1946년에는 유엔 신탁통치령이 되었다. 1956년 선거로 프랑스령 토고는 같은 해에 자치정부가 되었고, 영국령 토고랜드는 1957년 가나에 합병되었다. 토고는 1960년 4월 27일 독립을 이룩하였다.

올림피오(Olympio)가 초대 대통령에 취임하여 경제정책을 폈으나 1963년 쿠데타로 피살되었다. 그리고 그루니츠키(Grunitzky)가 대통령에 취임하였으나 1967년 군부 쿠데타로 실각하여 에야데마 장군이 집권하여 국민연합의 전신인 국민재기운동당이 탄생하였다. 1972년 선거에서 압도적으로 승리한 그는 1977년 일대 개각을 단행하여 군부를 해임하고 민간인을 기용하였다.

1979년 헌법개정으로 민정 이양을 이행하였다. 1991년 독재에 대한 국민의 저항으로 그 해 고이고를 수상으로 하는 과도정부가 발족되었다. 그러나 에야데마를 지지하는 쿠데타 발생으로 정국이 혼미해지고 외교 관계에서 배냉과 긴장 상태에 들어가게 되었다.

1986년 테러 사건이 발단이 되어 가나와의 국경이 전면 폐쇄되기도 했다.

토고는 국토가 남북으로 좁고 긴 형태이기 때문에 가나만에 면한 해안선은 56km에 불과하다. 해안에는 연안주(沿岸州)가 발달하였으며, 맹그로브를 비롯하여 열대우림으로 뒤덮여 있다. 내륙지대는 대부분 구릉이 있는 산지이다. 남부와 북부에 걸쳐 열대우림으로부터 전형적인 삼림이 사바나에 이르기까지 다양한 변화를 보인다. 배냉과의 국경을 이루는 모노강, 가나와의 국경선 일부를 형성하는 오티강이 낮은 산지 사이를 흐르다가 남쪽 해안에 이른다. 기후는 남부지방의 열대우림 기후와 북부지방에 건조한 사바나 기후가 나타난다. 12~1월에는 사하라사막에서 불어오는 건조한 열풍 하르마탄으로 인해 건계(乾季)가 된다. 강우량은 토고 산지에 주로 많아 1,500mm에 이를 때도 있다.

토고에서는 그리스도 교회가 교육에 큰 역할을 하고 있다. 의무교육 기간은 6년이며, 2003년 문맹률은 39.1%로 높은 편이다. 초등학생과 중학생의 약 50%가 미션계 학교에서 교육을 받고 있다. 소규모의 직업학교가 몇 군데 있으며, 1965년 베냉과 공동으로 건립한 베냉대학교가 수도 로메에 있고 프랑스로 유학 가는 학생이 많다. 토고는 마스크와 조각, 문학 등이 뛰어나지만, 다마 드럼이라는 겨드랑이에 끼고 두드리는 전통악기도 있다. 구전문학의 전통이 강하며 독립 후에는 많은 소설가와 극작가를 배출하였다. 각 부족은 춤을 추며 여가생활을 즐기고, 음악은 전통음악과 현대음악을 모두 좋아한다.

국토면적은 56,785km²이며, 수도는 로메이다. 현재 인구는 약 896만 명(2022년 기준)이고, 공용어는 프랑스어를 사용한다. 종족 구성은 아프리카 원주민이 99%를 차지하며, 종교는 토속신앙(51%), 그리스도교(29%), 이슬람교(20%) 순이다.

시차는 한국 시각보다 9시간 늦다. 한국이 오후 6시(18시)이면 토고는 당일 오전 9시(09시)가 된다. 전압은 220V/50Hz를 사용하며, 환율은 한화 1만 원이 토고 4,811세파프랑으로 통용된다.

목재로 만든 인형

　수도 로메에서 우리가 제일 먼저 도착한 곳은 아코세데세와(Akosedese-wa)시장이다. 시장보다 상가로 표현하는 것이 좋을 것 같다. 우리나라 서울 인사동 골목처럼 골동품 가게가 수두룩하다. 가게마다 제일 많이 진열된 제품은 나무로 조각한 나체상이다. 조각상의 크기는 30~70cm 정도이며 우리나라와 문화적인 차이 때문인지 전혀 구입하고 싶은 생각이 없다.

　이집 저집 들어가서 재미 삼아 구경하며 상가 주인들의 마음만 설레게 하고 다음으로 페티시 마켓(Fetish Market)에 들러 부족한 여행용 생필품을 구입했다.

　그리고 독립광장으로 향했다. 광장에는 남성팀과 여성팀이 분리되어 매스게임(Mass Game)을 하느라 한창 열기가 올랐다. 의상 디자인만 보아도 구

매스게임. 종교적이고 문화적인 춤 / 문화적인 축제에 참여하는 여인(출처 : 현지 여행안내서)

경거리가 충분하지만, 우리나라 민속놀이 못지않게 풍요로운 삶을 즐기고 있다. 필자는 한데 어울려 엉덩이를 흔들어 보고 싶었지만, 의상 디자인이 너무나 차이가 나서 분위기에 지장을 초래하지 않을까 염려가 돼 보는 것으로 만족해야 했다.

열악한 아프리카 여행에 현재 펼쳐지고 있는 이 풍경은 단연 아프리카 여행의 백미라고 표현하고 싶다. 그리고 다른 곳으로 이동하고 싶은 생각이 전혀 없다. 그러나 짜여진 일정 때문에 이동하지 않을 수 없다.

국립박물관은 국가마다 문화와 예술을 달리하고 있어 재료는 동일할 수 있지만, 모양과 색상은 한 점 한 점에 특성이 있다. 대부분 작품은 목재로 된 작품이다. 간혹 이것은 무엇에 쓰는 물건인지 궁금한 것도 여러 점 눈에 띈다.

국립박물관

마지막으로 국회의사당을 방문했다. 조용하고 인적이 드문 국회의사당의
내부입장은 일정에 없다. 그래서 기념사진을 남기고 축구장처럼 평탄한 의
사당 정원을 거닐면서 다시 온다 간
다는 기약 없는 인사를 건네고 내일
일정을 위하여 조금 일찍 숙소로 향
했다.

국회의사당

가나 ^{Ghana}

가나(Ghana)란 이름은 4~11세기에 오늘날 니제르 지방에서 융성했던 제국의 이름에서 유래되었다. 아프리카 대륙에서 최초로 독립을 쟁취한 국가인 가나는 국민의 자긍심이 대단히 강하다. 가나는 지하자원이 풍부하고 특히 황금이 많이 나서 '황금의 나라'라는 별칭을 갖고 있다. 이외에도 '미소의 나라', '태양의 나라', '아프리카의 별'이란 이름도 갖고 있다. 국민성이 활달하고 친절한 이 나라는 사회도 개방적이고 아주 자유롭다. 사회적으로 여성의 지위도 대단히 높은 나라이다.

정식명칭은 가나공화국(Republic of Ghana)이다. 서부 가나만의 황금해안에 위치한 가나는 동쪽은 토고, 서쪽은 코트디부아르, 북쪽은 부르키나파소와 국경을 접하며, 남쪽은 가나만에 면해 있다.

독립 이후 수차례 쿠데타로 정권이 바뀐 가나는 2000년에 치러진 선거에서 1981년부터 쿠데타로 장기 집권한 제리 존 롤링스(Jerry John Rawlings) 정권이 패배하여 독립 이후 최초로 민선 정권에서 민선 정권으로 교체가 이루어졌다. 영국연방의 구성국 가나는 아프리카 통일기구(OAU)와 국제연합(UN)에 가입해 있다.

 행정구역은 10개 지구로 되어있다. 남쪽으로는 약 540km의 해안선을 갖고 있으며, 해변에는 식민지의 잔재인 요새와 성들이 42개나 있다. 이 성들은 현재 유네스코에서 세계 문화유적지로 지정 보호되고 있다. 국토의 22%는 경작지이고, 17%가 열대 우림, 나머지는 사바나지대이다. 주요 하천인 볼타강이 동부 저지대를 북에서 남으로 흐르고 있으며 하류인 동부 해안지대는 습지대이다. 중류의 동부는 해발 915m의 아코핌산을 중심으로 한 열대 우림지역, 강서 쪽의 중부내륙은 아샨티(Ashanti) 고원을 중심으로 볼타(Volta)강 분지이며, 분지 북부와 서부는 건조한 사바나지대이다. 볼타강은 아코솜보(Akosombo)댐 건설로 볼타 분지 남동부에 길이 400km, 면적

볼타강 하구(출처 : 현지 여행안내서)

9,000km²에 이르는 인공호수가 생겨 내륙 운송에 크게 기여하고 있다.

가나의 기후는 열대 몬순과 사바나 혼재형으로 우기는 4~10월이다. 연중 강우량은 동남부 지역 760mm, 서부 지역 2,030mm, 아샨티 고원과 볼타 강 지류의 남부 쿠마시(Kumasi) 지역은 680mm, 동북지역은 1,090mm의 분포를 보인다. 연평균 기온은 26~28도이다.

가나에는 약 75개 부족이 살고 있다. 민족 구성을 보면 아칸족, 아샨티족, 판티족, 다곰보족이며, 이외에도 다그바니족, 에웨족 등이 있다. 공식 언어는 영어이며 아칸어와 트위어, 판티어, 은지마어, 다그바니어, 하우사어 그리고 기타 부족어가 통용되고 있다. 국민의 45%는 토속종교, 43%는 기독교 그리고 약 12%는 회교를 믿는다. 교육 보급률이 높아서 아프리카에서 문

다곰보족의 집성촌(출처 : 현지 여행안내서)

맹률이 가장 낮다. 또 서아프리카에서 어느 나라 사람들이 가장 친절한가를 두고 대회를 연다면, 가나는 강력한 우승 후보가 될 것이다. 수도 아크라 (Accra)에서 몇 시간을 보내보면 가나만의 파도와 바람이 땅과 사람들 모두에게 적도의 따뜻함을 불어넣어 준다는 것을 확인하게 될 것이다. 물론 가나 사람들도 아크라가 서아프리카에서 가장 아름다운 도시가 아니라는 것을 인정할지는 모르지만, 어쨌든 이곳은 그들의 도시이다. 광물자원의 수탈부터 인간의 노예화에 이르기까지 식민지배의 만행을 견뎌온 나라치고 가나는 놀라울 정도의 자긍심을 가지고 있다. 이 나라의 장인들은 오래되고 풍부한 문화와 역사를 자랑하며, 그들의 작품은 전통적인 색채가 강하다. 가나는 서아프리카에서 가장 인구밀도가 높은 나라에 속한다.

국토 대부분은 산림 언덕 지대와 넓은 계곡, 낮은 해안평야지대로 이루어져 있지만, 국토 3분의 1에 해당하는 북부지역은 열대 우림이 울창하다. 가나 중앙의 상당 부분은 1964년 볼타호수(Lake Volta)에 의해 수몰되었으며, 그 당시 볼타강에 댐이 건설되어 이 호수는 아프리카에서 큰 호수 중의 하나가 될 정도로 커졌다.

가나의 평균 기온은 25℃에서 29℃ 사이로 큰 변화가 없다. 강우량은 적은 편이며, 우기는 4월부터 7월까지 이어지고 10월에 한차례 짧게 비가 온다.

가나 연안의 인류정착은 4만여 년 전으로 거슬러 올라가지만, 포르투갈인들이 상륙했던 15세기 말에 이르러서야 비로소 이 지역의 역사가 기록되기 시작했다.

포르투갈인들은 아산티 왕족들이 저장하고 있는 엄청난 양의 금을 찾아냈다. 포르투갈은 약탈한 금을 금괴로 만들어 유럽행 배에 실어 보내던 장소로 후에 골드코스트로 알려진 해안을 따라 요새를 세우기 시작했다. 진짜 돈벌이가 되는 것은 노예무역이라는 것이 알려지고, 포르투갈 무역상들이 축적한 막대한 부는 16세기 말 네덜란드와 영국, 덴마크 등의 시선을 끌게 되었다. 그 후 250년간 네 개 나라는 노예무역의 우위를 차지하기 위해 요새를 세우고 상대국의 요새는 함락시키면서 격렬하게 경쟁했다.

연간 평균 노예 포획량은 10,000명 정도이고, 19세기 말 노예무역이 금지되었을 때에는 76채의 요새가 해안가를 따라 약 6km마다 점점이 세워져 있었다. 노예제도 폐지 후에 영국은 요새를 세관 사무소로 사용하기 위해 현지의 많은 족장과 조약을 맺으면서 인수했다. 아샨티 왕국은 그 조약으로 상당한 이득을 얻었으며, 수도였던 쿠마시는 진짜 유럽 도시 같은 모양새를 갖추기 시작했다. 이후 영국은 쿠마시를 약탈하고 골드코스트를 영국의 식민지로 선언했다.

1957년에 독립이 이루어진 가나는 식민지배국으로부터 자유를 쟁취한 최초의 아프리카 국가가 되었다. 콰메 은크루마(Kwame Nkrumah)는 국가재정을 유지하기 위해 엄청나게 돈을 빌렸고, 볼타강의 아코솜보댐 건설은 10년이 넘는 기간 동안 기대되었던 만큼의 전기공급과 관개 계획을 이루어내지 못했다. 1966년 가나의 빚은 미화 100만 달러에 달했고, 은크루마의 난폭함과 관리들의 부패는 군사 쿠데타를 불러일으켰다. 연속된 군부 지배는 1993년 1월 9일 제4공화국의 출범과 더불어 끝을 맺었다. 1996년에 일반투표로 재선출된 제리 존 롤링스(Jerry John Rawlings) 대통령의 통치는 여전히 불안정한 가나 경제를 점차 안정된 상태로 이끌었으며, 국민은 민주주의 채택을 더 확고히 했다.

가나는 서아프리카에서 기독교 인구율이 가장 높지만, 전통적인 정령신앙 믿음도 여전히 흔하다. 각각의 토착 종족들은 자신만의 신앙 체계를 갖고 있지만, 뚜렷하게 공통되는 맥락이 있다. 그들 모두 신의 존재(또한 환생의 개념도 같이)를 받아들이지만, 창조자는 너무나 고귀한 존재로 인간사에 신경 쓸 여지가 없다고 여기고 있다. 제물을 통해 그 마음을 움직일 수 있는 군소 신들도 많이 있으며, 종종 조상들도 신격화되고 있다. 대형 사원이나 성문화된 경전은 없다. 신앙과 전통은 모두 구전으로 내려온다. 예를 들어 에웨족은 필요할 때마다 의지할 신이 600여 명 이상이며, 마을 축제와 의식은 한 명 이상의 신을 기리며 치러진다.

국토면적은 239,460km^{2}이며, 수도는 아크라이다. 현재 인구는 약 3,240만 명(2022년 기준)이고, 시차는 한국 시각보다 9시간 늦다. 한국이 오후 6시(18시)이면 가나는 당일 오전 9시(09시)가 된다.

환율은 한화 1만 원이 가나 32.5세디로 통용된다. 전압은 220V, 240V/50Hz 사용하고 있다.

과메 은크루마 능묘는 가나공화국의 국부이며 초대 대통령인 은크루마가 조용히 잠들어 있는 곳이다. 그는 아프리카 여느 독립운동가와는 달리 처음부터 영국 식민지에 저항하는 반영국 선동에 앞장을 서 결국에는 가나의 독립을 이끌어낸 인물이다.

은크루마 능묘와 동상

    그는 1966년 해외 순방 중에 종신 집권에 반발한 군부의 쿠데타로 고국인 가나로 돌아가지 못하고 평소에 친숙하게 지낸 기니(Guinea)공화국으로 망명길에 올랐다. 기니에서 대통령으로서 재기를 노리며 노력했지만, 그 뜻을 이루지 못하고 1972년 루마니아에서 지병인 암으로 유명을 달리했다. 그 후 정부에서 그의 시신을 가나로 이송해서 바다가 인접한 이곳에 안치하고 능묘를 조성했다. 능묘 앞으로는 황금색으로 된 그의 동상이 조국을 바라보고 있으며, 동상 앞으로는 여러 개의 분수대가 시원하게 공원을 장식하고 있다.

    능묘 뒤에는 목이 달아난 그의 동상이 우뚝 서 있다. 원래 이 동상은 국회의사당 앞에 세워져 있는 동상으로 군부의 쿠데타에 의해 파괴된 동상을 1975년 국립박물관에서 복원하여 2009년 이곳에 세워 놓았다고 한다.

분수대   목이 달아난 은크루마 동상

　좌측 땅바닥에는 목이 달아난 두
상 부분이 좌대 위에 고스란히 올
려져 있다. 그 옆면에는 은크루마
의 기념관이 자리하고 있다. 그리
고 국가마다 역사와 문화를 알고

싶을 때는 그 나라 박물관만큼 효
과적인 곳은 그 어디에도 없다.
　이곳 가나박물관은 1957년 문화
와 예술 그리고 문명의 발자취에
대한 역사를 알리고자 설립하였으

독립광장

며 석기 시대 유물과 식민지 시대 유물, 근대유물들을 다양하게 분리, 전시하고 있어 이 나라 역사와 문화를 이해하는 데 많은 도움이 되고 있다.

넓고 넓은 독립광장 가장자리에 1957년에 건립된 독립기념관의 옥상에는 검은 별 2개가 있다. 검은 별은 아프리카의 자유와 통일을 의미하며 가나를 상징하는 두 가지 뜻이

노예가 노예상선에 승선하기 위한 마지막 관문

있다. 그래서 일명 '검은 별 광장'이라고 불리기도 한다. 한 가지 예로 가나공화국의 축구 국가대표팀 별칭도 '블랙 스타스(Black Stars)'이다.

케이프코스트(Cape Coast)성은 서아프리카 노예무역의 본거지로 노예 수출의 흔적이 역력하게 남아있다. 성과 요새를 두루 갖추고 있는 이곳 성에서

노예들의 족쇄

노예 화장실

노예 사망대기실

내려다보면 항구에는 어촌이 형성되어 있다.

영국과 프랑스가 아프리카를 식민지로 개척하면서 사업적인 면에서 제일 짭짤하게 수익을 올린 것은 두말할 것 없이 노예무역이다. 흑인들은 개별로 떠돌아다니다가 노예 사냥꾼에 적발되면 일시에 체포되어 노예로 둔갑하게 된다. 그리고 노예를 공급하기 위해 수집하는 방법으로는 현지 부족장에게 부족을 관리하는 데 도움이 되는 칼이나 창 그리고 소총 등을 제공하거나 황금이나 돈을 지불하고 노예를 인수하는 등 여러 가지 방법으로 노예를 모집해서 이곳 1층 감옥에 남녀 별도로 가두어 두었다. 그러다가 때가 되면 필요한 만큼 노예를 처참한 지하 감옥으로 이동시켜 대기하고 있는 노예 상선에 실어 보내는 한 편의 드라마 같은 사업을 자행한 곳이다.

대포가 장착된 옥상

현장학습을 하는 현지 학생들

　1층에는 노예들의 남녀 수감실과 말썽을 부리면 족쇄를 채워 가두는 독방, 변소에는 지하로 구멍 하나만 뚫어 놓은 화장실 그리고 노예들이 병이 들어 노예로서 이용 가치가 없으면 죽는 날짜만 기다리는 사망대기실 등이 있다. 이곳에서 사망하게 되면 바다에 고기밥으로 던져졌다. 노예무역의 본거지였던 옥상에는 외세의 침략을 방어하기 위해 다수의 대포가 장착되어 철두철미한 노예무역의 전진기지로 쓰였다.

　필자가 이곳저곳 하나하나 살펴보고 있는데 현장학습을 위한 학생들이 단체로 수두룩하게 몰려오고 있다. 아마도 치욕적인 과거를 한 번 더 되새기는 기회라고 생각한다. 많이 보고 많이 느끼면서 케이프코스트와 이별하고 다음 여행지로 이동했다.

코트디부아르 Republic of Cote d'Ivoire

코트디부아르(Cote d'Ivoire)의 정식명칭은 코트디부아르공화국(Repub-
lic of Cote d'Ivoire)이며, 영어권에서는 '아이보리 코스트(Ivory Coast)'라
고 부른다. 이 나라는 북쪽으로 부르키나파소와 말리, 동쪽으로 가나, 서쪽
으로 기니, 라이베리아와 국경을 접하고, 남쪽으로는 가나만(灣)에 면한다.

2002년 9월 정부군과 반군의 내전 이후 평화과정 이행과 관련하여 프랑스
군 약 4,000명, 유엔평화 유지군 약 7,400명이 주둔하고 있다. 코트디부아
르는 프랑스어로 '상아해안(象牙海岸, Ivory Coast)'이라는 뜻으로, 15세기
후반부터 이곳 해안에서 상아를 수출한 데서 유래한다. 행정구역은 19개 지
구로 되어있다. 아프리카 서부 가나만 연안에 있는 코트디부아르는 1893년
프랑스 식민지가 되었고, 1946년 프랑스연합을 구성하는 프랑스령 서아프리
카에 편입되었다. 1957년 자치정부를 수립하였으며, 이듬해 프랑스공동체
의 일원으로 자치공화국이 되었고, 1960년 완전히 독립하였다.

독일과 비슷한 크기로 거의 사각형 모양인 코트디부아르는 만(灣) 주변의
서부 구릉지대를 제외하면 대부분 평지이다. 해안지대는 산호로 유명하며 가

나의 동쪽 국경에서 해안선이 거의 절반(300km)을 차지한다. 남부는 수도인 야무수크로(Yamoussoukro)와 코트디부아르의 주 생산품인 코코아와 커피 농장이 있다. 이 지역의 나머지는 한때 남부 전역을 차지하고 있던 산림지역이고 북부로 더 올라가면 사바나지역이다. 농경지의 확대로 다양한 동·식물군이 위협을 받고 있는데, 산림지역은 세계에서 가장 높은 비율로 벌목이 되기도 했다. 현재 유일하게 남아있는 처녀림지대는 코트디부아르의 남서부에 위치한 3,600km²의 타이 국립공원(Tai National Park)뿐이다.

목재산업의 활엽수 수출은 국가 면적이 20배나 큰 브라질과 맞먹을 정도로 많다. 코트디부아르의 해안지대는 습한 열대지역이고, 북부는 세 가지 계절로 구분되는 반 불모지이다. 따뜻하고 건조한 기온은 11~3월, 덥고 건조한 기온은 3~5월, 덥고 비가 많은 시기는 6~10월까지 나타나며 7월에 가장 비가 많이 내린다.

코트디부아르는 막연히 상아라고 불러온 아프리카 서안에 있다. 15세기 후반부터 주요 생산품에 따라 지명을 구별하게 되면서 상아를 생산한 이곳 해안지역에 '상아해안'이라는 이름이 붙었다.

17세기 말 프랑스는 상아해안에 무역기지를 만들었고, 19세기에는 요새를 구축하여 영국세력에 대항하면서 노예무역에 주력하였다. 1842~1843년에는 주변 지방의 추장에게 토지 일부를 양도받았다. 1870년 프랑스와 독일전쟁으로 인해 프랑스군이 철수하자 무역업자들은 기지를 유지하면서 골드코스트의 영국세력에 저항하였다. 당시 그들의 지도자 가운데 한 사람인 마르셀 트레시 라플렌은 주변 지방의 추장과 조약을 맺어 세력권을 넓혔고, 이를 토대로 프랑스군은 1887~1892년에 내륙지방을 다시 보호령으로 만들었다.

1893년 코트디부아르는 세네갈에서 분리된 프랑스 식민지의 하나가 되었다. 프랑스는 1903년 해안과 내륙을 연결하는 철도를, 1912년에는 부아케(Bouaké)까지 315km의 철도를 부설하였으나 열대우림지대의 황열(黃熱)과 부족들의 강력한 저항으로 코트디부아르 전역을 완전히 지배하지는 못했다. 1933년 오트볼타(Haute-Volta)의 일부가 코트디부아르에 합병되었고, 1934년 프랑스는 철도의 기점인 해안의 아비장(Abidjan)을 수도로 정했다.

1946년 코트디부아르는 프랑스연합을 구성하는 프랑스령 서아프리카의 한 식민지가 되었고, 1947년 북부의 옛 오트볼타를 분리하여 1957년에는 자치정부를 수립하였다. 이듬해 프랑스령 서아프리카가 해체되어 프랑스공동체의 일원으로서 자치공화국이 되었다.

당시 아프리카인으로 커피 생산자 대표였던 우푸에부아니(Félix Houphouët-Boigny)는 '아프리카민주연합(RDA)'을 결성하여 프랑스의회에서 독립투쟁을 벌였고, 1960년 8월 프랑스공동체에서 이탈하면서 완전한 독립을 실현하였다. 대통령에 취임한 우푸에부아니는 30년 이상 집권하였다.

쌍둥이 자매(출처 : 현지 여행안내서)

아기를 업고 있는 25세 어머니(출처 : 현지 여행안내서)

1993년 우푸에부아니가 사망하고, 1995년 에메 앙리 코낭 베디에(Aimé Henri Konan Bédié)가 대통령으로 취임하였다. 1999년 전 참모총장 로베르 구에이(Robert Guei)가 쿠데타로 정권을 장악하고, 2000년 1월 잠정정부를 세웠다. 같은 해 10월에 실시된 대통령 선거에서 야당의 로랑 그바그보(Laurent Gbagbo)가 로베르 구에이를 제치고 대통령으로 당선되었다.

코트디부아르의 인구 증가율은 서아프리카에서 가장 높은 편이지만, 유아 사망률이 높아 정부는 공공의료시설 개선에 힘을 쓰고 있다. 경제와 정치 사정이 나쁜 주변국에서 이민이 계속 증가하여 세계에서 외국인 비율이 가장 높은 나라가 되었다.

부족 사이의 대립이 매우 심각한 편이었기 때문에 일찍부터 일당제의 강력한 정치 체제가 필요하였다. 일반적으로 민족의식은 낮고, 교육은 프랑스어로 행해지고 있다. 코트디부아르의 종교는 토착 신앙 및 이슬람교가 주종을 이루고, 지식층에서는 가톨릭을 일반적으로 믿고 있다. 결혼연령은 여자의 경우 20세, 남자의 경우 27~29세 정도이다.

인생에서 가장 큰 행사는 장례식으로 보통 5일 또는 7일장을 하며, 농민간에는 남존여비 사상이 남아있으나, 도시거주 여성의 사회적인 활동이 활발하다. 가정생활에서의 가족관은 동양적인 사고방식과 유사하며, 친척 간에 상호 협조하는 것이 상례로 되어있다. 흑인 특유의 기질이 있고 개인적으로 순박하고 친절하나 업무추진 능력 및 창의력이 부족하다.

국토면적은 322,460km²이며, 현재 인구는 약 2,774만 명(2022년 기준)이다. 공용어는 프랑스어를 사용하고 있으며, 종족 구성은 아그니족, 바울레족, 크로우족, 세누포족, 만딩고족 순이다.

종교는 이슬람교(35%), 그리스도교(30%), 토속신앙(30%) 순이며, 시차는 한국 시각보다 9시간 늦다. 한국이 오후 6시(18시)이면 코트디부아르는 당일 오전 9시(09시)가 된다.

환율은 한화 1만 원이 코트디부아르 4,811세파프랑으로 통용된다. 전압은 220V/50Hz를 사용하고 있다.

'아프리카의 파리'라고 불리는 아비장은 프랑스 식민지 시절 처음 수도로서 '상아해안'이라는 별칭을 가지고 있다. 먼저 아비장 시내에 자리 잡고 있는 코트디부아르국립박물관을 방문하기로 했다.

식민지 시절부터 지금까지 프랑스에 대한 의존도가 과한 탓으로 이웃 나라 가나에 비해 소장품이 매우 저조하다고 할 수 있다. 그렇지만 우리는 정해진 시간을 이용해 모양과 색상이 구별되는 작품들을 하나하나 둘러보고 다음 장소로 이동했다.

20여 일간 여행에 지친 이유로 성 폴 성당(St. Paul's Cathedral)과 고원

민딩고족 마을(출처 : 현지 여행안내서)

(The Plateau) 지역을 두루 살펴보고 일찌감치 숙소로 향했다. 오늘은 20일간 서아프리카 9개국 여행을 마치고 귀국하는 날이다.

호텔에서 조식 후 다운타운으로 이동했다. 마지막 일정으로 구경만 하는 차원에서 일행 모두가 앞서거니 뒤서거니 하면서 이 골목 저 골목을 누비며 일정에 있는 오픈마켓 야무수크로(Yamoussoukro)타

출렁다리(출처 : 현지 여행안내서)

운, 그랑바삼(Grand Bassam) 마
을 등을 차례로 둘러보고 귀국하기
위해 공항으로 이동했다.

아비장에서 출발하여 기내에서
숙박하고 경유지 두바이 공항에 새
벽 6시에 도착했다.

그런데 두바이 공항에서 평생 잊
지 못할 사건이 발생했다. 공동화
장실에서 용무를 보기 위해 허리띠
에 차고 있는 벨트(여권과 지갑이
들어 있음)를 풀어 화장실 벽걸이

그랑바삼 마을

에 걸어 놓고 용무를 마치고 벨트를 착용하지 않고 그냥 밖으로 나왔다.

10여 미터를 이동하는 순간, 뒤에서 누군가 "여보시오(Hello)!"라고 소리
친다. 뒤돌아보니 흑인 중년남성이었다. 화장실에 소지품이 벽에 걸려 있다
고 한다. 순간 정말로 눈앞이 아찔했다. 만약 그분이 은닉이라도 했다고 하면
'상상하기도 복잡한 일정이 눈앞에 도사라고 있겠지.'라고 생각하니 그분에게
고맙다는 인사를 열 번을 해도 부족할 것 같다.

그 시각부터 여권과 지갑은 내 몸에서 떨어지는 순간, 내 것이 아니라는 것
을 명심하며 지금까지 여행하고 있다. 여권과 지갑을 한 번 더 확인한 후 귀
국하기 위해 공항 탑승구로 이동했다.

Part 4.

서아프리카 2

West Africa 2

카보베르데 Cape Verde

카보베르데(Cape Verde)는 북대서양에 있는 카보베르데제도(諸島)로 구성된 섬나라로, 1456년 포르투갈인에 의해 발견된 후 1495년까지 포르투갈 국왕의 개인 소유지였고, 그 후 식민지화되었다. 그리고 1963년 포르투갈의 해외령(海外領)이 된 후 1975년 7월 독립하였다. 정식명칭은 카보베르데공화국(Republic of Cape Verde)이다. 아프리카 대륙 서안의 베르데곶(串)에서 서쪽으로 약 500km 떨어져 있다. 산티아고(Santiago)섬과 산투안탕(Santo Antao) 섬 등 15개의 크고 작은 섬으로 이루어지는데, 바블라벤토(Barlaventos)제도와 소타벤토(Sotaventos)제도로 불리는 두 군도(群島)로 나누어진다. 그중 5개 섬은 무인도이다. 아프리카 대륙 서부에 위치한 나라 기니비사우(Guinea Bissau)와 함께 포르투갈로부터의 독립운동을 전개하였으나 국가통합에는 반대하여 1975년 단독으로 독립하였다. 기니비사우는 1974년 9월에 독립하였다.

이 나라는 15세기 포르투갈이 발견하기 전까지 무인도였다. 1456년 포르투갈인 항해사에 의하여 발견된 카보베르데는 당시 노예무역의 중간기지이자 대서양 횡단 포경선과 화물선 중간 기착지 역할을 하였다. 1963년 포르투갈의 해외령이 된 후 주민을 대표하는 PAIGC(기니비사우 카보베르데 독립아프리카당)를 중심으로 독립운동을 전개하던 중 1974년 12월 포르투갈과 PAIGC로 구성된 잠정정권이 탄생했다. 기니비사우와 카보베르데는 독립을 위해 투쟁하였고, 독립을 달성한 주력(主力)은 모두 PAIGC였기 때문에 PAIGC는 양국 상호 대표를 두어 경제, 문화, 경찰 등 모든 분야에 걸쳐서 양국 활동의 조정을 도모하였다. 또 양국은 국회의원으로 구성된 평의회(評議會)를 설치하여 양국의 통합문제를 검토하였지만, 인종과 종교 면에서의 차이 때문에 실현되지 못하였다. 또한 양국이 각각 국제연합(UN)에 가맹한 사정도 있어 카보베르데 측은 정세의 추이를 두고 관망하였다.

한편, 기니비사우 측에서는 아밀카르 로페스 카브랄(Amilcar Lopes Cabral) 국가위원회 의장이 독립한 후 카보베르데와의 국가통합문제를 추진해 왔으나 두 나라 사이의 인종과 종교 등이 서로 상이하여 통합문제는 진전되지 못하였다. 그러나 국가위원회는 1980년 11월 카보베르데와의 국가통합을 추진하는 요지의 조항을 내건 신헌법을 채택하였다. 이 통합에 반대하는 군부는 쿠데타를 일으켜 J. B. 비에이라가 정권을 장악, 혁명평의회를 구성하였다. 카보베르데는 1975년 포르투갈로부터 독립하였고, 초대 대통령은 아리스티드스 마리아 페레이라(Aristides Maria Pereira)가 선출되었다.

1981년 카보베르데는 PAIGC에서 탈퇴하고 카보베르데 독립 아프리카당(PAICV)을 결성했다. 같은 해 헌법에 따라 기니비사우와 공식적으로 결별했다.

15개의 크고 작은 섬으로 구성된 카보베르데는 바블라벤토제도와 소타벤토제도로 불리는 두 군도로 나누어진다. 그중 5개의 섬은 무인도이다. 몇 개의 섬을 제외하고는 대체로 화산활동과 침식으로 생성된 섬으로 암석산지이며, 포구섬의 피코화산은 해발고도 2,829m로 최고봉을 이룬다. 대부분 섬은 아프리카 대륙에서 모래바람이 불어와 기후가 고온 건조하며, 5~10월 여름철 우기를 제외하면 비가 적다. 겨울에는 무역풍이 장기간 불어온다. 연평균 강우량은 해안에서 200mm 내외, 산지에서 1,000mm 정도이다. 한발(旱魃)의 원인으로 물 부족 상태가 잦으며, 열 개의 섬 중에서 네 개 섬만 농업이 가능하다. 연평균 기온은 24℃인데 화산재가 표층을 덮고 있으므로 토양이 비옥하지 않아 개발이 늦어지고 있다. 국토면적 중 경작 가능지 11.41%, 농경지 0.74%, 산림 및 기타 87.85%이다.

카보베르데에는 1456년 포르투갈인에 의해 발견될 때까지 주민이 아무도 살지 않았고, 아프리카의 노예들이 포르투갈인의 농장에서 일하기 위해 이곳으로 끌려 왔다. 그 결과로 카보베르데에는 유럽인과 아프리카인의 혼혈인종이 생겨났다. 아프리카 문화의 흔적은 카보베르데 주민의 약 50%가 거주하는 산티아고섬에서 뚜렷이 나타나는데, 이는 천연자원이 거의 없어 외부 문화가 뿌리내리기 어렵기 때문이다. 전체 종족 구성은 물라토 71%, 아프리카인 28%, 유럽인 1% 등이다. 100만 명이 넘는 카보베르데 인구 중 3분의 1만이 카보베르데에 살고 있으며, 50만 명의 카보베르데인은 미국, 주로 뉴잉글랜드 지방에 살고 있다. 포르투갈과 네덜란드, 이탈리아, 세네갈에도 큰 규모의 카보베르데인 사회가 형성되어 있다.

공용어는 포르투갈어이지만 대부분의 카보베르데인은 크리올(Criole)어를 사용한다. 크리올어는 아프리카어와 다른 유럽의 언어와 접촉을 통하여 변형된 고풍스러운 포르투갈어를 말한다. 카보베르데는 크리올어 문학과 음악에서 풍부한 전통을 가지고 있다. 종교는 로마 가톨릭과 기독교로 이루어져 있으며, 문맹률은 20%(2022년 추산)이다. 카보베르데에는 유럽 백인의 후예가 아주 많이 살고 있으므로 포르투갈의 문화유산이 아프리카의 문화유산보다 더 많이 남아있다. 상당수의 문학작품이 해방과 독립에 관한 내용을 담고 있다. 또한 카보베르데인이 미국으로 건너간 '아메리카노'에 대한 주제도 많다.

국토면적은 4,033km²이며, 수도는 프라이아(Praia)이다. 현재 인구는 약 57만 명(2022년 기준)이고, 시차는 한국 시각보다 10시간 늦다. 한국이 오후 6시(18시)이면 카보베르데는 당일 오전 8시(08시)가 된다. 전압은 220V/50Hz를 사용하며, 환율은 한화 1만 원이 카보베르데 730에스쿠두로 통용된다.

아프리카에서 가장 낙후된 서아프리카를 두 번째로 방문하기 위해 2018년 2월 10일 인천에서 출발하여 카타르 수도 도하에 도착했다.

연결편으로 모로코 카사블랑카(환승 시간 5시간 20분, 저녁 식사)에 도착한 후 세네갈 수도 다카르로 출발, 이어 다카르에 도착해서 숙소인 호텔로 이동했다.

다음날 다카르에서 출발하여 카보베르데 수도 프라이아에 도착했다. 도착

전망대

하자마자 전망대가 있고 대통령 궁
이 있는 곳으로 이동했다.

대통령궁에는 입장이 불가하여
프라이아항구를 정면으로 바로 보
며 기념사진을 남기고 이 나라 건
국 지도자 기념관으로 이동했다.

기념관 입구에는 건국 지도자 아
밀카르 로페스 카브랄의 흑백 대형
사진이 우리 일행들을 맞이하고 있
었다. 그는 카보베르데 독립운동에

곱슬머리 여성(출처 : 현지 여행안내서)

지대한 공적을 쌓았지만, 조국의 독립을 목전에 두고 포르투갈의 지령에 의해 암살되었다. 기념관에는 그의 손때가 묻은 생활 도구와 평소 자주 입고 다니던 의복들이 고스란히 진열되어 있었다. 그리고 거리에서 자주 눈에 띄는 주민들은 주로 혼혈인으로, 머리는 곱슬머리지만 피부 색깔은 우리나라 사람들과 비슷하게 보인다. 특히 어린이들이 더욱 눈에 많이 띈다.

그리고 거리에는 LG전자 간판과 현수막이 눈에 많이 띈다. 멀고도 먼 오지 아프리카 대서양 섬나라에서 LG상사가 자기회사 전자제품으로 영업을 열심히 하고 있다. 대기업에서 이렇게 지구촌 구석구석에까지 피나는 노력으로 외화를 획득하여 우리 국민이 잘 먹고 잘살 수 있는 계기가 되었다고(카보베르데 수도 프라이아에서 한국 전자제품을 바라보며) 생각에 잠겨 본다.

항구어시장

그리고 미개발된 공공건물과 사회간접자본(SOC) 사업에 중국, 특히 마카오인들이 많이 진출하여 국가 건설에 이바지하고 있으며 건설 현장에는 중국 건설회사 현수막이 가끔 눈에 띈다. 그리고 구시가지를 거쳐 항구어시장에 도착해서 주민들이 잡아놓은 고기들을 구경하였다. 저 멀리 백사장에는 남녀노소 구별 없이 해수욕을 즐기는 모습이 정겹기 그지없다.

　마지막 일정으로 포르투갈 식민지 시절 포르투갈 정치범이나 강력범죄자들을 유배시켜 감옥으로 이용한 타리팔교도소로 향했다. 정문에 도착하니 죄수들이 도망치지 못하게 사방으로 깊숙한 도랑을 만들어 해자(垓字)를 조성해놓았으며 교도소 입구 사무실에는 악명높은 범죄자들의 사진과 더불어 출생과 사망 연도를 기록해 놓았다. 범죄 종류에 따라 여러 개의 방이 연결되어

포르투갈 범죄자 교도소

있고 악명높은 죄수에게 부여되는 독방이 따로 외진 곳에 있다. 그리고 취사장에는 솥을 걸어놓은 구들과 아궁이가 연결되어있고, 화장실에는 바닥에 구멍 하나만 뚫어 놓고 양발 자국을 새겨 제자리에 앉아 정조준하여 용무를 보도록 시설해 놓았다. 이렇게 하나하나 빠짐없이 살펴보고 그 옛날 죄수들의 감옥살이를 상상하며 정문을 나왔다.

기니비사우 Guinea Bissau

아프리카의 서부 대서양 연안에 있는 나라 기니비사우(Guinea Bissau)의 정식명칭은 기니비사우공화국(Republic of Guinea Bissau)이다. 이 나라는 서부 아프리카에 있는 국가이며, 수도는 비사우(Bissau), 공용어는 포르투갈어를 사용한다. 북쪽은 세네갈, 동남쪽은 기니에 접하며, 서쪽은 대서양에 면한다. 1960년대 초 독립전쟁이 본격적으로 일어나 독립 정부를 구성하고 1974년 포르투갈의 식민정부에서 독립한 나라이다.

동남부는 해발 200m 정도의 저지대 습지와 내륙지방의 건조한 사바나지대, 주요 하천인 게바, 카세우, 코루발 등이 흐르는 하천유역 삼각주지대와 비자고스(Bijagus)제도로 이뤄져 있다. 1월 평균 기온은 25도, 5월은 29도로 무덥고 지역에 따라 연중 1,300~2,160mm의 비가 내린다. 발란테족과 후라니족, 만딩고족, 물라토족, 크리올료족 등 아프리카 소수 부족이 살고 있는 기니비사우는 국민의 60%가 자연숭배를 하고 33%가 회교, 4%가 가톨릭을 신봉하고 있다. 공식 언어는 포르투갈어이며, 이외에도 크리올어와 각 부족 언어를 사용한다.

주요 산업은 농업과 목축업이다. 쌀과 땅콩, 코코넛, 목재, 야자가 생산되는데 땅콩과 야자유, 피혁을 수출한다. 섬유와 자동차, 식품 기계 등은 수입하고 있다.

기니비사우는 1446년 포르투갈인에 의해 발견되어 포르투갈 최초의 해외식민지가 되었다. 17~18세기에는 노예무역으로 번성하였으나, 포르투갈인은 식민통치의 거점을 카보베르데(Cape Verde)에 두고, 이 식민지에 들어와 살지는 않았다.

19세기에 영국에서 백인이 거주하지 않는 이 땅에 대한 영유권을 주장한바 있으나, 1870년 미국의 제18대 대통령 그랜트(U. S. Grant)의 중재로 인해 포르투갈령으로 확인되었다. 1879년 이후 포르투갈은 식민지를 카보베르데에서 분리하여 하나의 단위식민지 포르투갈령 기니로 통치하였다.

1956년에 조직된 기니비사우 카보베르데 독립아프리카당(PAIGC)이 중심이 되어 1963년경부터 독립항쟁이 시작되었고, 1971년 여름부터는 독립을 위한 준비가 추진되었다.

독립운동의 지도자 아밀카르 로페스 카브랄(Amilcar Lopes Cabral) 암살사건에도 불구하고, 1973년 9월 전국인민회의는 독립을 선언하였다. 독립선언 승인을 미루어오던 포르투갈이 1974년 9월에 독립을 승인함으로써 기니비사우는 정식으로 독립을 성취하였다.

독립 이후 정치 실권을 장악한 PAIGC는 지도층이 공산주의자들로 구성되어 있어 사회주의 정치 체제를 지향하므로 1975년에 전 국토를 국유화하고, 비동맹중립주의를 표방하였다.

전 국회의장 J. B. 비에이라가 1991년 신헌법을 제정하고 복수 정당법을 통과시켜 1994년 7월 실시한 대선 및 총선에서 승리하여 대통령으로 취임하였다. 그러나 1998년 전 참모총장 앤수마네의 반란으로 내전에 돌입하였으며 1999년 2월 정부 측과 반군의 합의로 총선거 및 대통령 선거 시행을 위한 과도정부가 구성되었다. 5월에 대통령 J. B. 비에이라가 실각하고 해외로 망명하였으며 전 국회의장인 말람 바카이 산하(Malam Bacai Sanha)가 대통령 선거 때까지 임시로 대행하였다. 2000년 1월 대통령 선거에서 쿰바 얄라(Kumba Yala)가 당선되어 2000년 2월 신 내각을 발족하였다.

기니비사우의 국토는 남동부 기니와의 국경을 이루는 해발고도 100~200m의 대지를 제외하고는 대부분이 게바와 카세우, 코루발 등 하천의 삼각주지대로 이루어져 있고, 앞바다에 비자고스제도의 여러 섬이 산재해 있다. 습지 소택지(沼澤池)가 많으며, 내륙 평원지대는 주로 북서쪽의 세네갈 국경과 게바강 사이에 걸쳐 있다.

기후는 열대성 적도기후이며, 기온은 전체적으로 고온다습하다. 우기는 6~10월, 건기는 12~5월이다. 연강우량은 2,000mm 내외, 연평균 기온은 27℃ 이상으로 기온의 연교차가 적다. 전체 국토면적은 36,120km²이며, 이 중에서 경작 가능지는 8.31%, 농경지는 6.92%, 기타 84.77%이다.

기니비사우의 신문은 정부 기관지 〈노빈차〉와 독립계 주간지 〈에스프레소 비사우〉가 있으며, 방송은 〈기니비사우라디오국영방송사〉가 있다. 기니비사우는 세계 20대 최빈국 중 하나로 사회주의 경제체제에서 자본주의 경제로 이행을 추진 중이다.

인터넷 호스트 수는 없으며 2006년 인접국 세네갈로부터 정치적인 난민이 유입되어 사회 불안이 가중되고 있다.

우리가 방문한 2018년 통계에 따르면 난민이 7,454명에 이른다.

기니비사우는 신문, 라디오, 텔레비전 등 언론 매체를 정부에서 아직까지도 관리한다. 국립 연구개발기관은 사회과학연구조사와 기니비사우인의 연구 저널인 〈소론다〉의 출판을 지원하고 있다. 국립예술학교는 많은 콘서트를 지원하며 춤과 음악학교를 운영하고 있다. 공공 도서관과 박물관, 미술관 등이 있다. 약 3,000행으로 된 유명한 서사시 '손자라(Sonjara)'가 13세기부터 불렸는데, 무수한 시련과 고난을 이겨낸 후에 만딩고족과 족장들을 통합한 전설적인 영웅 손자라에 관한 내용으로 되어있다. 국민이 가장 좋아하는 스포츠는 축구로서, 소년들은 짚으로 만든 공으로 경기를 하고 라디오 중계를 즐겨 듣는다.

현재 인구는 약 206만 명(2022년 기준)이고, 시차는 한국 시각보다 9시간 늦다. 한국이 오후 6시(18시)이면 기니비사우는 당일 오전 9시가 된다. 환율은 한화 1만 원이 기니비사우 6,087세파프랑으로 통용된다. 전압은 220V, 240V/50Hz를 사용한다.

우리는 호텔에서 늦은 조식 후 시내 중심가에 있는 기니비사우 건국 지도자 아밀카르 로페스 카브랄의 흉상이 세워진 장소로 이동했다. 간단하게 2m 높이의 초석 위에 세워진 그는 생전의 모습으로 국가와 민족을 바라보며 우리 일행들을 맞이하고 있다. 기념사진을 남기고 다음은 쿰바 얄라 대통령의

아밀카르 로페스 카브랄 흉상 　　　　쿰바 대통령 기념비

기념비로 이동했다. 쿰바 대통령의 기념비는 아프리카 여느 대통령 기념비와
는 형체와 모양이 전혀 다르다. 사진에서와같이 벽면에 주조로 제작된 두상
을 정면에 부착해 놓았으며 생전의 컬러 사진을 코팅해서 주위를 가득 메우
고 있다.

　다음은 항구로 이동해서 선착장에 들러서 오고 가는 무역선을 구경하고 어
시장으로 이동했다. 어시장에는 어부들이 잡아 온 고기들을 상인들은 세척도
하지 않고 철이나 고무로 된 바구니에 담아 노점상을 차려놓고 판매하는 모
습이 정겹기도 하지만 시설이 너무 열악한 이유로 생선 냄새는 피할 길이 없
었다.

　다음날 수도 비사우에서 3.3km 떨어진 대서양상의 기니비사우 옛 수도

비사우항구

볼라마(Bolama)섬으로 배편을 이
용해 이동했다. 그 당시 행정타운
과 다운타운 등을 둘러보았지만 시
설 면에서 너무나 열악해 지금은
폐허가 된 건축물들이 그대로 방치
되어 있고 간혹 주민들이 주거지로
이용하고 있는 것을 볼 수 있었다.
기니비사우 옛 도읍지라는 명성 때
문에 관광객을 유치하고 있지만,
관광지로서 기능은 아예 찾아볼 수

옛 수도 볼라마섬

가 없다.

그래서 서둘러 비사우 시내로 돌아와 박물관으로 향했다. 박물관에는 소장된 작품이 많아 역사와 문화를 이해하는 데 많은 도움이 되었다. 박물관 관람을 마치고 기니로 출국하기 위해 공항으로 이동했다.

출국 심사를 거쳐 검색대를 통과하는 데는 일일이 손으로 내용물을 확인하지만, 비행장으로 이동하는

박물관 소장품

과정에는 우리 일행들을 승용차에 태워서 트랩(Trap)까지 데려다준다.

이렇게 VIP 대접을 받으며 출국하는 것은 이번이 생전 처음이다.

기니 Guinea

서아프리카의 대서양에 면한 나라인 기니(Guinea)는 1849년 프랑스 보호령이 되어 지배를 받다가 1890년 세네갈에서 분리돼 프랑스 식민지에 편입되었고 1958년 10월에 독립하였다. 정식명칭은 기니공화국(Republic of Guinea)이다. 북쪽으로는 기니비사우와 세네갈, 말리, 동쪽으로는 말리와 코트디부아르, 남쪽으로는 시에라리온과 라이베리아와 인접하고, 서쪽으로는 대서양에 면한다. 독립 이후 아메드 세쿠 투레(Ahmed Sékou Touré)가 1984년에 사망할 때까지 집권하였고, 투레 사망 후 쿠데타로 집권한 란사나 콩테(Lansana Conte)가 기니인민혁명공화국에서 현재의 국명으로 바꾸고 현재까지 계속 집권하고 있다. 지난 10년간 라이베리아와 시에라리온의 국경 지역에서는 무력충돌로 난민이 발생하는 등 불안이 계속되고 있다. 행정구역은 33개 현, 1개 특별구역으로 이루어져 있다.

15세기에 포르투갈인이 가장 먼저 해안에 도달하고, 그 뒤 17세기에는 영국과 프랑스의 쟁탈대상이 되었다. 1725년 풀라니족들이 푸타잘롱(Fouta Djalon) 산지에 진출하여 해안지대의 유럽인 세력에 항거하였다. 해안지대는 1814년에 프랑스 세력권으로 인정되어 1849년 프랑스의 보호령이 되었으나, 프랑스의 침략에 대한 무력저항은 말린케족의 지도자 사모리 투레 (Samori Touré) 등에 의해 20세기 초반까지 계속되었다.

프랑스는 1886년에 포르투갈령 기니와 국경선을, 1889년에는 시에라리온과 국경선을 확정하고, 1911년에 라이베리아와 국경선을 결정하여 기니 보호령의 영역을 확보하였다. 당시 프랑스는 식민지 행정부에서 기니를 세네갈에 속하게 하여, 리비에르 뒤 쉬드(Rivires du Sud : '남쪽의 강'이란 뜻)라고 하였으나, 1891년에 하나의 단위식민지로 독립시켜 1893년에 프랑스령 기니라고 명명하였다. 그 뒤 기니는 프랑스령 서아프리카의 다른 지역들과 더불어 프랑스의 지배를 받아왔다. 기니는 1958년 9월 28일에 실시한 프랑스 제5공화국 헌법에 대한 프랑스 연방 국민투표에서 그 헌법을 거부하고 프랑스 공동체로부터 이탈하여 독립하였다.

1958년 11월 12일에 제정된 헌법에 따라 투레가 초대대통령에 취임하였다. 사회주의 체제의 실현과 범(汎)아프리카주의의 이념을 표방한 최초의 공화국으로 주목을 끌었다. 반(反)프랑스 반(反)서유럽의 외교정책을 취하여 가나, 말리와 더불어 일종의 사회주의적인 국가연합을 결성하였지만 투레가 대통령직을 네 차례 역임하였고 1974년의 선거에서는 PDG가 전 의석을 독점하는 등 기니 민주당(民主黨 : PDG)의 일당 독재체제라는 비난을 면치 못하게 되었다. 1984년 3월 대통령 투레가 사망한 후 대령 란사나 콩테가 군사 쿠데타를 일으키고 국명을 기니인민혁명공화국에서 현재의 국명으로 고쳤다. 1990년 국민투표로 신헌법을 채택한 후 1992년에 다당제를 도입하였고, 콩테가 1993년 대통령선거에서 선출되었다.

기니의 국경은 19세기 아프리카 분할 때 서구 열강에 의해 결정된 것으로, 그때 국경으로 구획된 국토는 네 개 지역으로 뚜렷이 구분된다. 첫째는 해안 기니로 전형적인 열대우림지대를 이루며 연평균 강우량이 3,000mm에 달한다. 둘째는 중부 기니로 해발고도 600~1,500m의 푸타잘롱 산지에 펼쳐진 8만 km²에 달하는 고원지대이다. 이는 서아프리카의 분수령을 이룬다. 기온이 해안 저지보다 낮고, 연강우량도 1,500~2,000mm 정도이다. 셋째는 상부 기니로 나이저강의 상류를 이루는 여러 하천 유역의 사바나지대이다. 기후는 대륙성을 띠어 연강우량이 적고 기온의 일교차가 15℃에 달한다. 넷째는 삼림(森林) 기니로 열대우림에 덮인 남부 산악지대이며, 최고봉 님바산(1,752m)은 라이베리아와의 국경에 자리한다. 연중 기온의 일교차가 20℃에 달하고, 연강우량은 2,200mm 정도이다. 전체적으로 건기는 6~11월, 우기는 12~5월이고, 경작지(전 국토의 2%)는 주로 기니 남동부 지역에 몰려 있다. 전체 국토면적 중에서 경작 가능지는 4.47%, 농경지는 2.64%, 초원 및 산림지대는 92.89%이다.

기니는 독립 이후 초기 대통령인 투레가 노동지도자 출신인 까닭에 노동조합의 세력이 강했다. 독립 후 교육의 보급에 힘쓰고 있으며 특히 기술교육에 중점을 두어, 공무원과 교원을 양성하는 전문학교 외에, 이웃해 있는 말리의 고등교육기관과 협력관계에 있는 기니말리대학에 이공학부가 설립되어 있다. 프랑스어와 프랑스적 제도로부터 탈피를 목적으로 1968년부터 8개의 부족어를 국어로 삼기 위한 일종의 교육 혁명이 이루어지고 있다. 기니는 문화

면에서 세계적으로 알려진 국립극단과 발레단이 있고, 독자적인 악기에 의한 민족음악이나 무용이 성하다. 국립박물관에는 각 부족의 문화에 관한 전시물 외에 기니의 전통악기와 지리, 역사에 대해서도 전시하고 있다. 목 조각품은 사람의 형상보다는 영양의 모습을 한 것을 많이 볼 수 있다. 전통음악은 기니 국민에게 인기가 있는데, 이것은 아프리카의 리듬과 악기가 서구의 악기와 혼합되어 나타난다. 또한 경우에 따라 두 형태가 여전히 공존하고 있다. 오락 시설이 적은 편이나 영화관의 수는 많다.

기니 전통악기

국토면적은 245,857km²이며, 수도는 코나크리(Conakry)이다. 현재 인구는 약 1,387만 명(2022년 기준)이고, 공용어는 프랑스어를 사용한다. 종족 구성은 플라니족(40%), 말란케족(30%), 수수족(20%), 소수민족(10%) 순이다. 종교는 회교(70%), 기독교(1%), 토

소수민족 집성촌(출처 : 현지 여행안내서)

도로를 활주하는 영업용 택시들

속신앙(24%) 등을 믿는다. 시차는 한국 시각보다 9시간 늦다. 한국이 오후 6시(18시)이면 기니는 당일 오전 9시(09시)가 된다. 전압은 220V/50Hz를 사용하며, 환율은 한화 1만 원이 기니 71기니프랑으로 통용된다.

우리는 기니 수도 코나크리공항에 도착해서 바로 호텔로 이동했다. 여장을 풀고 휴식을 취하고 나서 다운타운 등 시내를 둘러보고 저녁 식사 장소로 유일한 한국식당을 소개받았다. 간판에는 한글로 패밀리 레스토랑이라고 쓰여져 있다. 식당에 들어서자 식당 주인이 반갑게 인사를 하며 자기 고향은 연길(조선족)이라고 소개한다.

음식의 양과 맛은 가격 대비해서 만족스러웠다. 음식 재료 조달방법을 물어보니 고향에서 씨앗을 가지고 와서 심어서 수확하기도 하고, 고향에 오고 가는 인편에 부탁해서 사용하기도 한다고 한다. 또한 명절에 한 번씩 가서 많은 양을 가지고 와서 사용하고 있으며, 생선 종류는 이곳 어시장을 이용하고 있다고 한다. 식사를 마치고 헤어질 무렵 주인장은 증조부 고향이 경남 밀양이라고 했다. 그리고 손에 손을 잡고 조선족 동포와 헤어지는 아쉬움을 뒤로하고 숙소로 향했다.

우리의 숙소는 5성급 호텔(Hotel Palm Camayenne)이라고 하지만, 가끔 정전이 된다. 발전 시설이 부족해서 수도 인구 30만 명에 대한 전기 공급이 부족한 것으로 짐작된다.

그리고 다음 날 공동어시장을 방문했다. 어시장에는 산더미 같은 쓰레기와 폐수가 혼합되어 냄새가 코를 찌른다. 쓰레기 수거와 하수도 정비가 매우 미비한 현장에서 상인들은 생계를 위해 오물이나 냄새 따위에 아랑곳하지 않고 열심히 살아가는 모습은 복잡한 여느 시장과 다름이 없다.

필자가 현지 흑인 가이드에게 깨끗하고 시원한 관광지가 없느냐고 물으니 계단식 폭포라는 곳으로 안내한다.

가는 날이 장날이라 건기라는 이유로 폭포수가 떨어지는 것을 볼 수가 없다. 그래도 시원한 그늘에서 더위를 피하고 손발을 물에 담

지방 산골마을(출처 : 현지 여행안내서)

시장가는 여인들(출처 : 현지 여행안내서)

그고 휴식을 취했다. 호텔로 이동하는 과정의 도로면 인도에 침대와 소파 등 가구를 진열해놓고 주인은 그늘에서 낮잠을 즐기고 있다. 가게에 들어가 나무로 만들어 놓는 조각작품을 한 점 구입하고 나서 숙소로 향했다.

시에라리온 Sierra Leone

서아프리카 남서쪽에 있는 나라 시에라리온(Sierra Leone)은 1787년 영국에서 이송되어온 북아메리카 해방 노예와 백인 여성들이 정주하였다. 1896년 영국이 내륙지방을 보호령으로 선언하였으며 1920년대부터 일어난 민족주의 운동에 힘입어 1961년 4월 27일 독립하였다. 정식명칭은 시에라리온공화국(Republic of Sierra Leone)이다. 남서쪽은 기니만(灣)에 면하고, 북쪽과 동쪽은 기니, 남동쪽은 라이베리아와 접한다. 영국으로부터 독립한 후 군사 쿠데타와 반(反)쿠데타가 반복됐고, 1991년부터 2002년까지 내전으로 1만여 명의 국민이 사망하는 등 고난을 겪었다. 시에라리온은 사자산(獅子山)이라는 뜻으로, 15세기에 포르투갈인들이 들어왔을 때 해안 산지에서 울리는 천둥소리를 듣고 지었다고 한다. 행정구역은 3개 주, 특별구로 되어있다.

시에라리온의 식민지 역사는 1787년 영국에서 이송되어 온 351명의 북아메리카 해방 노예와 60명의 백인 여성들(런던의 매춘부)이 정주하면서부터인데, 당시 내륙에서는 플라니족의 침략으로 쫓겨난 템네족이 이들을 습격했다고 한다. 그러나 그 후에 해방 노예의 정착은 계속되었으며, 1792년에는 캐나다의 노바스코샤로부터 약 1,100명의 해방 노예가 이주하여 그들의 거주지로서 프리타운을 건설했다. 영국해군이 대서양에서 나포한 노예선에서 풀려난 아프리카인들도 프리타운에서 살고 1850년까지 해방 노예의 수는 약 7만 5,000명이나 되었다.

1896년 영국은 내륙지방을 보호령으로 선언하고 가옥세(家屋稅)를 부과하였기 때문에 템네족과 멘데족의 반란이 일어났다. 그 당시까지 크리올료는 영국인과 마찬가지로 고급관리나 고급군인, 상인계급으로 진출할 수 있었으나, 그 후로는 차별과 압박을 받았다. 그리하여 1920년대부터 민족주의 운동이 일어났으며, 1924년에는 입법심의회 의원의 선거가 실시되었다. 제2차 세계대전 후에는 노동조합을 중심으로 자주독립을 지향하는 움직임을 강화하였으며, 1951년에는 내륙의 보호령 출신인 밀턴 마게이(마르가이)가 프리타운과 보호령에 대한 민족통일을 목표로 하는 정당을 만들었다. 1961년 4월 27일 독립과 동시에 마게이는 초대 총리가 되었다.

1967년 3월 총선거에서 보수적인 마게이의 시에라리온인민당(SLPP)과 사회주의적인 전인민회의당(APC)이 각각 32개의 의석을 획득하였으며, 무소속 의원 2명의 지지로 전인민회의당 당수 샤카 스티븐스가 조각을 개시하였다. 그러나 군사 쿠데타가 일어나 헌법은 폐기되고 의회와 정당이 해산되었으며, 민족재편평의회(NRG)가 군사정권을 수립하였다. 1968년 4월에 하사관들이 일으킨 쿠데타로 민족재편평의회 정권이 무너지고 쿠데타 직전 상태로 되돌아갔으며, 스티븐스가 다시 총리가 되어 정치 정세 안정에 주력하였다. 그 후 공화제로의 이행을 둘러싸고 정치 불안이 계속되었으나, 스티븐스가 국내통일을 강력하게 추진함으로써 1971년 4월에는 공화제가 시행되고, 스티븐스는 초대대통령으로 취임하였다. 이어 의회(단원제, 5년 임기) 의석을 67석에서 97석(그중에서 12석은 부족의 수장이 차지함)으로 확대하였으며, 1973년 4월에는 의회를 해산, 전국 비상사태를 선언하고 5월에 총선거를 시행하였다. 야당인 인민당(SLPP)은 전인민사회당(APC)의 방해로 선거운동을 할 수 없었으며, 모든 의석은 여당 전인민사회당(APC)이 독점하고 수석 위원장 의석도 모두 전인민사회당 차지가 되었다. 1978년 6월 새 헌법에는 전인민사회당을 유일한 합법 정당으로 인정함으로써 1당제 지배가 확립되었다. 1986년 5월 총선에서 대통령 조셉 사이드 모모(Joseph Saidu Momoh)가 승리, 제2차 모모 정권이 출범했다.

1992년 4월에는 군부 쿠데타가 다시 일어나 대위 스타라세가 임시국가통치위원회 의장에 취임하였다. 그 후 쿠데타 기도가 잦아 불안한 정세가 계속되었다. 1996년 3월 아흐메드 테잔 카바흐가 민선 대통령으로 취임하였으나, 과거 1992년 민정 붕괴로부터 시작된 시에라리온 정부군과 반군 통일혁명전선(RUF; Revolutionary United Front) 간의 내전이 계속되다가 1997년 소령 코로마가 군사 쿠데타로 집권하였다. 1998년 국제사회의 지원과 서아프리카제국 경제공동체감시단(ECOMOGO)의 군사개입으로 아흐메드 테잔 카바흐가 복귀하였고 1999년 7월 통일혁명전선(RUF) 반군과 평화협정을 체결하였다. 그 후 다시 내전이 일어났고 2000년 5월에는 통일혁명전선 반군 지도자 샌코(Sankoh)가 내전 시 저지른 범죄로 체포, 수감되었다. 그

후 UN 평화유지군 강화 및 영국군 파견에 힘입어 2000년 11월 반군과 다시 휴전을 이룬 후 정세가 안정되어가고 있다.

시에라리온은 아프리카 탁상지의 비교적 넓은 해안가에 위치하며, 지형적으로 크게 두 지역으로 나누어진다.

내륙의 동부에서 북부에 걸친 산간지역은 해발고도 500m 내외의 구릉과 높은 산지가 펼쳐진다. 기니와의 국경에 가까운 지방은 팅기구릉과 로마산지로 이루어져 있으며, 높이 2,000m에 가까운 산들이 산재해 있다. 국토의 서부는 해안 평야지대이며, 북부의 산지에서 발원한 스카시강과 로켈강, 종강, 모아강 등이 곡류한다.

해안 부근에는 맹그로브가 우거진 습지대가 흩어져 있으며, 로켈강과 종강하구는 해안선이 복잡하다. 수도 프리타운(Freetown)이 있는 시에라리온반도는 해발고도 90m의 모암(母岩)으로 구성되어 있고, 해안가에는 천연의 양항(良港)이 이루어져 있다. 기후는 열대몬순지대에 속하며, 해안 저지는 고온다습하여 연평균 강우량이 3,500mm나 되고, 내륙은 연평균 2,200mm의 강우량을 보인다. 건기와 우기가 교차하는데, 건기는 11~4월, 우기는 5~10월이다. 프리타운의 기온은 연중 25~28℃이다.

시에라리온은 19세기 초 '아프리카의 아테네'라는 별명이 붙을 정도로, 프리타운은 영어를 사용하는 서아프리카 지역의 교육과 문화의 중심이었다. 또한 크리올료는 영국화된 생활양식으로 서아프리카에서 특이한 존재였다. 교육과정은 초등 7년, 중등 7년이 의무교육인데, 초등학교는 무상교육이다. 대학교육 기관으로는 1827년에 창립된 푸라만대학을 비롯하여 시에라리온대학, 은잘라대학(1965년) 등이 있다.

국토면적은 71,740km²이며, 현재 인구는 약 831만 명(2022년 기준)이다. 공용어는 영어를 사용하며, 종족 구성은 20여 개의 아프리카 원주민 부족(90%)과 크리올료(10%) 등이다. 종교는 이슬람교(60%), 그리스도교(10%), 토속신앙(30%)을 믿는다.

시차는 한국 시각보다 9시간 늦다. 한국이 오후 6시(18시)이면 시에라리온은 당일 오전 9시(09시)가 된다. 전압은 220V/50Hz를 사용하며, 환율은 한화 1만 원이 시에라리온 65,403레오네로 통용된다.

기니 수도 코나크리(Conakry)에서 전용 차량으로 육로를 이용하여 국경

침팬지 공원

현지 초등학교 학생들

통과와 점심 식사를 하면서 6시간 30분 경과 후 시에라리온 수도 프리타운에 도착했다.

제일 먼저 침팬지(Chimpanzee) 공원으로 향했다. 침팬지는 고릴라(Gorilla), 보노보(Bonobo)와 더불어 유인원이다. 사람과 가장 비슷하고, 꼬리가 없고, 털이 적으며, 직립보행을 할 수 있다.

관객들에게 다가와 위협하거나 공격하는 것을 방지하기 위해 철조망으로 경계를 두어 다가서거나 접할 수는 없다. 그래서 공원을 한 바퀴 둘러보고 기념 촬영을 한 후 침팬지들과 헤어졌다. 이동하는 과정에 초등학교 학생들이 마침 수업 시간이 아니고 휴식 시간이라 학생들과 잠시 가까이 접하며 운동장에서 기념 촬영을 한 후 박물관으로 이동했다. 이곳 프리타운박물관은 서

국립박물관 소장품

아프리카 여느 박물관보다 건축물과 시설 면에서 매우 훌륭하다.

이웃 교회 건물처럼 현대식으로 신축하고 박물관 내 소장품은 대부분 사람 크기와 비슷한 조각품들이다. 그 위에 복장이나 장신구를 부착해서 전시하고 있다. 그래서 작품을 배경으로 얼싸안거나 어깨동무를 하며 기념 촬영을 하는 등, 이 나라 민속문화에 흠뻑 빠져 아프리카 민족문화 체험을 만끽하였다.

그리고 시에라리온의 최고의 휴양지 해수욕장(우리나라 해운대 해수욕장) 낙하 비치로 이동했다. 수영복을 준비하지 않아 해수욕은 할 수가 없어 현지식으로 적심 식사를 하고 시원한 맥주로 더위를 이기며 외국인 관광객들과 어울려 백사장에서 축구를 하는 등 즐거운 하루 일정을 보냈다.

그리고 다음 날 라이베리아로 출국하기 위해 선착장으로 향했다. 프리타

낙하 비치

운 국제공항은 우리나라 인천국제공항처럼 섬에 국제공항이 건설되어있다. 우리나라는 영종대교가 건설되어 여객들이 자동차를 이용해서 공항을 왕래할 수 있지만, 시에라리온 수도 프리타운(인구 약 200만 명) 국제공항은 경제 사정으로 대교를 아직 건설할 수 없어 배를 이용하여 왕복으로 여행객들을 운송하고 있다.

그래서 출국을 하기 위해서는 먼저 선착장에 가서 배를 타고 공항으로 이동해야 한다.

우리 일행들은 입국 심사를 거쳐 탑승장으로 이동해 비행기를 타고 곧이어 하늘길에 올랐다. 비행기가 라이베리아 국가 상공에 도달해서 2~3회에 걸쳐 상공을 맴돌더니 현지 사정으로 인해 착륙할 수 없어 다시 회항하여 프리타운 국제공항으로 돌아간다는 기내 안내방송이 나온다. 그리고 1시간 가까이 지나서 프리타운 국제공항에 착륙했다. 우리는 다음 지시 사항이 있을 때까지 조용히 앉아 대기할 수밖에 없었다.

우리는 무슨 영문인지도 모르고 공항 활주로 밖에서 비행기에 탑승한 채 오도 가도 못 하고 세 시간 가까이 가만히 앉아 대기하고 있어야 했다. 이윽고 이륙 안내방송이 나오고 비행기는 이륙하여 라이베리아 수도 몬로비아(Monrovia) 국제공항에 무사히 도착했다.

라이베리아 Liberia

아프리카 서부 대서양 연안에 있는 라이베리아(Liberia)는 1822년 미국 식민협회가 해방 노예들을 아프리카로 귀환 이주시키며 만들어진 국가이다. 1847년 미국으로부터 독립을 하고 아프리카 최초의 공화국으로 탄생했다. 세계에서 아이티 다음으로 오래된 흑인 독립 국가이다. 정식명칭은 라이베리아공화국(Republic of Liberia)이다.

동쪽은 카발리강을 경계로 코트디부아르, 북쪽은 기니, 북서쪽은 시에라리온과 접하고 있으며, 남서쪽은 대서양에 면한다. 이 나라는 기니만의 상아 · 황금 · 노예 · 후추 · 곡물해안 중 적도 바로 북쪽의 곡물해안에 위치한 국가이며 15세기 전후 유럽에 알려져 후추해안 또는 곡물해안으로 불렸고, 미국이 해방 노예들을 이주시키며 '자유의 땅'이라는 라틴어에서 유래한 의미로 국명이 지어졌다.

그러나 독재와 부정부패에 시달리며 경제 상태는 매우 취약하고 대미 의존도가 높았으나 2006년 민주화 선거 이후 안정되어가고 있다. 전체 인구의 절반 이상이 농촌에 살며 농업에 종사한다. 미국의 제임스 먼로(James

Monroe) 대통령의 이름에서 유래한 몬로비아(Monrovia)가 수도이자 가장 큰 도시이다. 해안평원에서 해발 450m의 지대에 급경사로 솟아오른 지형을 하고 있으며 국토의 60%가 열대우림으로 덮여 있다.

평탄한 평원에서 내륙으로 들어가면서 험준한 산과 구릉이 발달하고 있으며 그 배후에는 고원이 형성되어 있다.

북서부는 해발 1,200m의 초원지대이며, 국내 최고봉은 해발 1,362m로 님바(Nimba) 산맥에 자리하고 있다. 연평균 기온은 3월이 29도, 8월은 24도이다. 우기와 건기가 뚜렷하며 우기인 5~10월에는 연간 강우량의 80%가 내린다.

라이베리아는 15세기를 전후하여 유럽인에게 알려지게 되어 '후추해안(胡椒海岸)' 또는 '곡물해안'이라 불렸다. 그러나 아메리카 대륙에서 노예 이주 역사가 비롯된 지역으로 악명이 높다. 미국의 노예 해방이 이루어지면서 1821년 미국식민협회가 해방 노예의 건국을 위하여 메수라도곶(Cape Mesurado, 현재의 몬로비아)에 해방 노예를 이주시키고 '라이베리아(자유의 나라)'라고 명명했다.

1833년에는 같은 목적으로 팔마스곶(Cape Palmas)에 메릴랜드라는 독립 아프리카국이 건국되었다. 1847년 버지니아 출신의 혼혈인 J. 로버츠가 미국을 모방한 헌법을 제정하여 공화국으로 독립을 선언하고 초대대통령에 취임하였으며, 1857년에는 메릴랜드를 합병하였다.

그러나 독립한 라이베리아는 미국에서 이주해 온 소수의 해방 노예들, 즉 아메리카 라이베리아인과 원주민들 사이에도 유럽인과 원주민 사이에 성립되었던 것과 같은 지배와 종속의 관계가 성립되었다. 독립국 라이베리아를 가장 먼저 승인한 것은 미국이 아니라 영국이었기 때문에 재정적인 위기에 처한 라이베리아 정부는 1871년 이래 영국의 원조를 받아왔다. 1904년에는 미국 대통령 루스벨트(Roosevelt)의 요청으로 라이베리아는 서구제국에 이권을 제공하고 재정·기술적 원조를 받게 되었다. 그러나 라이베리아가 재정적인 안정을 이룩한 것은 1925년 미국의 파이어스톤사(社)가 250만 달러의 차관을 제공하고 광대한 토지를 임차하여 고무나무 재배를 시작한 것이 계기가 되었다. 제2차 세계대전 중 연합국 측에 대한 유일한 천연고무 보급지 및 미국의 군사기지가 되었고, 1944년에는 연합국 측에 가담하여 독일과 일본에 선전포고를 하였다. 제2차 세계대전 때부터 미국은 개인이나 정부 자본으로 지하자원 등 라이베리아의 자원개발에 적극적으로 참여하고 있으며, 1947년 이래 미국 정부의 원조 때문에 경제개발이 추진되었다.

라이베리아의 교육은 1850년부터 매사추세츠 사설재단에 의해 지원을 받고 있고, 학교는 정부와 종교단체 그리고 개인에 의해 운영되고 있다.

최초의 현대식 교육제도가 선교사들에 의해 도입된 이후 현재 미국식 교육제도를 채택하고 있다. 6~16세의 의무교육제도를 취하고 있으나 취학률이 저조하다. 15세 이상 문맹률은 61.7%로 매우 높으나 교육제도 개선으로 점차 나아지고 있다. 고등교육기관으로는 1862년 몬로비아에 설립된 국립 라이베리아대학이 있는데, 1922년 학생 수는 8,500명이었으며 라이베리아의 발전에 커다란 역할을 하였다.

1990년에 시작된 내전으로 인해 대학 시설물이 95% 이상 파괴되었고 도서관의 200만 권 도서 중 75%가 분실되었다. 교수들은 국외로 탈출하였고, 학생 수는 5,500명으로 떨어졌다.

대학을 재건축하는 데 필요한 자본은 5,000만 달러로 미국 정부와 국제 조직의 원조를 기대하고 있다. 라이베리아에는 전통과 서구 생활이 공존한다. 도시에서는 서구와 아프리카의 음악과 춤이 유행하며, 시골에서는 전통 리듬을 즐긴다. 학교에서는 아프리카문화의 전설과 설화, 노래, 미술, 공예품 등을 가르치고, 정부는 국립박물관이나 튜브만센터, 라이베리아의 16개 종족의 전통 가옥을 전시한 국립문화센터 등을 통해 아프리카문화를 육성하고 있다.

그 가운데 가면 만들기는 한 종족의 사회구조와 연결된 예술작업이다. 라이베리아대학교에는 미술 공예센터가 있으며, 어린이 도서관을 비롯해 여러 도서관도 있다. 축구는 가장 인기 있는 스포츠로서 매년 축구경기가 열리고 있으며 라이베리아대학과 커팅턴대학은 매년 체육대회를 한다.

국토면적은 111,370km²이며, 현재 인구는 약 531만 명(2022년 기준)이다. 공용어는 영어이지만 28개의 부족 언어도 사용하고 있다. 종족은 크펠레족과 밧사족, 쿠루족, 그레보족, 골라족, 키씨족, 크란족 등 16개 부족으로 구성된다. 종교는 회교(15%), 기독교(10%), 나머지 75%는 토속신앙을 믿는다.

시차는 한국 시각보다 9시간 늦다. 한국이 오후 6시(18시)이면 라이베리아는 오전 9시(09시)가 된다. 전압은 220V/50Hz를 사용하며, 환율은 한화 1만 원이 라이베리아 962라이베리아달러로 통용된다.

필자는 시에라리온에서 이륙한 비행기가 라이베리아 수도 몬로비아 공항에 도착하자 바로 입국 심사(Immigration)를 통과하기 위해 창구에 여권을 제시하며 담당 여직원에게 "아가씨, 아주 예쁘다."라고 칭찬을 한마디 했다. 그러자 여직원이 스탬프를 찍고 나서 필자에게 여권을 돌려주지 않는다. 그리고 사무실 밖으로 나와서 자기 가슴에 손을 대고 자기를 한국으로 데려가기를 원한다.

자기는 아프리카에 살고 싶지 않고 선진국에 가서 살고 싶다며 "저기에 앉아계시는 저의 아버님이 허락하였으니 제발 좀 데려가 주세요."라고 애원한다. 갑작스럽게 일어난 사건이라 대답을 하지 못하고 필자가 준비된 차량으로 이동하자 뒤를 따라오면서 눈물을 글썽인다.

이렇게 황당한 사건을 뒤로하고 다음 일정을 진행하기로 했다. 출발하기에 앞서 현지 가이드에게 시에라리온에서 이륙한 비행기가 라이베리아 상공을 헤매다가 회항을 하고 프리타운 비행장에서 세 시간 가까이 비행기가 정착한 이유를 물어보았다. 이유는 라이베리아 현직 대통령 조지 웨아(George Weah, 라이베리아 축구 국가대표 선수 출

조지 웨아 대통령(축구선수 시절)
(출처 : 현지 여행안내서)

박물관 소장품들

신, 54세, 제25대 대통령)가 이스라엘을 방문차 출국하기 위해 공항 전 구간을 폐쇄했다고 한다.

비서실과 참모들의 과잉 충성으로 애꿎게 여행객들만 피해를 본 사건이었다.

다음날 호텔에서 조식 후 제일 먼저 박물관으로 향했다. 몬로비아박물관은 며칠 전에 방문한 프리타운의 박물관과 규모와 소장품이 대동소이하다. 그래서 이웃 국가라는 생각이 먼저 머리를 스치고 지나간다. 그러나 프리타운박물관보다 고풍스럽고 조각 과정이 섬세하고 정밀하여 소장품의 가치와 품격을 구분해서 감상할 수 있었다.

박물관을 두루 살펴보고 해변이 시원하게 바라보이는 마바(Maba) 전망대를 거쳐 고무나무 농장으로 이동했다. 고무나무 농장은 고무나무의 껍질을 벗겨서 상처를 만들고 거기서 나오는 고무나무 분비액(수액)을 모아서 얻어지는 무정형 고분자 다당류 제품을 생산한다. 고무는 탄력성이 강하여 고무줄이나 신발, 타이어 등을 만들어 인류가 사용하고 있다. 고무 수액을 채취하는 현장 실습과 고무 수액으로 고무를 생산하는 과정을 농장주인으로부터 30여 분간 설명을 들었다. 우리는 감사의 표시로 농장주인에게 노트와 볼펜 등을 선물하고 다음은 한인교회를 방문하기로 했다.

고무원료 채취과정

고무농장 관리실

우리나라에서 아프리카 지역 가운데 가장 멀리 떨어져 있다고 할 수 있는 라이베리아의 몬로비아 외곽에 한국인 교회가 있다는 소문을 듣고 주민들에게 물어 물어서 찾아갔다. 도로변에 한인교회를 알리는 이정표가 눈앞에 서서히 다가온다. '타향에서는 고향 까마귀만 보아도 반갑다.'는

한인교회 입식간판   한인교회

말이 있다. 지금 이곳에서 꼭 필요한 속담이다. 그리고 옥상에는 대한민국 태극기와 라이베리아 국기가 펄럭인다. 한인교회에는 우리를 기다리는 한국인이 아무도 없다.

현지 주민에게 물어보니 모두가 선교 활동을 하기 위해 외지로 출장을 갔다고 한다. 그러나 우리는 한국인의 손때가 묻은 교회 구석구석을 둘러보았다. 그리고 직접 한국 교민을 만나지 못해 서운했던 마음을 뒤로하고 한인교회를 떠나 모리타니(Mauritania)로 가기 위해 공항으로 이동했다.

모리타니 Mauritania

서아프리카의 사하라사막 서쪽에 있는 나라 모리타니(Mauritania)는 1920년에 프랑스령 서아프리카의 일부가 되었고 1958년 프랑스 공동체의 자치공화국이 되었다가 이듬해 정부를 수립하고 1960년 11월 28일 독립하였다. 정식명칭은 모리타니이슬람공화국(Islamic Republic of Mauritania)이다. 모리타니의 북쪽은 서사하라와 접하고, 동쪽은 북동단에서 알제리, 그리고 동쪽과 남쪽에 말리, 남서쪽에서는 세네갈과 국경을 접하며, 서쪽은 대서양에 면한다.

모리타니는 '무어인(몰인)의 나라'라는 의미이다. 무어인은 원래 모로코 원주민이지만, 지금은 북아프리카 아시아의 이슬람교도를 가리 킨다.

이 나라는 1960년 11월 프랑스로부터 독립했는데 나라 이름대로 이슬람교가 국가 종교로 정해져 있다. 1979년부터 1991년까지 모로코와 서사하라를 두고 갈등이 빚어져 분쟁한 결과 서사하라에 대한 영유권을 포기하였다. 국토 대부분이 해발 300m 이내의 평탄한 지형을 이루고 있으나, 북부 내륙지방은 해발 900m의 고원이다. 국토 대부분이 건조한 사하라사막인 모리타니는 세네갈과 500km의 국경을 따라 세네갈강이 흐르고 있으며 이 유역에 그나마 약간의 녹지가 있다.

건조한 사막 기후를 보이는 이 나라의 1월 평균 기온은 21도이고, 7월은 27도이다. 해안지방은 대서양에서 불어오는 무역풍의 영향으로 기후가 온화한 편이나, 사하라의 열풍 하르마탄이 불어 내륙은 일교차가 크게 나타난다. 7월과 10월 사이에 비가 내리나 극히 소량이며 연간 강우량은 130mm에 불과하다. 남부지방은 200~500mm까지 내린다.

모리타니의 원주민은 흑인과 베르베르인이었으나, 11세기에 가나(Ghana) 제국을 정복한 베르베르계의 알모라비드(Almoravids) 왕국이 이곳에서 발전하면서 무어인이 형성되었다. 1440년대에 포르투갈인이 내항하여 아르긴(Arguim)에 성채를 구축하고, 금과 아라비아고무, 노예를 적출하는 근거지로 삼다가, 남쪽으로 무역기지를 옮겼다.

17세기에는 영국과 프랑스 등이 해안까지 왔으며, 1659년에는 프랑스가 세네갈강 하구의 생루이에 식민지를 만들었다. 그 후 프랑스는 1814년 파리조약으로 모리타니 해안지역을 개발하고 지배권을 장악하였다. 프랑스는 1850년대부터 세네갈강 하류 지역을 지배하고 마침내 1920년에 프랑스령 서아프리카의 일부로 만들었다.

모리타니는 제2차 세계대전 후 1958년 프랑스 공동체 내의 자치공화국이 되었고, 1959년 5월 선거에서 모크타르 울드 다다(Moktar Ould Daddah)가 총리에 취임하면서 정부를 수립하고, 1960년 11월 28일에 모크타르 울드 다다를 초대대통령으로 하는 독립국이 되었다. 모리타니가 독립할 당시 모로코가 영유권을 주장하여 대립 관계에 있었으나, 그 후 관계가 개선되어 1973년에는 아랍연맹에 가맹하였다.

모리타니는 1976년 4월 에스파냐령 사하라(서사하라)를 모로코와 분할 영유하는 협정을 체결하면서 모로코와 동맹국이 되었으며, 알제리의 지지를 받고 있는 서사하라 독립운동 폴리사리오(Polisario) 전선과 전쟁상태에 들어갔다. 이 전쟁이 원인이 되어 1978년 7월에 군사 쿠데타가 일어났으며, 대통령 다다 등은 체포되고 정당과 의회도 해산되었다. 대령 무스타파 울드 모하메드 살레크(Moustapha Ould Mohamed Saleck)가 국가부흥 군사위원회 의장에 취임, 국가원수로서 새 정권을 발족시키고 폴리사리오 간의 휴전 합의로 서사하라의 영유권을 포기하였다.

이후 몇 번의 쿠데타를 거쳐 1984년에는 전 총리인 대령 마우야 울드 시디 아마드 타야(Maaouya Ould Sidi Ahmed Taya)가 무혈 쿠데타로 정권을 장악하였고 1992년 재선을 거쳐 1997년 대통령선거에서 다시 승리하였다.

모리타니의 국토 대부분은 광대한 선(先)캄브리아대에 형성된 평원에 펼쳐져 있으며, 세네갈강 유역에 녹지가 다소 있을 뿐 국토의 대부분이 사하라사막과 건조지대이다. 각지에 오아시스가 점재(點在)하고 동부의 내륙지방 일부를 제외한 대부분 지역이 해발고도 300m 이하의 평탄지이다.

사구(砂丘)가 국토의 약 50%를 덮고 있으며, 건조한 내륙고원에 간헐천인 와디(Wadi)가 몇 군데 있다. 고온 건조한 기후 때문에 중부 이북의 연평균 강우량은 125mm 이하이며, 일교차가 매우 크다. 북동에서부터 건조한 열풍인 하르마탄이 규칙적으로 불어온다. 남서쪽 해안지방으로 갈수록 강우량이 많아쳐, 세네갈강 유역에는 7~9월(우기)에 650mm에 달하는 지역도 있다.

해안지방의 기후는 대서양에서 불어오는 무역풍의 영향을 받아 비교적 온화하다. 전체 국토면적 중 경작 가능지는 0.2%이며, 농경지는 0.01%, 사막및 황무지가 99.79%이다. 관수(灌水) 면적은 전체 면적 1,030,700km^2 중에서 490km^{2}이다.

모리타니는 이슬람교를 국교로 하고 있으며, 교리적으로는 온건 수니파이다. 수도의 동쪽 소도시에는 이슬람고등연구소가 설치되어 있다.

10세 이상 문맹률은 55%이며, 학령아동 취학률은 44.22% 정도이나, 전근대적인 이슬람 교육은 상당히 보급되어 있다. 4년간의 의무교육제(6~13세 사이에 수료)로 국민교육에 주력하고 있으며, 초·중등교육의 확충에 힘쓰고 있다. 한때는 문맹률이 95%에 이르렀으나 모리타니 정부는 문맹 퇴치를 위해 전국적으로 대중교육운동(SEM)을 전개하는 한편, 여성의 교육 및 사회 참여를 적극적으로 장려하는 정책을 추진하여 큰 효과를 거두었다.

모리타니의 문화는 이슬람교, 프랑스, 전통 아프리카문화의 영향을 받았다. 모리타니에는 극장이 없으며, 전통음악은 종교적이지 않다. 네 줄 현악기(때론 하프)는 귀에 익숙하지 않아 신경을 자극하기도 한다.

모리타니에서 가장 큰 누악쇼트 국립도서관에는 많은 책과 필사본이 소장되어 있다. 사람들은 민트가 들어간 달콤하고 강한 맛의 아랍 차를 습관적으로 마신다. 모리타니는 수십 년의 가뭄과 사막화로 인해 많은 씨족이 붕괴하여 주민들이 도시나 큰 마을로 이주하였다.

국토면적은 1,030,700km^{2}이며, 수도는 누악쇼트(Nouakchott)이다. 현재 인구는 약 490만 명(2022년 기준)이고, 공용어는 아랍어를 사용한다. 종족은 무어인과 흑인의 혼혈(40%), 백인계 무어인(30%), 흑인 (30%) 순이다.

시차는 한국 시각보다 9시간 늦다. 한국이 오후 6시(18시)이면 모리타니는 오전 9시(09시)가 된다. 전압은 220V/50Hz를 사용하며, 환율은 한화 1만 원이 모리타니 3,242우기야로 통용된다.

모리타니의 예정된 여행 일정은 라이베리아 수도 몬로비아에서 모리타니 수도 누악쇼트로 가는 직항 항공노선이 없다. 그래서 몬로비아에서 AW324 항공편으로 시에라리온 수도 프리타운을 경유하고 세네갈 수도 다카르를 거쳐서 누악쇼트로 가는 일정이 예약되어 있었다.

그러나 프리타운에서 다카르로 출발하기도 전에 예약된 비행기가 예정된 시각보다 16시간 늦게(연착) 도착한다고 연락을 받았다. 그래서 마냥 호텔에서 비싼 숙박비를 지불해 가면서 머무를 수가 없어 차량 한 대를 임차해서 프리타운 낙하 비치(낙하해수욕장)에서 여행 일정을 온종일 소화했다.

그리고 저녁 11시(23시)경에 프리타운 공항에 도착했다. 도착하자마자 또다시 공항 관계자로부터 기약 없는 연착이 발생했다고 연락이 왔다. 한 시간, 두 시간을 기다려도 감감무소식이다. 공항 대합실에서 의자를 침대 삼아 일행 모두가 뜬눈으로 밤을 지새우고 있었다. 먼동이 틀 무렵 오전 7시(07시)경 공항 관계자로부터 "잠시 후 비행기가 도착하겠습니다."라는 안내방송이 나온다. 총 24시간 연착으로 이루 말할 수 없는 고통에 시달렸지만, 비행기가 도착한다는 소리에 모두가 잃어버린 아들이 찾아오듯 반가운 기분으로 비행기에 탑승하고 다카르를 거쳐 누악쇼트로 출발했다. 그로 인하여 모리타니 여행 일정은 하루를 꼬박 도둑맞은 셈이다.

비행기가 연착한 이유는 어제가 세네갈 대통령 선거 일이어서 세네갈 전 공항을 24시간 폐쇄했기 때문이다. 그로 인해 우리가 탄 비행기가 세네갈 수도 다카르를 경유해야 하는데 그렇지 못해 어처구니없는 연착이 발생했다.

지구촌 여행자들 모두가 아프리카를 여행할 기회가 주어지면 걸핏하면 일방적으로 돌발 상황이 발생하므로 참고하라는 뜻에서 이 내용을 기록해 보았다.

잃어버린 여정 때문에 일정이 너무나 빡빡하므로 공항에서 준비된 차량으로 바로 박물관으로 이동했다. 박물관 규모는 크다고 볼 수 없는데, 소장품은

박물관 소장품

분야별로 별도로 진열되어 있어 자기가 원하는 작품들을 집중적으로 감상할 수 있다. 고대 석기시대 유물부터 농경사회에 필요한 가재도구들과 생활필수품 그리고 현대인들의 목걸이, 팔찌, 액세서리 등, 이 나라의 민속공예품이 분야별로 고스란히 진열되어 있어 보는 이들에게 이목을 집중시키고 있다.

  다음은 일행 모두가 사하라사막 체험에 동참했다. 도시에서 가까운 사막이라 여기저기에 풀과 나무가 듬성듬성 자라고 있다. 대서양이 가까운 지역이라 갑자기 해풍이 불어닥쳐서 바람과 모래가 혼합되어 여행자들을 매섭게 몰아쳐 앞으로 당당하게 걸어갈 수가 없고 머리와 온몸이 모래투성이로 변했다. 마스크도 준비되지 않은 상태에서 호흡기 질환이나 풍토병을 우려해 사하라사막 체험에는 더 이상 도전할 수 없었다.

사하라사막

고기잡이 어선들

　그래서 조용하고 고요한 항구어
시장으로 향했다. 어시장에는 저 멀
리 바다 한가운데 고기잡이 어선들
이 바다를 누비고 다니며 고기를 잡
고 있고, 바닷가 모래사장에는 수많
은 어선이 바다를 향해 차곡차곡 질
서 정연하게 주인을 기다리고 있다.
　그리고 복잡한 어시장에는 장바구
니를 든 현지인들이 이 가게 저 가게를 기웃거리며 시장을 보고 있다.

　필자는 간혹 피부색이 다른 관광객들과 어울려 바다에서 고기를 잡아 육지
로 이동하는 어부들의 삶의 모습을 지켜보며 모리타니 여행을 마감했다.

항구어시장

서사하라 Western Sahara

   서아프리카이지만 북부 북아프리카에 가까운 서사하라(Western Sahara)는 북쪽으로 모로코와 국경을 접하고, 동쪽과 남쪽은 모리타니와 국경을 접하며, 서쪽은 모로코와 국경 지점을 사이에 두고 아프리카 대륙 유비곶(串)에서 100km 북서쪽으로 떨어져 있는 카나리아(Canary)제도의 라스팔마스(Las Palmas)섬과 대서양을 사이에 두고 마주하고 있다.

   미승인 국가인 서사하라의 정식명칭은 사하라아랍민주공화국(Sahara Arab Democratic Republic, SADR)이다. 서사하라는 1976년 독립을 선언한 국가이지만 모로코와 국경을 맞대고 현재까지 영토분쟁 중에 있다.

   나라 이름처럼 사하라사막 최서단에 자리 잡고 있으며 지도에는 모로코와 국경선을 점선으로 표시

사하라사막

오아시스를 찾아가는 배두인(유목민)들

하고 있다. 국경선이 불분명하다는 증거이다. 매우 덥고 건조한 사막 지역으로 과거 스페인의 식민지배지역이며 국가 전체가 사하라사막 범주에 속한다.

사하라사막은 아프리카 대륙 북부를 차지하는 세계최대의 사막이며 면적이 약 900만 km²로 대한민국의 100배 면적에 이른다. 서쪽은 대서양 연안 모로코와 모리타니, 서사하라를 포함하고, 동쪽은 나일강 계곡, 북쪽은 아틀라스산맥, 남쪽은 니제르강과 차드호(Chad Lake)를 경계로 한다.

'에르그(Erg)'라고 불리는 사구는 많지 않고 대부분 '레그(Leg)'라고 불리는 자갈과 모래로 된 사막이다.

연강우량이 적고 증발이 심하여 강가에 비가 그치면 말라버리는 와디(Wadi, 건천)밖에 없다. 증발이 심하여 물이 몹시 짠 염호(塩湖)가 곳곳에 있다.

　연강우량을 보면 사막 주변 지역
은 100~200mm이고, 중앙부에는
10mm에도 미치지 못한다. 밤과
낮의 기온 차가 몹시 심하여 최고
50℃에서 최저 20℃로 내려가기도
한다. 스페인은 1884년 베를린 회
담을 통해 서사하라 영토를 할양받

부족 민속촌(출처 : 현지 여행안내서)

았다. 이에 서사하라 원주민들은 줄기차게 독립을 요구했다.

　서사하라는 과거 스페인 식민지 이전에 일부 지역이 모리타니와 모로코 지
역이라는 이유로 모리타니와 모로코는 스페인에게 영유권 이양을 강력하게
요구했다. 그러나 스페인은 쉽게 서사하라를 포기하지 않았다. 이에 모로코
는 서사하라 국경 지역에 군대를 파견, 전쟁을 불사하겠다고 스페인을 상대
로 강력하게 압박했다.

　그리하여 1975년 11월 6일 스페인은 스페인령 서사하라를 포기하기에 이
르렀다. 스페인은 마침내 모리타니와 모로코 정부에 북위 24도 선을 기준으
로 1:2로 분할하여 양도한다는 마드리드협정을 체결했다. 이에 서사하라 원
주민들(사흐와라인)은 1973년 5월 10일 폴리사리오(Polisario) 전선을 구축
해서 스페인 당국과 모리타니와 모로코에 반발하며 시도 때도 없이 게릴라전
으로 투쟁과 공격을 자행했다.

　결국 모리타니는 1979년 서사하라 영유권을 포기하는 평화협정을 체결했

가내공업을 하는 원주민(출처 : 현지 여행안내서)

다. 그러나 모로코는 서사하라는 자기네 영토라고 주장하며 서사하라 영토에 자국민을 지속해서 이주시켰다. 이유는 서사하라는 동서로 폭이 좁은 반면, 남북으로 길게 대서양에 면하고 있어 해양 문화의 접근성이 강한 이유와 인광석 매장량이 세계 1위를 차지하고 있어 서사하라를 포기하지 않는다는 원칙에 따라 끈질기게 합병을 요구했다. 그러나 세계 각국에서 50개국 이상이 외교 관계를 맺고 있으며 80개국 이상이 서사하라를 국가로 인정하고 있다. 특히 이웃 국가 알제리는 서사하라를 국가로 인정하는 대가로 모로코와 심각한 냉각 상태에 빠져 있다.

국토면적은 266,000km²이며, 언어는 아랍어와 스페인어를 공용어로 사용하고 있다. 수도는 티파리티(Tifariti)이며, 인구는 약 60만 명(2022년 기준)이다. 1994년부터 2006년까지 대한민국 국군 서사하라의료지원단이 유엔평화유지군의 일원으로 12년 동안 의료지원 봉사 활동을 한 적이 있다.

그리고 모로코와 서사하라 국경에서 서사하라 영토로 대서양 해변을 따라 자동차로 두 시간 거리에 있는 이 나라 상공업과 문화예술의 도시 엘아이운

새들의 잔치(출처 : 현지 여행안내서)

서사하라사막(출처 : 현지 여행안내서)

서사하라사막(출처 : 현지 여행안내서)

(El Aaiun)은 서사하라 지역에서 가장 큰 도시이다. 하지만 이 도시는 현재 모로코의 실효 지배지역에 있다. 그래서 아프리카의 모로코 여행자들은 기회가 주어지면 모로코를 여행하면서 모로코 실효 지배지역인 서사하라 엘아이운 지역을 자연스럽게 방문하고 관광을 즐길 수 있다. 그리고 친절한 현지 가이드를 만나면 모로코 실효 지배지역 외 서사하라 영토를 단기간에 걸쳐 여행할 수 있다는 점을 알아두면 좋을 듯하다.

Part 5.

동아프리카

East Africa

에티오피아 Ethiopia

에티오피아(Ethiopia)는 아프리카 대륙 가장 동쪽 돌출부 아프리카의 뿔(Horn of Africa)에 위치해 있으며, 수도는 아디스아바바(Addis Aba-ba)이다.

영원한 소수민족 생활 복장(출처 : 에티오피아 엽서와 현지 여행안내서)

에티오피아는 암하라족이 전체 인구의 3분의 1, 다른 3분의 1은 오로모족이 차지하고, 그 외는 티그레족, 아파르족, 소말리족, 사호족, 아게우족이 거의 균형을 이루고 있다. 언어는 암하라(Amharic)어와 오로모(Oromo)어가 주로 사용된다. 종교는 에티오피아 정교가 대부분을 차지하며 그리스도교도가 많고, 그 외 이슬람교 및 전통 신앙을 믿는다. 화폐 단위는 비르(Birr / Br)이다.

육지로 둘러싸인 국토의 북쪽은 산악지대이고, 동쪽과 서쪽은 저지대이다. 중앙 에티오피아 고원은 동아프리카지구대(Great Rift Valley)에 의해 서부 고원지대와 동부 고원지대로 나뉜다. 고지대는 온후하여 거의 사바나성 기후이고, 건조한 저지대는 무덥다. 집약적인 농업과 삼림 벌목은 토지의 심각한 침식을 가져왔다. 이러한 침식 현상은 주기적인 가뭄과 함께 주기적인 식량 부족의 원인이 되었다. 이전에는 다양하고 많은 야생 생물들이 서식했지만, 이제는 야생 생물들의 개체 수가 격감하여 멸종 위기에 처해 있다.

에티오피아는 세계 최빈국에 속한다. 농업은 주로 자급을 목적으로 하며 주요 농작물이 주식용 작물이다. 축산업 또한 주요 농업 부분이다. 주요 수출 작물은 커피이고, 가죽 및 피혁 가공품도 주요 수출 품목 가운데 하나이다.

에티오피아는 1995년 양원제를 채택한 새로운 공화국이 설립되었다. 국가 원수는 대통령이고, 정부 수반은 총리이다.

성서상의 쿠시(Kush) 왕조 지역이었던 에티오피아는 인간의 가장 오래된 거주지역이었으며, 한때는 고대 이집트의 통치를 받았다. 게이즈(Geez)어를 사용하는 농경민들이 BC 7세기경에 다마트(D'mt) 왕국을 세웠다. BC 300

년 이후에는 악숨(Axum / Aksum) 왕국이 다마트 왕국을 대신했다. 전설에 따르면 악숨 왕국의 메넬리크(Menelik) 1세는 이스라엘의 솔로몬(Solomon) 왕과 마케다의 시바(Sheba) 여왕 사이의 아들이었다. 그리스도교가 4세기경에 도입되어 널리 퍼졌다. 에티오피아의 번성하던 지중해 무역은 7~8세기에 이슬람교도인 아랍인들에 의해 차단당했다. 그 후 에티오피아는 남쪽으로 관심을 돌렸다. 15세기 후반 포르투갈인들이 진출하면서 다시 유럽과 연결되었다.

오늘날의 에티오피아는 테오드로스(Tewodros) 2세의 통치로 시작되었는데, 그는 나라를 통합하기 시작했다. 유럽 침략의 결과로 1889년 해안지역이 이탈리아의 식민지가 되었다. 하지만 황제에 오른 메넬리크 2세는 이탈리아인들과의 싸움에서 승리하여 1896년 그들을 축출했다. 메넬리크 2세의 통치 시기에 에티오피아는 번영을 누렸고, 그가 시작한 근대화 사업들은 1930년대 하일레 셀라시에(Haile Selassie) 황제 때까지 이어졌다.

1936년 이탈리아는 에티오피아 지배권을 다시 얻었고, 1941년까지 이탈리아령 동아프리카(Italian East Africa)의 일부로 유지했다. 1952년 에티오피아는 에리트레아(Eritrea)를 병합했다. 1974년 하일레 셀라시에 왕이 폐위되었고, 마르크스주의 정부가 1991년까지 통치했다. 이 정부 통치 시기에 에티오피아는 내내 내전과 기근으로 시달렸다. 1993년 에리트레아는 독립을 얻었으나 국경을 접하고 있는 소말리아와 국경 분쟁이 계속되었다.

에티오피아에는 매우 오래전부터 인간이 거주해 왔다. 오스트랄로피테쿠스(Australopithecus)족으로 보이는 인류 유적들이 이곳에서 발견되었는데, 그중에는 400만 년 전으로 추정되는 것도 있다. BC 8000~6000년 이 지역을 쿠시어·셈어족(아프리카 아시아어족)이 목축과 농업을 발전시켰다. 에티오피아의 쿠시어파와 셈어파는 함셈어족의 문화적 후손이다. 게이즈어를 사용하는 농경민들은 BC 2000년경 티그라이(Tigray)의 고원지대에 닿은 후 다마트 왕국을 세웠다. 이 기간 동안 상아무역과 코뿔소의 뿔, 값비싼 금속, 노예 등이 막대한 부의 원천이 되었다.

악숨이 무역의 쇠퇴에 따라 자구에 왕조는 솔로몬 왕국을 차지하고 수도를 남쪽 로하(Roha, 지금의 랄리벨라)로 옮겼다. 13세기 이트바레크 황제가 살해되었고 새로운 솔로몬 왕조가 선포되었다. 솔로몬 왕조의 암다체욘 황제와 후계자들은 이슬람교 술탄의 침범에 맞서 싸웠으나, 왕국은 술탄 아흐마드 그란(Ahmad Gran)에 의해 거의 완전히 정복당했다.

이후 1543년 황제 갈로데오스의 훈련된 포르투갈 군대는 그란을 물리쳤다.

18세기에 외세의 침략과 농업생산의 불안정으로 인해 150년 동안의 봉건적 무정부 상태인 자마나 마사펜트(왕자들의 시대)가 시작되었다. 이 기간 동안 남부에 있는 셰와(She-wa) 왕국은 살레 셀라시에(Sahle Selassie) 왕 시대에 가장 안정된 권력의 중심지가 되었다.

북부에서는 군벌 카사 하일루(Kassa Hailu)가 갈라족(오로모

솔로몬 왕과 시바 여왕의 궁전터

족)의 마지막 왕자를 물리치고 티그라이 지배를 강화했다. 그는 1855년 테오드로스 2세로 즉위한 후 세와 왕국의 복종을 강요했다. 그러나 테오드로스 2세는 정치적으로 오판을 했고, 영국의 침략을 일으키게 한 뒤 자살했다. 1872년 티그라이 귀족 출신인 요한네스(Joannes) 4세가 즉위했다. 1875~1876년 요한네스 4세는 에리트레아에서 이집트 군대를 내쫓은 후 세와 왕국의 메넬리크 왕을 그의 수하에 두었고, 전사할 때까지 이탈리아의 진출을 격퇴하는 데 성공했다.

그 후 메넬리크 2세가 황제에 올랐다. 1889년 이탈리아와 에티오피아가 서명한 우치알리(Ucciali, 위찰레) 조약은 그 자체가 분쟁의 원인이 되었고, 이어서 다시 대립이 시작되었다. 그러나 1896년 메넬리크 2세는 아도와(Adwa) 전투에서 이탈리아를 확실하게 물리쳤다. 메넬리크 2세 당시 에티오피아는 지금의 규모로 팽창했으며 아디스아바바와 지부티(Djibouti) 사이에 철도가 건설되었고, 수도는 신식 학교와 병원으로 근대화되었다.

에티오피아는 1920년대에 커피 수출로 비교적 경제 번영을 이루었으며, 1930년대 하일레 셀라시에 1세 황제는 근대화 사업을 확대했다. 1890년대 에리트레아에서 안정된 지위를 차지한 이탈리아는 1935~1936년 에티오피아를 침략해 1941년까지 에티오피아 대부분을 점령했다. 1952년 에티오피아는 에리트레아를 합병해 해양을 향한 거점을 확보했다.

하일레 셀라시에는 1955년 더 많은 권한을 의회에 위임하는 개정 헌법을 공포했으나 오히려 대중의 불만은 높아졌다. 에리트레아와 남동부의 오가덴(Ogaden) 지역 및 그 밖의 지역에서 군주제에 반대하는 정치적 폭력이 늘어났다.

1974년 하일레 셀라시에 황제가 군사 쿠데타로 쫓겨나고 사회주의 에티오피아공화국이 출범했다. PMAC가 설립되었으며, 1977년 멘기스투 하일레 마리암(Mengistu Haile Mariam) 육군대령이 국가 원수 및 PMAC의 의장으로 등장했다. 그 후 군사정부는 에리트레아 및 티그라이의 내란과 오가덴 지역을 둘러싸고 소말리아와 분쟁을 겪게 되었다.

에리트레아 분리주의자들은 독립을 위해 끊임없이 싸웠고, 티그라이의 무장군대는 정부를 전복시키는 데 열중했다(에리트레아 해방전선). 불완전하게 계획된 농지개혁 정책과 관련된 이 분쟁들은 주기적인 가뭄과 그에 따라 발생하는 기근으로 인해 악화되었는데, 기근은 1970~1980년대 수백만 명을 기아선상으로 몰고 갔다.

소련의 원조로 멘기스투는 1991년까지 권력을 유지했다. 소비에트 체제의 붕괴와 반란세력이 결합된 연합전선은 정부를 전복시켰고, 반란군 연합은 과도정부를 이끌었다. 새로운 정부의 묵인하에 에리트레아가 1993년 5월 독립했다. 1995년 연방헌법이 공포되어 종족계통에 따라 새롭게 구성된 에티오피아의 각 주는 이전보다 큰 권한을 부여받았다.

한국과는 1963년 12월 정식 외교 관계를 수립한 데 이어 1965년에는 상주공관을 개설했다. 에티오피아는 한때 셀라시에 황제가 방한한 바 있고 6·25전쟁 때는 병력을 파견하기도 했으나, 이 나라에 사회주의 정권이 들어서면서 정치적으로 관계가 소원해지기도 했다. 두 나라의 통상현황은 1996년을 기준으로 대한 수입액은 약 4,272만 달러, 대한 수출액은 약 151

만 달러를 기록하고 있다. 그리고 1975년 11월 항공협정과 1985년 12월 경제 및 기술협조협정, 1992년 과학기술협력협정, 1998년 문화협정을 각각 체결했다.

국토면적은 106만 3,652km²이며, 인구는 약 1억 2천1백만 명(2022년 기준)이다. 공용어는 암하라어와 영어를 사용하고 있으며, 시차는 한국 시각보다 6시간 늦다. 한국이 낮 12시(정오)이면 아디스아바바는 오전 06시가 된다. 환율은 에티오피아 1비르가 한화 45원으로 통용된다. 전압은 220V/50Hz를 사용하고 있다.

멀고도 먼 아프리카 여섯 번째 여행은 2017년 3월 18일 동아프리카 4개국을 방문하기 위해 인천에서 홍콩을 경유해서 13시간 30분 만에 에티오피아 수도 아디스아바바 공항에 도착했다.

제일 먼저 에티오피아의 한국 참전용사 기념공원을 방문했다. 에티오피아는 6 · 25 한국 전쟁 때 657명의 병사를 파견해서 전사자(사망) 121명이 발생한 피를 나눈 형

한국전 참전용사 기념공원

제국가이다. 엄숙하게 기념비를 참배하고 아디스아바바 시내로 향했다.

수도 아디스아바바는 에티오피아의 지리적인 중심부로, 구릉과 산들로 둘러싸여 있고 관개가 잘되는 고원에 있다. 아디스아바바는 19세기 말에 와서 에티오피아 제국의 수도가 되었다.

그 직전의 수도인 엔토토(Entoto)는 높은 탁상지 위에 있었는데, 몹시 춥고 땔감용 나무가 부족했기 때문에 수도로는 부적합했다. 황제 메넬리크 2세(1889~1913 재위)의 부인 타이투 황후가 황제를 설득하여 탁상지의 기슭에 있는 온천 부근에 집을 한 채 짓고 그 지역의 땅을 귀족들에게 나누어주도록 했다.

이 도시는 이런 과정을 거쳐 1889년 건설되었고, 황후에 의해 아디스아바바('새로운 꽃'이라는 뜻)로 명명되었다. 이 신도시는 처음 10년간은 도시라기보다 군대 야영지와 같았다. 한가운데에 황제의 궁전이 있었고, 이 궁전은 그의 군대와 무수한 가신들의 집으로 둘러싸였다. 인구가 많아지자 땔감용 나무가 부족해져 1905년 오스트레일리아로부터 유칼립투스를 대량으로 수입했으며, 그 나무들이 펴져 이 도시는 숲으로 뒤덮이게 되었다.

아디스아바바는 1935~1941년 이탈리아령 동아프리카의 수도였다. 현대적인 석조 가옥들은 이 기간에 건립되었는데 특히 유럽인 거주지역에 많이 건립되었으며, 많은 도로가 포장되었다. 그 밖의 혁신적인 사업으로는 서쪽의 게파르사에 저수지를 만든 것과 남쪽의 아카키에 수력발전소를 건설한 것이었다. 1941~1960년에는 미미한 변화밖에 없었지만, 그 후 눈부시게 발전했다.

에티오피아의 교육과 행정의 중심지인 아디스아바바 시내에는 아디스아바바대학교와 여러 개의 사범학교 그리고 기술학교가 있다. 또한 대학 부속의 에티오피아 연구소, 박물관, 국립음악학교, 국립도서관 겸 공문서보관소, 역대 황제들의 궁전 그리고 정부청사 등이 있다. 여러 국제기구의 본부도 있는데 가장 중요한 것은 아프리카의 통일기구와 국제연합(UN) 아프리카 경제위원회가 아프리카 회관 안에 있다.

공산품으로는 직물과 신발, 식품, 음료, 목제품, 플라스틱제품, 화학제품 등이 있다. 이 나라의 서비스 산업은 대부분 아디스아바바에 자리 잡고 있다. 에티오피아의 수출입 무역의 태반이 아디스아바바와 아덴만에 면한 지부티항, 홍해 연안의 아세브(아사브)항 사이를 오가며 이루어진다. 또한 아디스아바바는 국내 교역품의 집산지이기도 하다. 서부에 있는 메르카토는 아프리카 최대의 노천시장 가운데 하나이다. 시의 중심부에 있는 피아자(Piassa)는 보다 값비싼 유럽 스타일의 상가 밀집 지역이다. 은행과 보험회사들이 집중해 있고, 아직 소규모이지만 꾸준한 신장세를 보이는 증권거래소가 있다.

아디스아바바는 이 나라 교통망의 중심이다. 여러 개의 도로가 이 도시를 다른 주요 도시들과 연결하며 국내 유일의 철도가 지부티와의 사이에 부설되어 있다. 국제공항도 있다. 정식으로 지정된 위락지구는 한정되어 있지만, 휴식을 즐기기에 적합한 공터는 많다. 대학교 부근의 공원에 작은 동물원이 있으며, 남쪽으로 얼마 떨어지지 않은 호수지방에는 보트 놀이, 수상 스키, 목욕 그리고 조류 관찰을 즐길 수 있는 시설들이 있다. 관중이 가장 많이 모이는 최고 인기 스포츠는 축구이며, 농구와 배구 및 기타 스포츠는 주로 학교 팀들에 의해 성행한다.

그리고 에티오피아 고고학박물관에는 약 330만 년 전 최초로 탄생한 인류라고 하는 아르디(ARDI)와 루시(LUCY, 여자)의 두개골 화석이 1974년에 발견되어 많은 화제를 불러일으켰다. 미루어 짐작해 보면 에티오피아는 북위 10° 선에 걸쳐있어 고원에는 평균 25~35℃를 유지하고 있다. 자연히 알몸으로 생활할 수 있는 터전이 마련됨에 따라 하늘이 이 지역을 선택하

인류 최초의 조상 루시(여자)

고 신이 내린 최초 인류의 조상이라고 여겨진다. 그리고 최초의 인류는 직립보행을 근거로 역사에 기록하고 있다.

우리 일행들은 아프리카 여행의 백미라 할 수 있고 에티오피아 일정에서 하이라이트라고 할 수 있는 다나킬(Danakil) 유황온천과 소금사막을 탐험하기 위해 먼저 베하임으로 이동해서 그레이트리프트밸리(Great Rift Valley) 깊이 2,500m 협곡의 절경을 감상했다. 그리고 이른 점심을 도시락으로 대체하고 본격적인 다나킬 유황온천과 소금사막 탐험에 들어갔다.

다나킬 유황온천 지역은 세계에서 가장 낮고 뜨거운 지역으로 고도가 해수면보다 무려 120m 정도 낮다. 고온에는 평균 50~60℃를 오르고 내리는 지역이다. 이곳은 화산지대에서 흘러내리는 유황과 미네랄 그리고 소금지대의

소금 평원

형형 색상의 온천과 간헐천, 소금 언덕, 펄펄 끓는 유황온천, 얼음 같은 평탄한 소금 평원, 폭발하는 용암 호수 등으로 이루어진 세계에서 유일무이한 자연경관을 자랑하는 곳이다. 일생에 꼭 한 번 가봐야 한다는 '세계 10대 절경' 중의 하나로 꼽히고 있다.

에티오피아 메켈레(Mekele)에서 낙타를 타고 가면 8일이 소요되고 자동차로 이동해도 하루 일정이 소요된다. 우리 일행은 운전기사와 요리사가 동승한 세 대의 지프

흙, 모래, 소금, 유황이 합쳐진 결정. 올라서도 부서지지 않는다.

낙타들이 장사진을 이루고 있는 행렬　　　　　당나귀들도 힘을 보태고 있다.

(Jeep)에 식량과 취사도구, 연료 등과 고기, 채소, 양념 등을 싣고 만반의 준
비를 하여 목적지를 향해 출발했다. 가도 가도 끝이 없는 비포장도로와 사막
길은 인적이라고는 찾아볼 수가 없다. 그러나 이 막막한 사막에 우리들의 외
로움을 보상이라도 하듯이 현지인들에게는 늘 이어지는 낙타 행렬들이 여행
자들에게는 진풍경으로 다가온다. 한 사람의 목동에 의해 적게는 10마리, 많
게는 40~50마리가 오와 열을 맞
추어 군인들이 배낭을 메고 행군하
는 것처럼 이동하는 모습은 정말로
장관이었다.

동행하는 운전기사와 요리사

　일행들은 낙타들의 행렬을 배경
으로 기념 촬영을 하려고 몹시 바
쁘게 뛰어다닌다. 그리고 낙타 등
에는 무엇인지 짐이 가득 실려 있

이동하는 과정에 자기가 먹을 양식을 싣고 가는 낙타들의 행렬

다. 궁금해서 물어보았다. 낙타에게 먹일 양식이라고 한다. 낙타들은 메켈레
에서 다나킬까지 7~8일간 이동하면서 갈 때는 자기가 먹을 양식을 등에 짊
어지고 가고, 돌아올 때는 등짐에 알맞게 작업해놓은 소금을 짊어지고 돌아
온다고 한다. 결과적으로 옛날에 지게꾼이나 현대의 차량 운반을 낙타들이
하고 있다.

이윽고 해 질 무렵 우리는 현지 목적지 캠프에 도착했다. 우리 일행들이 배
정받은 숙소는 사진에서와같이 이 세상에서 제일 허름한 숙박 시설이다. 실
내에서는 하늘과 사방의 풍경이 야외처럼 펼쳐 보인다. 그리고 바닥은 모래
사장으로 마무리되어 있다. 바로 옆 건물(좌측)이 우리가 먹고 마시는 취사장
이다. 여기서 잠자리를 이용하지 않으면 맨바닥 침낭에 들어가 하늘을 쳐다

우리 일행들이 배정받은 숙소

보고 잠을 청해야 한다.

　필자는 이곳에서 도저히 잠을 잘 수가 없었다. 그래서 이곳저곳 사방을 두루 살펴보았다. 저 멀리 약 500m 정도 떨어진 거리에 슬레이트로 지은 건물이 하나 보인다. 인솔자에게 저 건물이 무엇 하는 건물인지 알아보고 오라 했다. 다녀와서 하는 말이 초등학교라고 한다. 교장 선생님에게 연락해서 이용 요금을 드리겠으니 하루 저녁만 유숙하자고 부탁을 해보라고 했다.

　내일 학생들의 등교 시간(09시) 전에 말끔히 비워주어야 한다며 승낙한다. 학교에 도착하니 교실에는 새들이 날아다니고 거미줄이 너덜거린다. 여성들은 어안이 벙벙한지 "박 선생님, 여성들에게 조금이라도 깨끗한 교실을 배정해 주세요." 한다. 그래서 "어렵지 않아요. 먼저 들어가 보고 마음에 드는 곳으로 결정하세요."라고 배려했다. 이렇게 해서 운전기사와 요리사를 시켜 벼락치기로 잠자리를 준비했다. 화장실은 외부에서 보이지 않게 담장을 쌓아놓고 폭은 1m, 깊이가 2m 정도 구덩이를 파고 그 위에 지름이 20cm 크기의 구멍을 하나 뚫어놓았다. 변이 차오르면 어떻게 하느냐고 물어보니 그냥 묻어버리고 다른 곳에 이와 똑같은 시설을 만들어 이용한다고 한다. 그리고 우물가로 이동했다. 우물가에는 지하수를 파서 수동으로 물을 퍼 올리는 펌프 (Pump) 시설만 있을 뿐 세숫대야도 하나 없다. 그래서 일행을 모아놓고 화장실은 반드시 휴지를 가지고 이쪽으로 가고, 우물가는 2명이 1조가 되어 저쪽 우물가로 가서 1명이 물을 퍼 올리면 1명은 세수를 하고, 다음은 교대를 해서 마무리하라고 일러주고 잠자리에 들었다.

아침 일찍 일어나 바라보이는 창문에는 새들이 얼굴을 빼꼼히 내민다. 검은색이 아닌 이상한 사람들이 우리들의 놀이터를 점유하고 있다고 하며 쳐다보고 있다.

아침 식사와 용무를 모두 마치고 교실을 나오는 순간, 학생들이 하나둘씩 등교를 한다. 그리고 교문 입구에는 교장 선생님이 우두커니 의자에 앉아 있다. 교장 선생님께 심심(甚深)한 배려에 하룻밤을 잘 묵고 간다고 정중하게 인사하고 학생들에게 손을 흔들며 정문을 나왔다.

다나킬 유황온천 탐험과 체험, 투어 등은 1일 오전 1회에 한해서 소총을 지참한 경호원의 인솔하에 참여할 수 있다. 우리는 정확한 시간에 현장에 도착했다. 소총을 지참한 경호원은 인원파악부터 먼저하고 주의 사항을 전달한다. 그리고 나서 언덕진 곳을 올라가자마자 감격과 감동이 메아리치고 신비

형형색색의 온천

에 신비가 거듭된다. 눈 앞에 펼쳐진 노란색 바탕의 형형색색의 온천들이 보
는 이들에게 감동과 감격을 더 한다.

유황온천

화산지대에서 흘러 내리는 유황

설명만으로 그 느낌의 전달이 어려울 것 같아 될 수 있으면 유황온천과 소금사막 사진을 많이 실어 책을 읽는 보람과 사진으로 직접 현장을 보는 감동을 느끼도록 노력해보았다.

소금 캐는 체험

그리고 다놀 화산지대로 이동하여 소금사막에서 소금 덩어리를 캐고 낙타에 싣고 있는 카라반들과 광부의 모습을 관찰했다. 그리고 눈부신 소금호수를 가로질러 다놀 화산지대의 고원과 협곡의 절경을 감상하고 게르할타로 이동 후 라지(Lodge)에 투숙하며 일과를 마무리했다.

다음날 호텔 조식 후 고대 악숨 왕국의 수도 악숨으로 이동했다.

'거룩한 도시' 악숨은 1세기경부터 천년 동안 동아프리카와 중동을 지배한 고대왕국의 수도이다. 이곳 사람들은 시바 여왕과 솔로몬 왕의 만남과 그들의 아들 메넬리크 1세부터 내려오는 '언약의 궤'가 있다고 믿고 있다. 유네스코 세계문화유산 악숨에는 시바 여왕의 궁전터와 목욕탕, 부엌 등 고대유적과 시온의 성 메리교회(언약의 궤가 보관되어 있는 장소), 오벨리스크(Obelisk)박물관, 카렙(Kaleb) 왕의 유적 등 악숨의 보물 같은 유적이 있어 지구촌 여행자들에게 많은 사랑을 받고 있다.

악숨 왕국 유적지

　악숨은 수도 아디스아바바에서 북쪽으로 1,005km, 곤다르(Gondar)에서 360km 떨어진 고대왕국의 수도이며 기독교 신앙의 중심지이다. 4세기에 기독교가 이곳으로 전파되어 찬란한 기독교 문화를 꽃피웠던 곳이다. 에티오피아의 14세기 문헌에 악숨은 기원전 10세기경 시바 여왕의 도시로 기록되어 있으나, 기원전 1세기에 남아라비아에서 이주한 민족들이 건너와 고도의 문명을 이룩했던 곳이다.

　악숨의 바로 북쪽에는 오벨리스크와 그 주변에 비석들이 서 있는 곳이 있다. 오벨리스크는 원래 일곱 개가 있었으나 현재 하나는 제단 위에 비스듬하게 서 있다. 높이 33m, 무게 500톤이나 되는 하나의 화강암으로 된 오벨리스크는 조각이 난 채로 쓰러져 있으며, 높이 24m짜리 오벨리스크는 1937년

솔로몬 왕과 시바 여왕의 만남과 그들의 아들 메넬리크 1세부터 내려오는 언약의 궤가 있다고 믿고 있는 시온의 성 메리교회

이탈리아가 침공할 당시 무솔리니의 지시로 이탈리아에 가져가 아직껏 돌려주지 않고 있다. 현재 남아있는 것들은 높이가 23m이다. 오벨리스크 왼편에는 비석 공원이 있다. 최근 악숨 왕 람바의 무덤이 발굴된 곳이다.

비석공원 반대편 양편으로 시온의 성 메리교회가 세워져 있다. 하나는 17세기에 파실리다스(Fasilides) 황제가 세웠으며, 또 하나는 1965년 영국 여왕 엘리자베스(Elizabeth) 2세가 참석한 가운데 셀라시에(Selassie) 황제가 세웠다. 옛 교회에는 현재 많은 왕관과 제의들을 보관하고 있으며 교회 마당에는 석제와 석좌 등 문화적인 가치가 높은 물건들을 볼 수가 있다. 그러나 여성의 출입이 금지되고 있다. 이곳에서 조금 떨어진 곳에 글이 새겨진 돌판과 고대인의 헤어스타일이 새겨진 기와편 등 골동품들을 소장한 조그마한 국

립박물관이 있고, 바로 이웃한 곳이 4세기에 세워졌던 시온의 성 메리교회
터이다. 회교 문화가 들어 오면서 교회가 파괴되어 현재 유적만 남아있다.

한편, 악숨의 역사적인 가치를 지닌 것에 대한 승전기록이 있는데 사메어
와 게즈어, 그리스어 등 세 개 언어로 기록된 것으로, 4세기 에자나(Ezana)
왕 시대의 것이다. 현재 시내 중심지에 있는 박물관에 소장하고 있다.

랄리벨라(Lalibela)는 세계 8대 불가사의 중 하나로 불리는 바위 교회군이
세워진 곳이다. 메켈레에서 18km 떨어진 곳에 있다. 부드러운 암반을 파서
그 안에 교회를 세웠으며 약 10개의 교회는 가까운 곳에 있지만, 다른 교회
들은 상당한 거리를 걸어가야 한다. 교회는 요르단강을 중심으로 남쪽과 북
쪽 두 개 군으로 나뉘며, 북쪽의 교회군은 모두 6개로 벳 골고다와 벳 미카
엘, 벳 메리얌, 벳 다나겔, 벳 메드한 알렘이며, 그중에서 가장 많이 찾는 곳
은 벳 메드한 알렘교회이다.

그리스 사원 형식을 취하고 있는 교회 내부는 28개의 4각 기둥이 천장을
받치고 있다. 교회 한편에는 세 개
의 빈 무덤이 있다. 상징적인 무덤으
로 아브라함과 이삭, 야곱의 것으로
만들어 놓았다. 벳 마이얌은 성모 마
리아를 위하여 지은 교회로 불임 치
료에 효험이 있다는 못이 있다. 남
쪽 교회는 모두 네 개로 벳 암나누엘
과 벳 머르코리오스, 벳 아바 리바노

벳 기요르기스 암굴 바위 교회

암굴 바위 교회를 가기 위한 신도들의 장사진 모습 (출처 : 현지 여행안내서)

암굴 바위 교회로 들어가기 위해 순서를 기다리는 신도들과 교회 입구(출처 : 현지 여행안내서)

스, 벳 가브리엘 루파엘이다. 강북 남서쪽에 있는 벳 기요르기스교회는 건축양식이 독특하다. 교회는 터널을 이용하여 들어갈 수 있으며 그리스도 십자가 모양으로 지어졌다.

'꿀벌이 통치권을 인정한다.'라는 뜻의 이름을 가진 랄리벨라 대왕의 전설에 의하면 신이 그에게 석저(石底) 암굴교회 열(10) 채를 건설하라고 명령하면서 건설에 필요한 세부적인 지침을 주고 심지어 색상까지도 알려주었다고 한다. 형 하베이(Harbay)가 왕위에서 물러나면서 랄리벨라 왕은 사명을 실행할 기회를 얻었다. 예루살렘은 랄리벨라의 중심이며 주제이다. 암굴교회는 미로 같은 터널로 서로 연결되어 있지만, 에티오피아 사람들이 요르단이라 부르는 작은 강으로 인해 물리적으로 분리된다. 요르단강의 한쪽에 있는 교회가 '지상의 예루살렘(Earthly Jerusalem)'을 상징한다면, 반대편에 있는 교회는 성서에서 언급한 보석과 황금길의 도시인 '천상의 예루살렘(Heavenly Jerusalem)'을 상징한다. 전설에 따르면 천사들이 밤낮으로 일꾼들을 도왔으며, 일꾼들이 낮 동안 작업한 양의 두 배로 도왔기 때문에 놀라운 속도로 교회들이 완성되었다고 한다.

이른 아침 호텔 조식 후 공항으로 향했다. ET123편으로 랄리벨라를 출발해서 UNESCO 세계문화유산의 도시 곤다르에 도착했다. 곤다르는 1632년 에티오피아 최초의 수도로서 중세 에티오피아 제국 황제들의 요새이자 궁전이다.

중세도시의 고성과 주민들이 어우러져 살아가는 아름다운 전원적인 풍경이 돋보이는 곳이다. 파실게비(Fasil Ghebbi) 궁전, 데브라 비르한 셀라시에(Debra Birhan Selassie) 교회, 검은 유태인 마을 등을 방문하기 위해 곤다르 파실게비 유적지로 이동했다.

곤다르 성직자들

1632~1855년까지 에티오피아의 수도로, 성벽으로 둘러싸인 옛 궁성 안에는 역대 황제의 궁전과 유적이 있다. 곤다르 궁전의 건축양식은 악숨(Aksum)의 전통에 포

곤다르 파실게비 유적지

르투갈의 영향이 가미되어 있는 것이 특색이다. 콥트교와 그리스도교의 에티오피아교회의 중심지로, 17세기에 세워진 화려한 장식의 교회가 지금도 남아있다. 파실게비는 16~17세기 에티오피아의 파실리다스 황제와 그의 후계자들이 거주했던 곳이다. 900m에 달하는 벽으로 둘러싸인 이 도시는 궁전과 교회, 수도원, 독특한 공공건물과 개인 건물이 있다. 이 세계유산은 타나(Tana)의 북쪽 고원에 있는데 근대 에티오피아 문명의 탁월한 증거물이다.

다음날 호텔 조식 후 블루나일강의 원류인 타나호수가 위치한 바하르다르(Bahar Dar)로 이동했다. 티스 이삿(Tis Issat)폭포수는 타나호수에서 나일강으로 6,000km 흘러 지중해로 들어간다. 그 물줄기를 따라 블루나일폭포인 티스 이삿폭포까지 가벼운 트레킹으로 거닐어 보는 시간은 정말로 즐겁기

소수 민족의 축제와 의상 디자인(출처 : 현지 여행안내서)

도 했다.

　블루나일폭포는 암하라어로는 '연기가 나는 물'이라는 뜻의 '티스 이삿'이라
고 부른다. 우리는 타나호반(해발고도 1,800m)에 위치한 식당에서 식사 후
바하르다르 재래시장을 거쳐 다음 여행지인 우간다를 가기 위해 공항으로 이
동했다.

우간다 Uganda

우간다(Uganda)는 동아프리카 내륙에 있는 공화국이며, 공식 명칭은 우간다공화국(Republic of Uganda)이다. 북쪽으로는 수단, 동쪽은 케냐, 남동쪽은 빅토리아호에 면해 있으며 남쪽으로는 탄자니아와 르완다, 서쪽으로는 콩고민주공화국과 경계를 이루고 있다. 이 나라는 높이가 1,000m 이상의 고원이며 빅토리아호수를 비롯해 많은 호수가 있다. 적도에 위치한 우간다는 비교적 선선하고 한 해에 두 번 우기의 계절이 있다. 주민은 반투계를 중심으로 하는 아프리카인이 98%를 차지하며 농업국이다. 수출 대부분을 차지하는 커피를 비롯하여 목화와 차 등이 많이 재배되는 우간다의 지하자원은 구리가 풍부하며 수출로 외화 획득을 올리고 있다.

우간다는 머치슨폭포 국립공원(Murchison Falls National Park)을 비롯하여 숲과 호수, 동물들이 많아서 자연 경치와 수렵지로 정평이 나 있다. 1962년 영국으로부터 독립한 이 나라는 주로 농업을 기초로 하는 시장경제 체제로 교육제도와 보건의료 서비스는 아직 미비한 상태이다. 국토면적은 24만 1,038km²(한반도보다 크다)이며, 인구는 약 4천800만 명(2022

빅토리아호수(출처 : 현지 여행안내서)

년 기준)이다. 수도는 캄팔라(Kampala)이며, 종교는 가톨릭(33%), 개신교
(33%), 이슬람교(10%) 순이다. 공용어는 영어와 우간다어를 사용한다. 화폐
는 우간다 실링을 사용하며, 전압은 230V/50Hz를 사용하고 있다.

우리나라와는 1963년 3월 외교 관계를 수립, 이듬해 4월에 주우간다대사
관을 개설했다가 1994년 10월에 공관을 폐쇄했으며, 2011년 12월에 재개
설하였다. 우간다는 주일본대사관이 한국대사관을 겸하고 있다. 수도 캄팔
라는 빅토리아호의 북쪽 끝 적도 직하에 있으며, 해발고도(1,150m)의 고원
에 위치하여 기후는 서늘하다. 이곳은 케냐의 수도 나이로비(Nairobi)와 우
간다 서부로 통하는 철도 도로망의 중심지이며 빅토리아 호반의 상업 도시로
번영하였다

캄팔라에는 마케레레대학(동아프리카대학) 기술연구소, 국립박물관 등의 학술문화시설과 힌두교 사원들을 비롯하여 루가바(Rugaba)대성당, 성베드로대성당 등이 있다. 예로부터 우간다 왕국의 수도인 이곳은 영국의 러가드 경(卿)이 1890년에 처음으로 동아프리카 회

적도 실험용 기구

사의 깃발을 올린 도시이다. 영국의 식민지 정청이 남서쪽 약 34km의 엔테베(Entebbe)에 있었으나 1962년 우간다가 독립한 뒤 수도를 캄팔라로 옮겼다.

우리는 ET332 항공편으로 에티오피아 아디스아바바를 출발, 엔테베 공항에 도착하여 수도 캄팔라로 이동했다.

캄팔라에 있는 적도 기념물은 사진에서와같이 양팔을 벌리고 몸을 수직으로 세우면 오른팔 지역은 남반구이고, 왼팔 지역은 북반구이다. 가운데 옐로우라인은 적도를

적도 기념물

가리킨다. 적도는 지구의 중심축을 지나가는 지축에 직각인 평면과 지표가 교차하는 선(0도가 되는 선)을 말한다. 사진에서와같이 물통 위에 있는 깔때기(실험용 기구)를 남반구에 옮겨 놓고 깔때기에 물을 채우면 물이 시계방향으로 소용돌이치며 흘러 들어가고, 반대로 실험용 기구를 북반구에 옮겨 놓고 물을 채우면 시계 반대 방향으로 회전하며 흘러 들어간다.

그리고 적도선 중앙에 옮겨 놓고 물을 채우면 물이 회전이나 소용돌이치는 것을 볼 수 없고 바로 수직으로 흘러 들어간다. 필자는 실험을 하고 나서 지구의 이와 같은 원리와 작용 때문에 바닷물이 적도를 중심으로 파도를 치며 이동하는 과정이라고 생각에 잠겨 보았다.

그리고 우간다에는 가장 인기가 많은 퀸 엘리자베스 국립공원(Queen Elizabeth National Park)이 있다. 이 국립공원은 정부에 의해 야생의 자연을 그대로 보전하고 있으며 다양한 동식물이 어우러져 서식하기에 최적의 조건을 가지고 있다. 코끼리와 버펄로, 하마 등 야생동물들은 사파리 투어를 통해 아주 가까이에서 볼 수 있으며, 특히 영국 여왕 엘리자베스(Elizabeth) 2세가 방문하여 극찬을 한 국립공원이다. 그래서 여왕의 이름을 따서 퀸 엘리자베스 국립공원으로 이름을 바꾸었다고 한다.

백문이 불여일견이라 백번 설명보다 한번 보는 것이 더 좋을 것 같아 사진을 몇 점 실어서 대리만족에 도움을 주고 우간다 여행을 마칠까 한다.

퀸 엘리자베스 국립공원 야생동물들(출처 : 현지 여행안내서)

르완다 Rwanda

르완다(Rwanda)는 아프리카 내륙고원에 자리 잡고 있으며, 공식 명칭은 르완다공화국(Republic of Rwanda)이다.

국토 대부분이 1,500m 이상의 고원을 이루고 있으며 동부에는 늪지대가 많고, 서부에는 3,000m에 이르는 산맥이 이어져 있다. 적도에 가까우나 기후는 선선한 편이다. 주민 대부분은 반투계의 후투족이고 그 밖에 투치족, 피그미족 등이 있다. 종교는 가톨릭 신자가 많고 그밖에 각 부족 고유의 민속신

시장가는 여인들(출처 : 현지 여행안내서)

장을 보고 집에 가는 여인(출처 : 현지 여행안내서)

앙을 믿고 있다. 19세기 말에 독일의 보호령이 되었고 1919년에는 벨기에의 국제 연맹 위임 통치령에서 다시 1946년 벨기에의 신탁통치령이 되었다가 1962년 독립하였다.

농업을 주산업으로 하고 곡물 외에도 커피와 목화, 담배 등이 생산된다. 그 가운데 커피가 이 나라 주요 수출품이다. 국토면적은 2만 6,338km²(강원도 전체보다 조금 크다)이며, 인구는 약 1천361만 명(2022년 기준)이고, 수도 는 키갈리(Kigali)이다.

공용어는 킨야르와다어와 프랑스어를 사용하며, 종교는 가톨릭(49.5%), 개신교(27%), 재림교(12%), 민속신앙(10%) 순이다. 화폐는 르완다 프랑을 사용하고 있으며, 전압은 220~230V/50Hz를 사용하고 있다.

뿔이 긴 재래종 소(출처 : 현지 여행안내서)

한국과는 1963년 3월에 외교 관계를 수교했으며, 1972년 8월에 주한국 르완다 대사관을 개설하고, 1975년 5월에 대사관을 폐쇄했다. 1987년 9월 재개설했지만 1990년 11월에 이를 다시 폐쇄했다.

그리고 2012년 2월 주르완다 대한민국 대사관을 개설하여 현재에 이르고 있다.

수도 키갈리는 동아프리카 내륙에 있는 해발고도 1,540m의 고원에 있으며, 투치족의 전통적인 왕도였으나 르완다가 부룬디와 더불어 식민지였던 시대에 독일과 벨기에는 통치의 행정 중심 기구를 부룬디의 부줌부라(Bujumbura)에 설치하였다. 그러나 1962년 르완다가 공화국으로 독립하자 왕도였던 키갈리에 수도가 설치되었다.

우리는 제일 먼저 수많은 인파로 북새통을 방불케 하는 구시가지와 신시가지, 재래시장 등을 둘러보고 후예민속박물관으로 이동했다.

후예민속박물관

후예(Huye)는 키갈리가 르완다 수도가 되기 전 이 나라 수도였다. 그래서 다른 시골 마을보다 인프라가 많이 갖추어져 있다. 그중에 후예민속박물관은 과거 르완다 소수 민족의 삶의 질을 낱낱이 보여주는 민속박물관이다. 먼저 입구에 도착하니 '아프리카 지역에도 이렇게 규모가 큰 민속박물관이 존재하고 있을까?'라는 의구심에 다물어진 입이 벌어지지 않을 수 없다.

전시물도 건물마다 테마별로 짜임새 있게 잘 갖추어 놓았다. 그러나 카메라를 손에 잡는 순간, 여직원이 다가와서 촬영이 금지되어 있다고 한다. 하지만 시간적인 여유가 있어 눈과 마음으로 한 점 한 점 빠짐없이 가슴에 주워담고 박물관을 나왔다.

그리고 르완다 대학살 기념관으로 자리를 옮겼다. 르완다 대학살 사건은 미리 예견된 사건이었다. 과거 소수의 투치족이 다수의 부족 후투족을 지배해 왔는데 벨기에가 르완다를 식민 통치하던 시절(1916년)부터 벨기에 정부는 소수 투치족을 우대하고 다수 후투족을 홀대하는 인종차별 정책을 시행

대학살 기념관

한 것이 두 종족 간 갈등의 발단이 되었다. 여기에 더해 르완다 사태를 불러온 결정적인 요인은 1994년 4월 6일 후투족 출신 하브자리마나(Habyari-mana) 대통령이 전용기 격추 사고로 숨지자 대통령 경호원들은 이 사건에 투치족이 직접 개입했다고 간주하고 후투족 조직원들과 합세해서 1994년 4월 7일 투치족 출신 총리와 3명의 각료 및 벨기에 평화유지군을 포함해서 11명을 살해하고 투치족을 무차별 학살하는 포문을 열었다. 그리하여 인구의 85%를 차지하는 후투족 강경파들은 100일 동안 인구의 14%인 투치족과 후투족 온건파 등 전체 인구의 10%에 가까운 80만 명 이상을 대학살한 사건이다. 이는 지구상에 널리 알려진 세기의 흉악하고 끔찍한 사고였다.

르완다 정부에서는 다시는 이렇게 끔찍한 사건이 되풀이되는 것을 방지하기 위해 대학살 기념관을 세우고 그날의 참상을 기억하기 위해 자국민과 함께 세계 여러 나라 여행자들에게 개방하고 있다.

부룬디 Burundi

부룬디(Burundi)는 동부아프리카 내륙지방 탕카니카(Tanganyika)호수 북쪽 기슭에 있는 공화국이며, 공식 명칭은 부룬디공화국(Republic of Burundi)이다.

국토 대부분이 높이 1,500m를 넘는 고원지대에 있어 열대지방이지만 연평균 기온은 20℃ 안팎이다. 인구 85%가 반투계의 후투족이지만 소수족인 투치족이 지배하고 있어 인종 분규가 심각한 상태이다.

종교는 가톨릭 62%, 기독교 22%, 이슬람교 2.5%, 기타 13% 순이다. 농업이 주산업이며 커피와 목화, 옥수수 등을 재배한다. 특히 커피는 총수출의 대부분을 차지한다. 목축업과 탕키니카호에서 어업은 활발한 편이지만, 지하자원의 개발은 아직 뒤져있는 편이다.

국토면적은 2만 7,834km²(강원도 전체보다 조금 크다)이며, 인구는 약 1천263만 명(2022년 기준)이다. 수도는 기테가(Gitega)이며, 공용어는 키룬디어와 프랑스어를 사용한다. 화폐는 부룬디 프랑을 사용하며, 전압은 220~230V/50Hz를 사용하고 있다.

한국과는 1991년 10월 뉴욕에서 외교 관계를 수립했다. 한국은 주르완다 한국 대사관이 부룬디 대사관을 겸임하고 있다. 그리고 주중국 부룬디 대사관은 한국 대사관을 겸임하고 있다.

부룬디의 옛 수도 부줌부라(Bujumbura)의 원래 이름은 우숨부라(Usumbura)이며 탕카니카호 북동부 연안에 있는 해발고도 730m의 도시이다. 이 도시는 1880년대에 독일의 지배를 받을 때 군대의 주둔지로 만들어진 아름다운 도시이며 그때부터 정치와 경제, 산업, 교통의 중심지로 발달하였다. 주요 산업은 면직물과 비누, 맥주, 커피, 차 등의 집산과 가공이 활발하다. 호수를 항행하는 선박으로 잠비아, 탄자니아 등과 연결되고 수출입도 수운 배편을 이용하여 탄자니아의 항구에서 이루어진다. 주변 지역에서는 카사바,

과일 파는 노점상 여인들(출처 : 현지 여행안내서)

바나나, 옥수수, 목화 등의 재배가 이루어진다.

우리는 제일 먼저 부줌부라 시내와 탕카니카호수가 한눈에 내려다보이는 전망대에 올라갔다. 맑은 공기와 시원한 바람을 마주하며 내려다보는 부줌부라 다운타운은 농어촌이 어우러져 도시를 이루고 있는데 그 시가지가 한눈에 들어온다.

우리가 방문한 2017년 4월 2일은 이 나라 소수민족이 우리나라 명절처럼 집단을 이루어 민속놀이(일명 매스게임) 경연대회를 하는 날이다. 소수민족 대표에게 허락을 받고 경연대회에 참가했다. 풍성한 행사 속에서 우렁찬 북소리에 장단을 맞추어 주민들과 한 몸이 되어 뛰고, 걷고, 춤을 추며 아낌없는 시간을 투자해 시간 가는 줄 모르고 즐겁고 유익한 하루 일과를 보냈다.

그리고 현지인들이 필자와 기념 촬영을 하기 위해 상대 눈치도 보지 않고 실랑이를 벌이는 장면은 눈물겨울 정도로 기분이 좋았다. 마지막에는 학교

민속놀이 경연대회

현지 주민들과 기념촬영

운동장에서 선발된 선수들이 스포츠 댄스로 행사의 마지막을 장식하고 다 함께 숙소로 향했다.

오늘은 동아프리카 4개국(에티오피아, 우간다, 르완다, 부룬디) 18일간 여행을 마무리하는 날이다. 조식 후 탕카니카호수로 이동했다. 탕카니카호수는 지구상의 담수호 중에서 러시아 바이칼호수 다음으로 깊은 호수이다. 수심이 최저 약 1,430m이며, 면적은 3만 3천km²에 이른다. 남북의 길이는 최대 720km이며, 동서의 폭이 평균 50~70km 정도 된다.

동쪽은 탄자니아, 서쪽은 콩고민주공화국, 남쪽은 잠비아, 북쪽은 부룬디가 탕카니카호수를 사이에 두고 국경을 마주하고 있다. 탕가니카호수는 1858년 R 버튼과 JH 스피크가 처음 발견했다고 역사는 기록하고 있다.

탕카니아호수

호수를 더욱 유명하게 한 일화는 영국의 선교사이며 탐험가인 리빙스턴(Livingstone)이 빅토리아폭포, 나사호 등을 발견하고 1866년 나일강 원천을 밝히기 위해 마지막 탐험 길에 올랐다가 소식이 끊겼다. 그런데 탕카니카호수 북동쪽 근처 발견지 기념석 자리에서 열병에 걸려 죽게 된 리빙스턴을 스탠리의 탐험대가 찾아내었다. 이곳은 리빙스턴과 스탠리가 극적인 대면을 한 장소이다.

우리는 이곳 방문을 끝으로 기념촬영을 하고 전체 일정을 마무리한 다음 귀국길에 올랐다.

리빙스턴 발견지 기념석

리빙스턴 (1813~1873) (출처 : 계몽사 백과사전)

지부티 Djibouti

지부티(Djibouti)는 아프리카 동부에 있는 나라이며, 수도는 지부티(Dji-bouti)이다.

이슬람의 영향은 825년부터 시작됐는데 당시 일부 종족(에티오피아 동부에서 온 아파르와 소말리아서 온 이사스)만이 살고 있었다. 아랍 무역상이 16세기까지 이 지역을 지배했으나 프랑스가 도착한 1862년을 기점으로 오복(Obock)과 따주라(Tadjoura) 술탄의 권력이 약해졌다. 1888년에 프랑스는 따주라만의 남부 연안에 지부티시를 건설하기 시작해 대부분 소말리아인의 정착이 이루어져 프랑스령 소말릴란드(French Somaliland)가 형태를 갖췄다. 지부티는 에티오피아 상업의 중계점이 되고 프랑스가 건설한 지부티-아디스아바바 철도가 완성돼 현재까지 남아있어 전략적이나 상업적으로 에티오피아에 중요한 역할을 한다. 1896년부터 프랑스령 소말리아 해안이라고 부르다가 1967년 프랑스령 아파르족 · 이사속 자치령(Territoire francais des Afars et des Issas)으로 변경했다. 1977년 국민투표를 거쳐 지부티라는 국명으로 독립을 했다.

지부티는 대륙의 북동부에 있으며 아덴만과 함께 홍해를 경계로 한다. 지부티는 314km의 해안선을 지니며 에리트레아 소말리아, 에티오피아와 국경을 접한다. 매사추세츠주와 거의 비슷한 수준이며 바위 사막이 많다. 그리고 곳곳에 평원과 고원지대가 나타난다.

이곳 아랍인들은 이슬람풍 문화가 뿌리 깊어 다른 아랍권 국가들처럼 술을 팔거나 마시지 않으며 프랑스 계통 주민은 남녀 모두 반바지를 착용하는 것이 특징이다. 그러나 원주민은 지부티식 긴바지 사롱(Sarong)을 착용한다. 여자는 정숙한 롱원피스와 스커트를 입고 살마라는 얇은 천을 두르고 다닌다.

이 나라에서는 대다수가 무슬림으로 종교를 존중해야 하며, 남녀 간 신체 접촉을 금하고, 서로 처음 만난 상황에서는 여성의 눈을 똑바로 쳐다보는 것

축제행사에서의 여성들의 의상 디자인(출처 : 현지 여행안내서)

원주민들의 각종 축제 행사의 의상 디자인(출처 : 현지 여행안내서)

도 삼가야 한다.

　그리고 일반적으로 호텔, 음식점 등에서는 15%의 부가세와 10%의 서비스 요금이 부과된다. 이 경우에는 별도의 팁을 주지 않아도 되나, 서비스 요금을 별도 부과하지 않거나 포함된 금액이 많지 않으면 2~3% 정도의 팁을 주기도 한다.

　지부티시티는 100년의 역사를 가진 지부티 인구의 3분의 2가 살고 있는 수도이다. 중앙 지부티는 격자판에 놓여 있는 것 같으며 오후 반나절 동안이면 구경이 가능하다. 따주라만(Gulf) 지협의 서쪽 해안에 위치해 있어 고기잡이 작은 배와 보트 등을 한가로이 바라볼 수 있다.

　중앙 시장(Le march'e Central)은 타운의 중심가에서 바로 남쪽에 있으며 에티오피아에서 매일 공수되는 부드러운 자극제인 신선한 콰트(Khat)의 잔가지가 매력을 더한다. 만약 홍해의 바닷속을 들여다보고 싶다면 지부티 수족관(Aquarium Tropical de Djibouti)을 방문하면 된다(라마단 기간을 제외한 매일 오후 4:00부터 6:30까지 개장한다). 또한 대통령궁을 지나 걸어갈 수 있으며 레스칼르(L'Escale)로 이어지는 다리를 따라가면 배들을 가까이 바라볼 수 있다.

시에서 가까운 양질의 해변은 도라레(Doral'e)이며 코-암바다(Khor-Ambada)는 방문자가 적다. 따주라만에 인접한 섬인 마스카리(Maskali)와 무차(Moucha)까지는 배가 운행되며 섬에서 캠핑도 가능하다.

키 아프리카(Quay Africa)에 있는 바와 호텔이 가장 싸고 가장 허름하다. 룸은 보통 가족 단위로 사용한다. 숙박 시 침대당 돈을 지급해야 하며 싱글룸은 없다. 다른 호텔들은 타운 주변에 산재해 있으며 중심부에서 1km 이상 벗어난 호텔은 없다.

호텔은 겉에서 보는 것과 다른 호텔이 많은데 레스토랑도 마찬가지다. 만약 대부분 이용자가 술을 권한다면 그들과 동석하게 될 것이며 레스토랑이라도 간판이 붙어진 곳에서는 같은 상황이 발생하기도 한다. 숙(시장) 지역은 음식을 구하기 가장 좋은 곳으로, 맵게 오븐으로 구웠거나 바비큐한 생선이 현지의 특별한 음식이므로 절대로 놓치지 말아야 한다.

국토면적은 23,200km²이고, 인구는 약 102만 명(2022년 기준)이다.

공용어는 아랍어와 프랑스어를 사용하며, 종교는 이슬람교가 국교로 지정되어있다.

시차는 한국 시각보다 6시간 늦다. 우리나라가 낮 12시(정오)이면 지부티는 오전 06시가 된다. 환율은 한화 1만 원이 지부티 약 156지부티프랑으로 통용된다. 전압은 220V/50Hz를 사용한다.

오늘은 지부티 일정을 할애해서 소말릴란드를 여행하기 위해 지부티와 소말릴란드 공동경비 구역에서 장시간 연구와 노력을 한 덕분에 많은 시간이 소진되어 늦은 오후부터 지부티 여행을 시작했다.

먼저 지구상에서 제일 짜다고 소문이 난 아살호수로 향했다. 아살호수는 그 옛날 지구가 오대양 육대주를 형성할 무렵 지구의 심한 몸살로 인해 지각 변동으로 바다가 육지가 되면서 광범위한 용암 분출로 인해서 분화구가 형성

세계에서 제일 짠(염도가 높은) 아살호수

호수에서 생산되는 각종 소금들   상품화된 소금들

되고 배수 지역이 없는 덕분으로 북위 10도의 열대지방 자연 증발로 인해 호수의 염도가 바닷물보다 10배가 높은 지구상에서 제일 짠 호수로 변했다.

호숫가에는 일정한 곳에 소금 결정을 모아두고 주민들이 관광객들을 상대로 소금을 판매하고 있다. 자연 발생적으로 모양이 다양한 소금도 있지만, 비닐 팩에 소금을 담아 상품의 가치를 높이고 있어 필자는 흥정을 해서 소금 1팩을 구입했다.

호수 위로는 저녁노을이 물들어 오고 어둠이 짙어가고 있어 기념 촬영을 한 후 숙소가 있는 지부티시티로 이동했다. 어둠을 헤치고 대통령궁과 중앙 시장, 마르쉐 거리 등을 도보로 야간 투어를 마쳤

호수를 드리우는 저녁노을

다. 이후 거리의 포장마차라는 곳에서 이 나라 대표 주정(술)으로 양고기구이를 안주 삼아 식사를 대신하고 향수를 잊어가며 이국땅 밤거리를 걸어 호텔로 이동했다.

소말릴란드 Republic of Somaliland

소말릴란드(Somaliland)는 아프리카 동쪽 끝에 있는 미승인 국가이다. 동쪽은 소말리아와 국경을 맞대고 있고, 서쪽은 에티오피아, 북서쪽은 지부티, 북쪽은 아덴만에 면한다. 북부는 험한 산지와 사막으로 된 건조지대를 이루고 있고 아덴만에 이르기까지 불모지와 사막으로 인해 농사를 지을 땅이 없다.

소말릴란드는 19세기 후반 영국령 보호 구역으로 지정되어 있다가 제2차 세계대전 이후 1960년 6월 26일 영국령으로부터 독립하였다. 그리고 1960년 7월 1일 이탈리아 보호령인 소말리아의 독립과 동시에 소말리아와 합병하기에 이른다. 그 후 1991년 정치 불안과 내전으로 인해 소말리아로부터 일방적으로 독립을 선언했다.

국토 대부분이 사막인 이 나라는 천연 지하자원도 없고 농수산업도 아주 빈약하다. 목축업이 주 산업이다. 수도권을 제외한 변경 지역 건축물로는 금속판(양철) 또는 슬레이트 지붕과 갈대지붕 등의 건물들이 고작이다. 공식 명칭은 소말릴란드공화국(Republic of Somaliland)이다.

국토면적은(실효 지배지역) 17만 6,120km²이다. 인구는 약 450만 명 (2022년 기준)이며, 수도는 하르게이사(Hargeysa)이다. 민족은 소말리인 (90%)과 기타(10%)로 구성되어 있으며, 공용어로는 소말리어와 아랍어를 쓴다. 종교는 이슬람교가 국교로 정해져 있으며, 화폐는 소말릴란드 실링을 사용하고 있다.

소말릴란드는 여행 금지 구역으로 지정된 국가이기에 현지 사정에 대한 확실한 정보가 없어 행여나 하고 지부티에서 소말릴란드로 출국하는 출입국관리사무소를 찾아갔지만, 출입국관리사무소 역시 대한민국 여권을 가지고 관광비자로는 입국할 수 없다는 답을 받았다.

방법을 고민하며 출입국관리사무소를 나오는데 키가 팔 척이나 되어 보이는 사람이 먼저 인사를 건넨다. 답례로 인사를 건네고 "선생님은 누구냐?"고 물어보니 자기는 소말릴란드 접경지부터 국경을 담당하는 지부티 국가경비

소말릴란드 출입국관리사무소

지부티 국경경비대장과 함께 기념사진

대장이라고 한다.

담배와 라이터를 건네주며 소말릴란드에 입국할 방법이 없냐고 묻자 안타까운 사정은 이해가 되지만 지금으로서는 방법이 없다고 한다.

조건을 제시하면 무엇이든 이행하겠다고 해도 고개를 절레절레 흔들며 "NO! NO!"를 연발한다.

자신들도 소말릴란드에 들어가면 고작 왕복 3~4시간 정도만 이용해서 그 옛날 영국 식민지 시절 총독관저가 있는 마을까지 가서 현지에서 업무를 보고 귀국한다며 "가봐야 별것 없습니다."라고 한다. 설명을 덧붙이면 가는 길은 비포장도로를 따라 계속 운전을 해야 하고, 가는 도중에 인가나 유동 인구가 전혀 없단다. 가끔 아덴만으로 수출입 물량을 이송하는 대형 화물차가 보

영국 식민지 시절 총독관저

일 따름이라고 한다.

현지에 가보면 우뚝 솟은 총독관저가 눈에 띄고 벽돌로 세운 단조로운 유적이 하나 있을 뿐이란다. 함석지붕으로 된 주택과 작업실들이 널려 있고, 외지에서 손님이 오면 숙식이 가능한 허름한 숙박 시설 그리고 점심 식사는 간판도 없는 무허가 식당이 있고, 음식으로는 아덴만 해역에서 잡아 올린 생선찌개나 튀김, 조림 등이 전부라고 한다.

현지 유적지

더욱이 식사 시간이 되면 수십 마리의 파리가 자기들도 먹고 살자고 벌떼같이 덤벼들어 한 손으로는 밥을 먹고 다른 한 손으로는 파리를 쫓아내기에 바쁘다고 한다.

그리고 또 "자리를 이동하면 이동하는 장소로 끝까지 따라다니는 바람에 식사도 제대로 할 수 없다. 그 와중에 식탁 밑에서 여러 마리의 고양이들이 생선 찌꺼기를 얻어먹기 위해 주둥이를 앞세우고 꼬리를 흔들며 '저요, 저요. 도와주세요.'라며 야단법석을 떠는데 그런 곳을 무엇 하려고 기어이 가시려 합니까?"라고 반문한다.

경비대장 입담이 너무나 좋아 설명을 얼마나 재미있게 잘하는지 한 편의

주택을 겸한 사업장   숙박시설 내부

드라마를 본 것처럼 직접 다녀온 것과 다름이 없다. 그래서 가고 싶은 욕망을 접어야 했다.

경비대장에게 "혹시 현장 사진이 있느냐?"고 묻자, "있고 말고요."라고 한다. 그 소리에 얼마나 반가운지 말을 잇지 못했다. 현지인들은 보잘것없는 사진 몇 장이라고 생각하겠지만, 여행자들에게(특히 필자)는 대단한 수확이 아닐 수 없다.

필자는 경비대장에게 사진 몇 장을 전달받고 거듭 감사의 인사를 나누고 소말릴란드 땅도 아니고 지부티 땅도 아닌 공동경비구역에서 소말릴란드 지역을 바라보는 것으로 아쉬운 작별 인사를 대신했다.

소말리아 Somalia

    동아프리카의 뿔에 위치한 소말리아(Somalia)는 남에서 북으로 주바랜드(Jubbaland) 수도 부알레(Bu'aale), 남서소말리아 수도 비이다보, 히르사벨 수도 조하르, 갈무두고 수도 두사마렙, 푼틀란드 수도 가르웨 그리고 주도 바나디루(주) 수도 모가디슈(Mogadishu)로 구성된 국가이다.

    원래 소말리아는 소말리족의 나라로 영국과 프랑스, 이탈리아 등 3개국이 자기들이 점유하고 있는 영토를 분할하여 식민지 지배국을 형성한 영토들이다. 그러나 나날이 발전하는 경제와 국제 사회의 도움으로 1960년 영국령 소말릴란드는 소말릴란드로 독립을 하고, 이탈리아령 소말릴란드는 소말리아로 독립하게 된다. 그리고 마침내 프랑스령 소말릴란드도 1977년 지부티로 독립을 하기에 이른다.

    우리가 아프리카 대륙의 기아에 허덕이는 국가를 연상하면 제일 먼저 떠오르는 나라가 소말리아이다. 진정한 여행 마니아는 선진국은 물론이고 후진국도 선진국 못지않게 미지의 궁금증을 해결하는 매력적인 국가들로 여긴다.

    선진국은 역사와 문화 그리고 경제를 배우며 이해하고 삶의 질을 높이는

소말리아 소수민족 마을(출처 : 현지 여행안내서)

기회라고 하면, 후진국은 역사와 문화, 경제 등을 우리나라와 비교하고 우리의 과거를 돌아볼 기회로 여겨진다. 지구촌 세계 각국에 널려 있는 고적 답사와 유물을 접할 기회는 우리가 살면서 삶의 질을 높이는 데 지대한 영향을 미치는 보석 같은 존재이다. 그러나 소말리아는 우리가 익히 아는 바와 같이 지구촌 국가 중 여행 금지 국가로 알려진 대표적인 국가이다.

대한민국 정부에서는 여행 금지 국가를 무단으로 출입국 할 시에는 여권법에 따라 1년 이하 징역, 300만 원 이하 벌금에 처하고 있다. 직접 여행할 수 없는 소말리아의 여행은 개략적인 역사와 국가 개요를 소개하는 것으로 대신하고자 한다. 소말리아는 아프리카 대륙에서 가장 동쪽 끝에 있는 공화국이다. 소말리아 반도의 대부분을 차지하며 북쪽은 아덴만, 남쪽은 인도양에 면

기념축제에 선발된 여성들(출처 : 현지 여행안내서)　　　염소와 양을 치는 여인(출처 : 현지 여행안내서)

하고 있다.

　북부는 험한 산지로 사막에 가까운 건조지대를 이루고, 남부에는 에티오피아 고원의 연장으로 해안을 향해 지형이 차차 낮아지며 사바나 기후를 나타낸다. 남쪽에 있는 주바강과 웨베시벨리강 하류 유역에는 평야가 발달하여 농사에 알맞다. 주민의 대다수가 소말리족이고 이슬람교를 믿는다. 원래 이슬람 토후국이었는데 19세기 후반 북부는 영국의 보호령이 되고, 남부는 이탈리아 보호령이 되었다. 제2차 세계대전 이후 민족의식이 높아져 1960년 6월 26일에 영국령 그리고 7월 1일에는 이탈리아령이 각각 독립을 한 다음 양국이 소말리아라는 국가로 합병하여 공화국을 수립

기념축제의 포문을 여는 남성들(출처 : 현지 여행안내서)

사막의 개미집(출처 : 현지 여행안내서)　　　　땔감을 운송하는 지역주민(출처 : 현지 여행안내서)

했다. 그러나 1991년 5월 18일 영국령이던 북부는 정치 불안과 내전으로 소말리아로부터 일방적으로 국토를 분단해서 독립을 이루었다.

그래서 국토 총면적 637,657km²에서 실효 지배지역은 461,537km²로 감소한 상태에서 현재에 이르고 있다. 농업과 목축업을 주 산업으로 하는 최빈국에 속하는 가난한 이 나라는 사탕수수와 바나나 등을 재배하고 바나나와 피혁 등을 수출한다. 근래에는 우라늄과 석유개발에 정부가 힘을 보태고 있다.

공식 명칭은 소말리아연방공화국(Federal Repubic of Somalia)이며, 수도는 모가디슈이다.

국토면적은 46만 1,537km²이고, 인구는 1,650만 명(2022년 기준)이다.

공용어는 소말리어와 아랍어, 이탈리아어 등이며, 화폐는 소말리 실링을 사용하고 있다. 종교는 이슬람교(수니파)가 국교로 정해져 있다. 마지막으로 소말리아와 소말릴란드의 경제와 산업구조를 비교해 보면 소말리아 수도 모가디슈의 경제발전은 우리나라의 군청 소재지 정도의 경제 성장 수준이며, 소말릴란드 수도 하르게이사는 우리나라 도청 소재지 정도의 경제 수준으로 발전하고 있다.

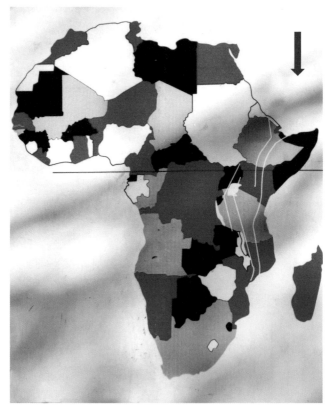

화살표 방향 빨간 점이 지부티이고 흑색 뿔이 소말리아이다(지도 출처 : 현지 여행안내서).

에리트레아 Eritrea

아프리카에 있는 공화국으로 공식 명칭은 에리트레아(State of Eritrea)
이다.

본래 에티오피아의 영토였으나 1869년 수에즈운하의 개통과 함께 이 지역
을 둘러싼 유럽 열강들의 식민지 경쟁이 격화하던 가운데 에티오피아를 침공
한 이탈리아가 점령하여 1890년 공식적으로 이탈리아의 식민지가 되었다.

제2차 세계대전 중 에티오피아에 재병합되었으나 1993년 5월 24일 에티
오피아에서 다시 독립하였다. 1998년에는 에티오피아와 전쟁으로 인해 양측
모두 희생자 100,000명이 발생했다.

독립 후에는 전체주의적인 독재가 이어지고 있다.

에리트레아는 동아프리카의 뿔에 위치하며 홍해와 접하고 있다. 세계에서
가장 긴 지구대 중 하나인 동아프리카 지구대와 맞닿아 있어 서쪽은 비옥하
지만, 동쪽은 사막지대가 대부분이다. 건조한 해안선을 벗어나면 어업지대가
나오며, 남쪽으로 가면 조금 더 건조하고 추운 고지가 나타난다. 그리고 홍해
의 남단에 접한 나라이다.

수도 아스마라 전경   이슬람 회교사원

에리트레아인들은 손님을 극진히 환대하는 표시로 커피를 대접한다고 한다. 정중히 커피를 대접하기 위해 준비하는 데 한 시간이 소요되며 손님은 감사의 표시로 세 잔의 커피를 마셔야 한다. 관공서와 기업은 티그리냐(Tigrin-ya)어와 아랍어를 주로 사용하며, 도시에서는 영어도 광범위하게 사용되고 있다.

모든 외국인은 수도 아스마라(Asmara) 밖으로 여행하고자 할 경우 반드시 허가신청을 해야 하며, 주요 도로마다 설치된 검문소에 여행 허가증을 제시해야 한다.

아스마라는 해발 2,350m에 있는 인구 45만 명의 도시이다. 행정 및 상업 중심지로 발전하여 1897년 에리트레아의 수도가 되었다. 시내에는 자카란다 꽃과 이탈리아풍 건축물로 지중해 분위기가 넘쳐나는 도시이다. 이 도시에는 1920년과 1930년대의 이탈리아 건축양식인 아르 데코 스타일(Art Déco style) 건물과 종려나무가 거리를 덮고 있으며 카페와 정원, 왕궁, 교회 등이

어우러져 자리 잡고 있다.

아스마라는 기후가 연평균 17도 정도로 온화한 편이며 겨울인 11~3월에
도 셔츠를 입을 정도로 따뜻하다. 비는 주로 7월과 3월에 내리며, 습도는 약
70% 정도이다. 시내 명소로는 1913년에 세워진 유럽식 건물로 성 메리 성
당과 자유의 거리에 우뚝 선 1922년에 건설된 이탈리아 스타일의 성당, 쿨라
파 알 라쉐딘 회교 사원 그리고 향신료와 채소, 곡물, 가재도구 등 진귀한 물
건을 파는 재래시장 등이 있다.

국토면적은 12만 1,144km²이며, 인구는 약 367만 명(2022년 기준)이다.

공용어는 아랍어와 영어, 티그리냐어 등이고, 종교는 이슬람교와 로마가톨
릭, 콥트교, 개신교 등을 믿는다.

시차는 한국 시각보다 6시간 늦다. 한국이 낮 12시(정오)이면 에리트레아
는 오전 06시가 된다. 환율은 한화 1만 원이 에리트레아 13.2나크파로 통용
된다. 전압은 110V, 220V/50Hz를 사용하고 있다.

우리는 조식 후 전용 차량을 이용해 수도 아스마라에서 100km 정도 떨어
져 있는 언덕과 산악지역으로 둘러싸여 있는 휴양도시 케렌(Keren)으로 이
동했다.

에리트레아는 식민지 시대를 거쳐 제2차 세계대전, 독립 전쟁, 에티오피아
와 전쟁 등 여러 차례의 전쟁으로 말미암아 전 국토에 걸쳐 그럴듯한 고적이
나 유적지를 찾아볼 수 없다. 그래서 조용한 시골 하마지엔 마을과 조그마한
부어밥 동굴사원을 둘러보고 바오밥나무 동굴 안 마리암 성지로 향했다.

이곳 바오밥나무는 외형은 웅장하고 거대한 거목으로 생존하고 있지만, 나무의 속은 썩어서 텅텅 비어있다. 정령신앙을 믿고 있는 주민들이 이곳에 제단을 마련하였다.

문득 떠오르는 우리나라 농어촌의 동구 밖 동수 나무, 서낭당 고갯길 등이 생각난다. 지구촌 어디라도 사람이 살아가는 모습은 별반 차이가 없다는 생각이 들었다.

그리고 에리트레아 독립은 에티

바오밥나무 동굴 안 마리암 성지

오피아를 졸지에 내륙국으로 만들었다. 그로 인하여 에리트레아와 에티오피아는 국경이 불분명한 상태에서 시와 때를 가리지 않고 국경 분쟁이 일어났다.

급기야 1998~2000년에는 상호 수십만 군대를 동원해서 전면전이 발발하여 10만 명 이상이나 되는 사상자를 낳았다. 그 와중에 러시아와 이스라엘은 에티오피아를 지원하고, 우크라이나와 불가리아는 에리트레아를 지원하여 치열한 전쟁 끝에 에티오피아의 승리로 전쟁이 막을 내렸다. 종전 협상에서 에티오피아는 자기들이 점령한 에리트레아 영토 마드메를 에리트레아에 돌려주고, 대신 에리트레아는 에티오피아에 홍해 남부와 아덴만 가까이에 있는 항구 사용권과 편의시설을 제공하기로 했다. 이 과정에서 협상의 주인공인 에티오피아의 아비 아머드 알리(Abiy Ahmed Ali) 총리는 노력과 공로를 인정받아 노벨 평화상을 받았다.

지나간 전쟁의 여파로 차량과 병기 등은 모두 고철 상태로 산더미 같이 쌓아놓았다. 사진에서와같이 현지 가이드는 고철로 변한 차량 위에 올라서서 전쟁 역사에 관한 설명을 하느라 바쁘다.

무작위로 적재되어있는 고철 덩어리는 전쟁의 쓰라린 상처를 되돌아보는 효과도 있지만, 마음 같아서는 우리나라와 가까운 거리라면 모두 다 포항제철소로 운반해서 자동차 혹은 산업 자재로 다시 탄생시켰으면 하는 마음이 간절하다.

전쟁 역사를 설명하는 현지 가이드

국립묘지   사이클을 연습하는 학생들

　그나저나 벌써 배꼽시계가 정오를 가리키고 있다. 허기진 배를 달래기 위해 재래시장으로 향했다.

　현지식으로 간단하게 요기를 하고 이 나라 전몰자들이 잠들어 있는 국립묘지로 이동했다. 국립묘지는 우리나라와 달리 시내 중심에 자리 잡고 있다. 그리고 우리나라 국립묘지는 잔디로 묘지를 치장하고 있지만, 이곳은 모래와 자갈로 묘지를 꾸며 놓았다. 아마도 사막 지역 전통 방식으로 보인다.

　인솔자가 더 이상 갈 곳이 없다고 한숨을 짓는다. 그래서 발길 가는 대로 시내 구경을 하기로 했다. 넓은 골목길엔 학생들이 사이클경기를 하기 위해 열심히 연습을 하고 있고, 극장 입구에는 오드리 헵번 주연 영화 포스터가 한눈에 들어온다.

　그리고 초등학교 교정에서 하교하느라 한창인 학생들에게 승낙을 얻어 기념사진을 남기고 돌아가는 길목에 주에리트레아 대한민국 명예영사관 간판이 눈에 띈다. 단숨에 달려가 문을 두드려봐도 기척이 없다. 그래서 정면에

초등학교 학생들

대한민국 명예영사관

펄럭이는 대한민국 태극기를 배경으로 기념 촬영을 한 다음 오늘의 일정을
마무리하고 다음 여행지로 출발하기 위해 공항으로 향했다.

케냐 Kenya

동아프리카에서 발견된 화석에 따르면 인류의 조상이 2백만 년 전 이 지역에서 살았다고 한다. 투르카나(Turkana)호 근처에서 최근 발굴된 흔적에 따르면 호모 하빌리스(Homo-habilis), 호모 에렉투스(Homo-erectus)와 같은 호미니드(Hominid)인이 260만 년 전 이 나라 땅에 있었다고 한다.

케냐의 식민시대 역사는 1885년 독일이 잔지바르(Zanzibar, 현 탄자니아의 잔지바르섬)와 케냐 해안 영토에 보호령을 설치한 것으로 시작되었다. 그후 1888년 영국 동아프리카 회사가 들어오면서 독일이 해안 영토를 1890년 영국에게 넘겨줘 두 열강 사이는 분쟁도 적지 않았다.

그 후 1952년 10월부터 1959년 12월까지 케냐는 영국의 지배에 대한 반란(마우마우 반란)으로 비상사태하에 있어서 영국은 단계적으로 케냐의 독립을 허용할 수밖에 없었다.

그리하여 1957년 처음으로 아프리카인들이 피선거권을 가진 입법 회의 직접 선거를 치렀다. 그러면서 좀 더 온건한 세력에게 권력을 넘기려는 영국의 기대와는 달리 조모 케냐타(Jomo Kenyatta)가 이끄는 케냐아프리카국민연맹(KANU, Kenya African National Union)이 독립 정부조직을 주도하게 되었다.

1963년 1월 12일 케냐는 독립을 선포했다. 1년 후 케냐타는 케냐의 초대 대통령이 되었다. 케냐인민연맹이 정당 활동이 금지된 1969년 이후로는 KANU가 유일한 정당이었다.

582,646km²의 국토면적을 가진 케냐는 세계에서 47위로, 마다카스카르 다음으로 면적이 넓다. 인도양 해변 쪽은 낮은 평지가 있으며, 내륙에는 고지대 산맥과 고원이 있다. 내륙에 위치한 고지대는 거대한 단층 계곡에 의해 양분되어 있고, 서쪽에는 기름진 고원이 있다.

케냐 고지대는 아프리카에서 가장 성공적인 농업지대이며, 고지에는 케냐의 가장 높은 지대가 있다. 아프리카에서 두 번째로 높은 5,199m인 케냐산은 빙하 지형으로, 기후는 지역마다 확연히 다르다. 이 나라는 인도양의 해안을 끼고 있으며 중앙 고원지대 사이에 저 평원이 나타나기도 한다. 고원지대는 동아프리카 지구대로 나뉘며, 서부에는 비옥한 토양이 나타난다. 케냐의 고원지대는 아프리카 대륙 전체에서도 알아줄 정도로 가장 생산력이 뛰어난 토질로 손꼽힌다.

적도에 걸쳐 있어 해안은 무더운 열대 기후이며, 내륙지방은 고지대로 건조한 기후이다. 내륙일수록 건조하고 해안에는 열대성 기후가 나타난다. 케냐-탄자니아 국경 지역에 킬리만자로산이 있으므로 그 일대는 서늘하지만, 케냐는 남반구에 있기 때문에 북반구 나라들과 여름 또는 겨울 날씨가 바뀌어서 나타난다.

6~8월은 겨울이다. 그러나 케냐의 겨울은 동북아시아의 겨울과 매우 다른 풍경이다. 눈이 내리지 않으며 날씨 또한 영하로 거의 떨어지는 일이 없다. 단지 일교차가 매우 심해 새벽과 밤에는 매우 쌀쌀하게 느껴지며, 낮에는 바람이 차갑게 느껴지는 정도이다. 물론 아프리카의 겨울 햇살은 뜨겁다.

나무 그늘에 들어가 있으면 바람이 차가워서 땀이 금세 마르고 겨울임을 느낄 수 있다. 또한 이 시기에는 모기도 많이 없다. 그만큼 날씨가 상대적으로 더 쌀쌀하다는 것이다. 케냐는 적도에 있지만, 연평균 기온이 16도이다.

케냐에서 국가원수인 대통령은 5년 임기로 직접 선거를 통해 뽑지만, 대통령으로 당선되기 위해서는 전국에서 가장 많은 표를 얻는 것은 물론 케냐의 7개 주 중 적어도 5개 주에서 표의 25% 이상을 얻어야 한다. 그러나 2010년 개정된 케냐 헌법에 따르면 대통령으로 당선되기 위해서는 전체 유효투표의 과반을 얻어야 하는 동시에 국가를 구성하는 47개 주의 절반 이상에서 최소 25%의 득표를 해야 한다. 부통령과 내각은 대통령이 임명한다. 국회를 '붕게(Bunge)'라고 부르며 단원제를 시행하고 총 의석수는 224석이다.

2020년 인구조사에 따르면 종족 구성은 키쿠유족(17.15%), 루햐족(13.83%), 칼렌진족(12.87%), 루오족(10.48%), 캄바족(10.08%), 케냐의 소말리족(6.18%), 키시족(5.71%), 미지켄다족(5.08%), 메루족(4.29%) 순으로 나타났다. 이외 백만 명 이하인 민족들은 10.98%를 차지했다.

2020년 인구조사(2021년 8월 발간)에 따르면 종교인은 82.99%이며 그중 개신교(47.66%), 로마 가톨릭(23.46%), 기타(11.87%), 이슬람교(11.21%) 순으로 나타났다. 이외 극소수의 힌두교도와 정령신앙도 있다.

케냐는 동아프리카에서 무역과 금융의 중심지이다. 사회주의를 채택한 인근 국가들과 달리 시장경제 체제를 선택하고 서방 자본을 유치해 독립 이래 1980년대까지 경제적으로 안정되어 있다가 부패와 일부 수출품에 대한 의존 때문에 대니얼 아랍모이(Daniel arap Moi) 정부 시절에 경제적으로 많은 어려움을 겪었다.

1990년대와 2000년대 초까지 경제 개혁의 실패로 IMF 원조가 몇 번 중단되기도 했다. 지금까지 새로 들어선 정부들은 부패 척결과 외국의 원조 확보에 노력을 치중하고 있으며, 케냐의 경제는 농업과 관광업에 의존하고 있다.

나이로비(Nairobi)는 케냐의 수도이다. '시원한 물'을 뜻하는 마사이어 '에와소 니이로비(Ewaso Nyirobi)' 또는 '엥카레나이로비(Enkarenairobi)'에서 현 지명이 유래했다는 설이 있다.

나이로비의 인구는 2백5십 만에서 3백만 정도로 동아프리카에서 가장 큰 도시이다. 해발 1,700m의 나이로비는 이 지역에서 가장 고지대에 있는 도시이기도 하며 1899년 몸바사와 캄팔라를 잇는 우간다 철도 건설을 위한 조달 기지로 세워진 것이 유래가 되어 20세기 초 전염병과 화재 이후 완전히 재건되어 오늘날 대도시에 이르고 있다. 1907년 영국령 동아프리카 보호령의 수도가 되었고, 1963년 케냐의 독립과 함께 케냐의 수도가 되었다.

1998년 8월 7일에는 나이로비와 탄자니아의 옛 수도 다르에스살람(Dar es Salaam) 주재 미국대사관에서 테러 단체 알카에다에 의한 폭탄 테러가 발생, 나이로비에서만 213명(미국인 12명 포함)이 사망했다. 미국 대사관이

수도 나이로비

나이로비 중심지에 있어 인명 피해가 특히 심했다.

1999년 2월 17일에는 터키의 쿠르드인 반군 PKK 지도자 압둘라 오잘란이 주나이로비 그리스대사관에서 체포되어 터키로 추방되었다.

아프리카 케냐에서 아프리카다운 야생성을 느낄 수 있는 곳이 마사이마라(Maasai Mara) 국립공원이다.

아프리카에 여행을 오기 전에 '동물의 왕국'과 같은 TV 프로그램을 통해서 보았던 배경들을 마사이마라에서 볼 수 있다. 누우떼들이 강을 건너다가 악어를 만나는 마라강을 볼 수 있고 다양한 야생동물들이 뛰어노는 드넓은 초원을 만날 수도 있다.

케냐의 수도 나이로비에서 226km 떨어진 남서부의 빅토리아호와 그레이트 리프트 밸리(Great Rift Valley) 사이에 마사이마라 국립보호구역이 있다. 이집트에서부터 이어지는 그레이트 리프트 밸리는 케냐 서부를 관통하는 거대한 협곡이다. 그 웅장함 덕분에 '신이 아프리카를 동서로 떼어 놓으려다 실패한 결과물'로도 묘사되는 지역이다.

마사이마라는 탄자니아의 세렝게티(Serengeti) 국립공원과 국경선에 인접해 있으며 야생동물의 수가 많기로 케냐에서 으뜸가는 지역이다. 전체면적이 제주도와 비슷한 넓이를 가지고 있다. 마사이마라는 탄자니아 세렝게티와 함께 세계최대 야생동물의 서식지로 꼽히고 있으며 '라이언킹' 애니메이션의 상상력을 제공한 장소도 마사이마라 국립공원이라고 한다.

마사이마라 국립공원은 야생 그대로의 아프리카를 만끽할 수 있는 최적의

마사이마라 국립공원 야생동물들

30분 기다린 끝에 포착된 사자 하품

마사이마라 국립공원 야생동물들

장소 중 한 곳이다. 광활한 사바나의 초원에서 온갖 동물들이 자연의 논리에 순응하며 살아가고 있으며 이성보다는 본능에 충실한 동물들이 살아가는 곳이다.

실제로 마사이마라 사파리 여행을 하면서 치타가 임팔라 새끼를 사냥해서 먹는 모습을 가까이에서 볼 수 있다. 보통 치타는 밤에 사냥을 하는데 배가 많이 고프거나 공격하기 쉬운 임팔라 새끼들의 경우 낮에도 사냥을 한다고 한다. 사냥에 성공한 치타는 새끼들과 함께 임팔라를 초원에서 여유롭게 뜯어 먹는데, 이를 직접 볼 수 있다.

마사이마라 주변에는 샌드강과 탈레크강, 마라강 등이 흐르며 주로 탁 트인 목초지를 이루고 있어 많은 초식 동물들의 낙원이 되고 있다. 보호 구역의 남동부에는 아카시아 숲이 넓게 펼쳐져 있으며, 서쪽 경계지역은 강줄기가 모이는 곳이 많아 습지대가 형성되어있어 야생동물들이 물을 찾아오곤 한다.

마사이마라 국립보호구역이 우기에 접어드는 7~10월 사이에는 얼룩말, 기린 등의 야생동물 무리가 남쪽의 세렝게티 초원으로부터 북쪽의 국립보호구역 로이터 평원까지 물을 찾아 이동한다. 해마다 수많은 동물이 우기와 건기라는 계절의 변화에 따라 케냐의 마사이마라와 탄자니아의 세렝게티를 오가며 대이동 하는 모습은 그야말로 장관이다.

누우떼들은 우기에는 탄자니아의 세렝게티 국립공원에서 지내다가 건기, 즉 5, 6월이 되면 풀을 찾아 이곳 마사이마라 자연보호구역으로 이동하게 된다. 누우떼를 따라 먹이사슬 관계에 있는 사자와 치타, 하이에나 등의 육식동물들이 같이 이동을 하게 되므로, 5, 6월부터 10월까지는 마사이마라 자연

보호구역에서 이러한 동물들과 만
날 수 있는 확률이 높다.

매년 마사이마라엔 세계 각국에
서 100만 명 이상의 관광객이 몰
려든다고 한다. 아프리카라는 지
역적인 특수성이 갖는 여행의 조건
과 오두막 수준을 겨우 벗은 숙소
의 불편함 등등을 생각하면 엄청나
게 많은 숫자이다. 무수한 악조건
을 기꺼이 감수하면서까지 이곳에

마사이마라 국립공원 야생동물들

케냐의 0.7%를 차지하는 전통 마사이 부족

여행객들이 몰리는 이유는 빌딩과 자동차가 즐비한 도시에선 결코 경험할 수 없는 자연 그대로의 순수함을 온몸으로 접하고픈 사람이 그만큼 많기 때문일 것이다.

마사이마라 주변에서 여행객의 숙소로 이용되고 있는 라지(Lodge)는 야생동물의 침입을 막기 위해 전기 보호 철조망으로 둘러싸여 있어 여행객들은 조심해야 한다. 마사이마라 국립보호구역에서 동물들이 가장 활발하게 움직이는 시간은 이른 아침과 석양이 질 무렵이므로 때를 맞추어 움직이면 먹이를 사냥하는 모습을 발견할 수도 있다.

마사이 부족은 아프리카 동부 케냐와 탄자니아에 거주하는 유목민족으로 인종은 나일로트계 흑인종이다. 남성과 여성을 모두 합친(19세~65세, 즉 청년부터 노인까지) 평균 키는 177cm로 매우 장신을 자랑하며, 원래는 나일사하라어족의 샤리나일어군에 속하는 동수단어를 쓰는 사람들을 가리키는 언어학 용어를 나타내는 말인데 이것이 부족 명으로 굳어진 케이스다.

좁게는 케냐와 탄자니아에 걸쳐 있는 그레이트 리프트 밸리 지역에 사는 유목 마사이족을 뜻하나, 넓게는 케냐의 삼부루족, 탄자니아에서 반유목생활을 하는 아루샤족과 바라구유족도 포함해서 나타내기도 한다. 여기서는 그레이트 리프트 밸리 지역에 사는 유목민을 마사이족이라 한다.

생명력이 약동하는 케냐의 '마사이마라 사파리'는 아프리카 여행에서 절대 빼놓을 수 없는 필수 코스로 손꼽힌다. '사파리'는 스와힐리어로 '여행'을 뜻하며, 이곳에선 수많은 동물이 끊임없이 펼쳐진 초원에서 자유롭게 뛰노는 모습을 감상할 수 있다.

마사이마라 사파리 투어는 사자
와 표범, 코끼리, 코뿔소, 버펄로
등 마사이마라를 대표하는 동물들
을 비롯해 수많은 종류의 생물이
서식하는 야생 한복판으로 차를
타고 찾아다니는 일정으로 꾸며져
있다.

투어는 2박 3일간 진행되며 아
프리카의 여러 국립공원 중 가장
용감한 부족으로 알려진 마사이족
과 함께 다채로운 경험이 가능하

마사이족 호텔 지배인

다. 일출 감상과 더불어 밤하늘에 쏟아지는 별빛을 바라보며 즐기는 라지 야
영이 특별함을 선사한다. 단, 사파리를 즐기는 동안 사파리 차량에서 내리거
나 음식을 주는 행동 등의 개인행동은 절대 해서는 안 된다. 안전한 여행을
위한 것으로 늦은 오후 시간에 캠핑장 밖으로 나가는 것 또한 금지돼 있다.
사파리의 동물들은 상당수가 야행성 동물이므로 위험하기 때문에 꼭 유의해
야 한다.

그리고 현지 화폐가 자주 이용되고 필요한 지역은 아니지만, 환율은 케냐
100실링이 한화 약 1,100원으로 통용된다. 이것으로 케냐 여행 일정을 마무
리하고 다음 여행지인 탄자니아로 가기 위해 공항으로 향했다.

탄자니아 Tanzania

탄자니아연합공화국은 스와힐리어 Jamhuri ya mungano wa Tanzania(잠후리 야 문가노 와 탄자니아), 영어 United Republic of Tanzania(유나이티드 리퍼블릭 오브 탄자니아)로 불리는 동아프리카에 있는 나라이다. 이 나라는 1961년에 독립한 탕가니카와 1963년에 독립한 잔지바르가 1964년에 통합하여 생긴 나라로, 수도는 도도마(Dodoma, 법적인 수도)이다.

'탄자니아'라는 이름은 탄자니아를 이루고 있는 탕가니카(Tanganyika)와 잔지바르(Zanzibar)에서 따왔다.

'탕가니카'라는 이름은 스와힐리어로 '길들여지지 않은 곳을 향해한다.'라는 뜻이며, '잔지바르'는 동아프리카의 원주민들을 일컫는 말인 '젠기(Zengi)'와 해안가를 뜻하는 아랍어 '바르(Barr)'에서 따왔다.

동아프리카에 살던 토착 부족은 수렵 채집 사회 부족이자 고립어 화자들인 하자족과 산다웨족으로 추정하고 있다.

최초의 타민족 유입은 오늘날의 에티오피아 지역에서 남쪽으로 건너온 남부 쿠시어군 화자들이다. 언어학적인 증거로 미루어보아 이들의 언어는 이라크어와 고로와어, 부룬게어의 조상들로 추정되며, BC 약 4,000~2,000년 전에는 투르카나호 북쪽에서부터 동부 쿠시어군 화자들도 건너온 것으로 추정하고 있다. 고고학적인 증거들을 통해 볼 때 BC 약 2,900년~2,400년 전에 남부 나일어파 화자들이 오늘날의 에티오피아 및 남수단 지역에서 중북부 탄자니아 지방으로 들어온 것으로 추정하고 있다.

이러한 움직임들은 빅토리아호와 탕가니카호에서 건너온 철기 문명 반투족들의 이주와 거의 동시에 나타났다. 이들은 서아프리카의 농업 양식과 주식인 얌(Yam)을 전파시켰다. 이들은 BC 2,300년~1,700년 전에 탄자니아의 나머지 지역들로 퍼져나갔다. 마사이족을 포함한 동부 나일어족 화자들은 오늘날의 남수단 지역에서 BC 1,500~500년 전에 들어왔다.

페르시아만과 인도 지역에서 온 여행자들과 상인들은 1세기부터 동아프리카를 방문하기 시작했다. 10세기경에 아라비아반도와 페르시아만 지역에서 건너온 이민자들이 동아프리카 지역에 정착하기 시작했고, 시간이 흐르며 동아프리카 해안가를 따라 더 남쪽으로 내려가기 시작했다. 14세기 즈음에는 아랍인과 동아프리카 원주민들 사이의 통혼으로 아랍인 이민자들이 점차 동아프리카 원주민들과 동화되기 시작했다. 이 시기에 이슬람교가 탄자니아에 전해졌다.

16세기 초반 포르투갈 제국이 동아프리카를 점령했으며, 1652년 포르투갈 제국령 몸바사가 포르투갈 제국에 대항하고자 오만에 도움을 요청했고, 오만은 동아프리카에 군대를 보내 포르투갈 제국에 대항하는 세력을 지원했다.

1698년에 오만은 몸바사에서 포르투갈 제국을 축출했고, 마지막으로 남아있던 포르투갈 제국의 동맹 잔지바르를 점령하여 동아프리카에서 영향력을 쌓았으며, 약 100여 년 가까이 동아프리카를 통치하기 시작했다. 오만의 술탄 사이드 빈 술탄은 수도를 잔지바르시티로 옮겼고, 이 시기에 아랍 상인들이 탄자니아에서 노예무역을 수행하였다.

오만의 사이드 빈 술탄

탕가니카는 1880년대부터 1919년까지는 독일 제국의 식민지였으며, 그 후 1969년까지는 영국의 식민지였다. 1960년에 줄리어스 니에레레(Julius Nyerere)가 영국령 탕가니카의 장관이 되었고, 그는 1961년에 독립국 탕가니카의 총리가 되었다.

탕가니카는 1963년에 독립한 잔지바르와 합병, 1964년 4월 26일에 탄자니아공화국이 되었다. 1967년에는 케냐, 우간다와 함께 동아프리카 공동체의 창설을 주도했다. 니에레레는 정의와 평등을 '우자마(Ujamaa)'로 불리는 아프리카적인 마르크스주의를 도입하였으나, 집단 농장제의 실패로 경제는 파탄나고 식량 부족에 시달리게 되었다. 현재는 시장경제 중심의 경제정책을 시행하고 있다.

1979년 우간다가 탄자니아 북부 지역을 침공하자, 탄자니아는 우간다에 선전 포고를 하고 반격하여, 우간다군을 격퇴하고 독재자 이디 아민(Idi Amin)을 축출하였다. 니에레레는 1985년 알리 하산 음위니(Ali Hassan Mwinyi)에게 권력을 넘겨주었으나, 집권당 의장직은 1990년까지 유지하였다. 1995년 10월에 일당제가 종식되고, 최초의 다당제 선거가 이루어져, 1995년 11월 23일 벤저민 윌리엄 음카파(Benjamin William Mkapa)가 탄자니아연방공화국의 새 대통령으로 취임하였다. 2004년 12월 26일, 근대사 최악의 자연재해 중 하나인 2004년 인도양 지진해일의 영향으로 진원지인 수마트라 서안을 포함한 인도양 연안 국가에서 약 22만 명이 사망하였으며 탄자니아에서도 이 해일의 여파로 11명이 사망하였다.

탄자니아의 면적은 945,087km²로서 세계에서 31번째로 넓은 나라이다. 나이지리아의 크기와 비슷하며 이집트 다음가는 넓이이다.

북동부는 아프리카 최고봉인 킬리만자로산(5,896m)을 비롯해 메루산(4,556m) 등 산악지대가 주를 이루며, 북서쪽에는 아프리카에서 가장 넓은 빅토리아호와 아프리카에서 가장 깊은 탕가니카호 등 호수지대가 형성되어 있다. 중부 지방은 넓은 평원과 경작 지대가 펼쳐져 있다. 동쪽 해안지대는 덥고 습하다. 응구자섬(잔지바르섬)은 바로 동쪽 해안에 접해 있다.

탄자니아에는 북쪽의 응고롱고로(Ngorongoro) 분화구와 세렝게티(Serengeti) 국립공원, 남쪽의 셀로우스 사냥 제한지역(Selous Game Reserve)과 미쿠미(Mikumi) 국립공원 등을 포함해 생태학적으로 중요하게 여

강을 중심으로 좌측은 마사이마라, 우측은 세렝게티

겨지는 광대한 규모의 야생 공원이 여럿 있다. 서쪽의 곰베(Gombe) 국립공원은 제인 구달(Jane Goodall) 박사의 침팬지 연구로 유명한 곳이다.

한편, 탄자니아 정부는 관광부를 통해 남서부의 칼람보(kalambo)폭포를 탄자니아의 주요 관광지 중 하나로 육성하기 위해 많은 투자를 진행하고 있다. 칼람보폭포는 아프리카에서 두 번째로 높은 폭포이며, 탕가니카호수의 남쪽 끝단에 위치하고 있다. 2018년 국제통화기금에 따르면 탄자니아의 국내총생산(GDP)은 567억 달러이며, 구매력 평가 기준으로는 1,765억 달러이고, 1인당 구매력 평가 기준은 3,457달러이다. 2009년부터 2013년까지 탄자니아의 1인당 GDP는 연평균 약 3.5%씩 성장했는데, 이는 동아프리카 공동체 내에서 가장 높은 성장률로 사하라 이남 아프리카에서는 콩고민주공

세렝게티 국립공원 입구 표지판

화국, 에티오피아, 가나, 레소토, 라이베리아, 모잠비크, 시에라리온, 잠비아, 짐바브웨에 이어 10위에 해당하는 기록이다.

탄자니아의 아프리카인들은 120개가 넘는 여러 민족에 속한다. 이 가운데 수쿠마족과 하야족, 니아큐사족, 니암웨지족, 차가족은 그 수가 1백만이 넘는다. 수쿠마족과 니암웨지족을 비롯한 대부분의 탄자니아인은 반투족 계열이며 마사이족, 루오족 등 닐로트족 계열 민족도 있다. 이외에 코이산어족과 아프리카아시아어족의 일파인 쿠시어군 언어를 사용하는 민족도 있다. 또 남아시아인과 아랍인, 유럽인들을 포함한 비아프리카인들도 전체 인구의 1%를 차지한다.

탄자니아 정부는 1967년 이래 공식적으로 인구 조사에서 종교를 조사하

세렝게티 국립공원 야생동물들

지 않고 있다. 2017년 종교 지도자들과 사회학자들은 기독교 사회와 이슬람교 사회가 각각 30%에서 40%로 거의 비슷한 수치를 보이고 있으며, 나머지는 민간 신앙이나 기타 종교를 믿거나 무종교인 것으로 추산했다. 2020년 미국 중앙정보국의 월드 팩트북에는 61.4%가 기독교를 믿고, 35.2%가 이슬람교를 믿으며, 잔지바르의 경우 대부분이 무슬림이라고 조사했다. 이슬람교 가운데 아마디야가 16%, 특정 교파에 속하지 않는 비율이 20%, 수니파가 40%, 시아파가 20%, 수피파가 4%이다. 종파와 상관없이 탄자니아의 무슬림들은 스스로를 이슬람교의 종교 공동체인 움마(Ummah)에 속한다고 생각한다. 이슬람교가 탄자니아에 전파됐을 때 탄자니아의 민간 신앙과 공존하는 모습을 보여주었는데, 이는 디니(Dini)와 밀라(Mila)라는 스와힐리족 사

세렝게티 국립공원 야생동물들

회 특유의 개념을 만들어냈다. 디니는 이슬람교 교리에 속하는 개념을 말하며, 밀라는 예로부터 전해져 내려오는 민간 신앙에 속하는 개념을 말한다. 그런데 디니와 밀라의 구분은 단순하지 않으며 구분 기준 또한 지역별로 다르다. 또한 디니와 밀라는 서로 반대되는 개념이 아니라 모두 정식 이슬람교에 속하며 서로를 보충하는 개념으로 받아들여지고 있다. 대부분의 스와힐리족 무슬림들은 코란의 교리와 전통 모두를 받아들이며, 영혼의 존재와 그 힘을 인정한다. 하지만 이슬람교의 금기인 하렘에 속하는 것을 인정하지 않는다.

스와힐리족 사회에서 이슬람교 신자들과 비이슬람교 신자들 모두 영혼 빙의가 존재한다고 믿는다. 영혼 빙의가 밀라에 속하는지에 관해서는 논쟁이 있으나 스와힐리족 사회에서는 영혼을 잘 다루고 정화하는 것을 중요시 여기

육식동물의 먹이 찌꺼기를 새들이 먹이로 마무리한다.

며, 알라와 알라가 창조한 영혼들에게 복종을 나타내는 뜻으로 영혼 정화 의
식을 갖는다.

많은 스와힐리족 무슬림들은 신이 분노했거나 죽은 사람, 또는 누군가가
질투했기 때문에 질병이 생긴다고 믿는다. 따라서 '므왈리무(Mwalimu)'라
고 불리는 이슬람교 전통 치유자들이 영혼 빙의를 치유한다. 음강아(Mgan-
ga)들이 치유할 때 부르는 노래들이 전해지지만 생략하기로 한다.

탄자니아는 민족마다 고유의 언어가 있으며 100개가 넘는 언어가 쓰여 동
아프리카에서 언어학적으로 가장 다양한 나라 가운데 하나이다. 탄자니아 내
에서 쓰이고 있는 모든 언어는 반투어군이나 쿠시어파, 나일어파, 코이산어
파에 속하며 1984년 헌법에 지정된 공용어는 없으나 각 민족 간 융합을 위하

여 줄리어스 니에레레가 스와힐리어를 국민 언어로 육성해서 국민 대다수가 스와힐리어를 쓴다. 언어학 봉사단체 에스놀로그(Ethnologue)에 따르면 탄자니아 국민 가운데 약 1천5백만여 명이 스와힐리어를 모어로 구사하고 약 3천 2백만여 명이 제2 언어 수준으로 구사해 탄자니아 내에 약 4천 7백만여 명의 스와힐리어 화자가 있다. 스와힐리어가 널리 쓰이고 있고 스와힐리어 사용을 장려하고 있기 때문에 소수 언어는 쇠퇴하고 있으며, 특히 도시 지역의 아이들은 갈수록 스와힐리어를 모어로 구사하고 있다.

모든 정부 업무는 스와힐리어로 집행되며 부처에 따라 스와힐리어와 영어가 동시에 사용되기도 하고, 초등학교의 수업과 의회 토론, 하급심 재판 등에서도 스와힐리어가 쓰인다. 영어 또한 널리 쓰이고 있는데 영연방 회원국이고, 국제무역과 외교, 상급심 재판, 중등학교 이상의 수업에는 영어가 쓰인다. 사람들은 대부분 세 개 언어를 구사할 수 있으며, 그 가운데 영어도 포함돼 있다.

에스놀로그에 따르면 약 4백만여 명이 영어를 제2 언어 수준으로 구사해 영어가 널리 쓰이고 있다고 한다. 1961년 영국으로부터 독립한 이래로 적어도 공립 초등학교 교육에는 스와힐리어가 수업 언어로 쓰였고, 1967년부터는 모든 공립 초등학교에서 스와힐리어로 수업을 했으나 중등학교 이상에서는 여전히 영어가 쓰였다. 그리고 1970년대 중반부터 탄자니아 국민 사이에서 경제와 기술 발전에 중요한 영어가 중등학교 수업에서 더 많이 쓰이지 않는다면 고급 인력 개발에 부정적인 영향이 있을 것이라는 생각이 퍼지기도 했다.

세렝게티 국립공원 야생동물들(출처 : 현지 여행안내서)

　또한 스와힐리어는 영어에 비해 수업 언어로 쓰이기에는 어휘와 교재, 자
원, 숙련된 교사가 부족하다는 비판이 제기됐다. 그러나 2015년 탄자니아
정부는 모든 수업을 스와힐리어로 진행하는 교육 개혁정책을 발표했다.

잔지바르 Zanzibar

　잔지바르(영어 Zanzibar, 스와힐리어 Zanzibar)는 동아프리카에 있는 탄자니아의 자치령이다. 응구자섬(잔지바르섬)과 펨바섬을 중심으로 한 잔지바르제도로 이루어져 있다. 잔지바르의 구시가인 스톤타운(Stone Town)은 세계문화유산으로 지정되었다. 이곳은 육두구(肉荳蔲)와 계피, 후추 등의 향신료 산지로 유명하다. 이곳은 아직도 이따금 향신료 섬(Spice Islands)으로 언급된다. 잔지바르 붉은 콜로부스(Zanzibar Red Colobus)는 잔지바르에서만 서식하며, 잔지바르 표범이 한때 잔지바르에 살았었다.

　세석기(細石器) 도구의 존재는 잔지바르에 인간 거주의 20,000년을 입증한다. 섬이 아랍사람 무역업자들에 의해 발견되었을 때 그들은 아라비아, 인도와 아프리카 사이의 항해를 위한 토대로써 잔지바르를 이용하였다. 그러므로 잔지바르는 더 넓은 세계의 역사적인 기록의 일부가 되었다.

　잔지바르가 방어 및 보호를 할 수 있는 항구를 제공함으로써 아랍 상인들은 소량의 산물보다는 동아프리카의 해안 마을과 무역하기 편리한 지점인 현재의 잔지바르 시(스톤타운)에 정착했다. 그들은 섬에 주둔지를 세우고 남반

잔지바르성

구 안에 최초의 모스크를 설립하였다.

이 섬을 1503년부터 200년간 포르투갈인이 점령했으며, 그 이후에는 오만의 일부가 되었다. 19세기 중엽에는 영국이 점령하고, 1856년 오만에서 분리되었다. 이 나라의 왕은 술탄이라 일컫게 된다. 19세기 말 한때 독일이 영유권을 주장했으나, 당시 영국령이던 북해의 헬골란트(Helgoland)섬을 영국이 독일에 양도하여 잔지바르섬은 영국이 영유권을 인정받았다. 그리고 1963년 영국으로부터 독립을 승인받았다. 이듬해 술탄제가 폐지되고 잔지바르인민공화국이 수립되었으며, 1964년 탕가니카와 연합하여 탄자니아공화국이 되었다.

1993년 1월에는 잔지바르만 따로 이슬람 회의 기구에 가입했으나, 같은 해 8월 탈퇴하였다. 2021년도에 조사한 인구는 160만 명이며, 수도는 잔지바르 시티에 있다. 면적은 약 1,660km²이다.

잔지바르는 이바디파 사회이며, 아랍과 이란, 인도, 포르투갈, 영국 그리고 아프리카 본토의 영향을 받았으며, 페르시아만의 예멘인들이 문화와 종교를 전해주었다고 한다.

스톤타운은 굽어지는 길들과 원형의 탑들, 무늬가 새겨진 나무문들, 세워진 테라스, 아름다운 모스크의 장소이다. 중요한 고고학적 특징들은 리빙스턴(Livingstone) 하우스, 굴리아니(Guliani) 브리지, 하우스 오브 워더스이다. 키디치타운은 터키식 목욕탕(하맘, Hammam)적 특징으로 바르가쉬 빈 사이드(Barghash bin Said)의 통치 기간 동안 시라즈(Shirāz), 즉 이란 출

영국에서 보컬 그룹으로 활동했던 가수 프레디 머큐리의 집

신 이주자들에 의해 세워졌다.

이곳엔 '혁명 평의회'와 하원(50석을 가지며, 5년 임기로 직접 보통 선거에 의해 선출됨)이 있다. 잔지바르에는 많은 정치 정당이 있지만, 주요 정당은 여당인 CCM(Chama Cha Mapinduzi)과 CUF(Civic United Front)이다. 1990년대 초기부터 잔지바르의 정치는 CCM과 CUF, 두 정당의 반복된 충돌이 두드러진다. 2000년 후반 선거는 2001년 1월 잔지바르에 학살(35명 사망 600명 부상)을 낳았다.

잔지바르의 펨바(Pemba)섬은 한때 1970년대 세계 일류의 정향(丁香) 생산지였지만 연례 정향 판매가 1970년대부터 80% 가량 폭락한 상태이다. 그 원인은 빠르게 움직이는 세계 시장, 국제 경쟁과 정부가 정향 가격과 수출을

노예들의 참상

조절했을 때인 1960년대와 1970년대에 탄자니아의 사회주의에 관한 실패로부터 낳은 후유증이다. 잔지바르는 현재 세계 정향 공급 비중 7%로 세계 정향의 75%를 공급하는 인도네시아와 비교하면 거리가 먼 3위를 차지한다.

잔지바르는 향신료와 해초, 품질이 좋은 라피아를 수출한다. 또한 큰 어장을 갖고 있으며 환목선(丸木船)을 생산한다. 관광은 주요한 외화 수입원이다.

2008년 5월과 6월에 잔지바르는 정전으로 큰 고통을 겪었다. 섬 주민들은 5월 21일부터 6월 19일까지 전력이 없거나 부족하여 디젤 발전기 같은 전기 생산을 대체 전력에 전적으로 의존하면서 거의 한 달 동안을 지내야 했다. 이 정전은 주로 국제적인 관광 산업에 기반을 둔 섬의 빈약한 경제력에 큰 충격을 가져다주었다.

일반적으로 잔지바르인들은 탄자니아 본토보다 더 나쁜 조건 속에서 산다. 잔지바르의 대부분 사람들은 하루 US 50달러보다 적은 수입으로 생활해 나간다. 왜냐하면 관광 산업 말고는 어떠한 고용이나 일자리가 없기 때문이다.

필자는 혼자서 잔지바르섬 여행을 마치고 여객선을 타고 탄자니아 제1의 도시 다르에스살람(Dar es Salaam)으로 이동했다.

다르에스살람(스와힐리어 Dar es Salaam)의 옛 이름은 음지지마(Mzizima)이다. 이곳은 탄자니아의 옛 수도이며 가장 큰 도시이다. 1961년부터 1964년까지는 탕가니카의 수도였다. 다르에스살람은 아랍어로 '평화의 집', '평화의 땅'을 뜻한다. 다르에스살람은 현재 탄자니아의 행정 주이며 세 개의 지방 정부 지역과 행정 지구로 구분된다. 북쪽 키논도니(Kinondoni)

지역 중심에 있는 이라라(Ilala), 남쪽의 테메케(Temeke) 등이다. 다르에스살람 지방의 공식적인 2022년도 인구 조사에 따르면 280만 명의 인구가 거주하고 있다.

탄자니아 제1의 도시 다르에스살람 교회

비록 다르에스살람이 1964년 도도마(Dodoma)에 수도의 공식적인 지위를 빼앗겼을지라도, 영구적인 중앙 정부와 정치의 중심으로 남아있으며 다르에스살람 주변 지역을 위하여 수도로서 역할을 수행 중이다.

1859년 독일 함부르크 출신의 앨버트 로쉐가 미니지마(기운찬 마을)에 상륙한 첫 번째 유럽인이 되었다. 1866년 잔지바르의 술탄 세이드 마지드(Seyyid Majid)가 아랍어로 '평화의 주거지'를 의미하는, 현재의 이름을 부여했다. 다르에스살람은 1870년 마지드의 사망 후 쇠퇴하였지만, 독일 동아프리카 회사가 이곳에 설립할 당시 1887년 되살아났다. 도시의 성장은 독일 동아프리카의 행정 및 상업적 중심으로서 역할을 다하였고, 산업 확장은 1900년대 초기 중앙 철도 선의 건설로부터 초래되었다. 독일 동아프리카는 제1차 세계대전 동안 영국에 의해 점령되어 탕가니카로 불렸다. 다르에스살람은 당시 나라의 행정 및 상업 중심으로서 유지되었다.

영국의 간접적인 통치 아래 유럽인과 아프리카인 지역을 분리한 채 도시 중심으로부터 거리를 두고 개발하였다. 제2차 세계대전 뒤 다르에스살람은 빠른 성장의 시기를 경험하게 되었다. 탕가니카아프리카국가연합(TANU)의 형성과 성장을 포함하는, 정치적인 발전은 탕가니카를 1961년 12월 식민지 배로부터 독립을 달성하도록 이끌었다.

다르에스살람은 1964년 탕가니카와 잔지바르가 탄자니아로 합병되었을 때 역시 수도로서 역할을 지속했었다. 그러나 1973년 정부는 탄자니아의 내부에 있으며 더 중앙에 위치한 도시 도도마를 수도로 재배치하도록 만들었다. 그 재배치 과정은 아직 완성된 상태가 아니며, 다르에스살람은 탄자니아 제1의 도시로 남아있다.

다르에스살람은 탄자니아의 정치와 경제적인 면에서 가장 중요한 도시이다. 농촌인구의 약 80%를 보유하고 있는 탄자니아의 다른 지역과 비교하면 제조, 무역과 서비스업에 매우 높게 집중되어 있다. 예를 들어 다르에스살람이 탄자니아 인구의 10%를 차지하고 있음에도 탄자니아의 제조 고용인구 절반을 차지한다.

이곳은 행정과 무역 중심지로서

음카파 펜션타워

다르에스살람 앞바다 무역선

2000년 이래 탄자니아에서 높은 성장률로 불균형하게 이익을 얻고 있으며, 빈곤율은 탄자니아의 다른 지역보다 훨씬 낮다. 벤저민 윌리엄 음카파 펜션 타워는 탄자니아에서 가장 높은 빌딩이다.

다르에스살람은 인도양의 천연 항구로서 탄자니아의 주요 철도와 고속도로가 시작되는 곳으로 탄자니아 운송 체계의 중심지다. 또한 다르에스살람 해안에서 탄자니아의 서쪽에 이웃하는 잠비아까지 연결하는 철도 인프라가 있으며 줄리어스 응에레레 국제공항은 중동, 인도, 유럽, 다른 아프리카 나라들과 연결점이 되고 있다.

다르에스살람은 280만의 인구를 가진 탄자니아에서 가장 큰 도시이며 매년 4.3%의 인구 증가를 나타내는 도시로 바마코(Bamako)와 라고스(Lagos) 다음으로 아프리카에서 세 번째(세계에서 아홉 번째)로 가장 빠른 성장률을 보이고 있다.

국토면적은 94만 7,303km²이며, 인구는 약 6,300만 명(2022년 기준)이다.

공용어는 스와힐리와 영어를 사용하고 있으며, 종교는 이슬람교(35%), 기독교(30%), 토속신앙(35%) 등을 믿고 있다. 환율은 탄자니아 100실링이 한화 약 50원으로 통용된다.

이것으로 '나(필자) 홀로' 7박 8일 아프리카 케냐와 탄자니아 여행을 무사히 마치고 귀국하기 위해 공항으로 가는 택시에 몸을 실었다.

Part 6.
중앙아프리카
Central Africa

카메룬 Cameroon

　서쪽으로 기니만에 면하고 있는 이 세모꼴의 나라 카메룬(Cameroon)은 북서쪽으로 나이지리아와 국경을 접하고, 북동쪽으로 차드, 동쪽으로 중앙아프리카공화국, 남쪽으로 콩고, 가봉, 적도기니와 인접해 있다.

　카메룬은 네 개의 지리 지역으로 나누어진다. 사나가(Sanaga)강에서 남쪽 국경까지의 남부지역은 해안평야들과 숲이 무성하고 평균 고도가 600m를 약간 넘는 하나의 고원으로 이루어져 있다. 사나가강에서 북쪽으로 베누에(Benue)강까지 펼쳐지는 중부지역은 북쪽으로 가면서 점차 높아져 해발고도가 어디에서나 900m 이상이고, 평균 고도가 약 1,370m인 아다마와(Adamawa) 고원을 포함한다. 그보다 더 북쪽에는 사바나 평원이 차드호(湖) 분지를 향해 내리막 경사를 이루고 있다.

　서쪽에서 북쪽으로 나이지리아와 국경을 이루는 지역은 기복이 심하며, 화산 봉우리인 카메룬산이 서아프리카에서 가장 높은 해발 4,095m까지 솟아 있다. 두 개의 큰 강 가운데 사나가강은 약 13만 5,000km^2 면적의 땅을 배수하고 남서 방향으로 흘러 대서양으로 들어간다. 베누에강은 서쪽에 있는 나이지리아의 나이저(Niger)강 유역으로 흐르는데, 연중 몇 개월은 배가 다닐 수 있다.

이 나라는 국토 전체가 열대 기후대에 속해 있어 연중 고온이 계속된다. 전국의 연평균 기온은 21~28℃이며, 최저기온은 고지대에서 기록된다. 강우량은 남에서 북으로 갈수록 줄어든다. 해안지방에는 연평균강우량이 약 3,800mm에 달하며, 중부 고원지방에서는 1,500mm로 감소한다. 남부에서는 건기가 12~3월과 7~9월에 두 번 있으며, 북부에서는 10~5월이다.

고온다습한 남부에서는 마호가니(Mahogany)와 흑단(黑檀), 오베치를 포함한 열대우림이 무성하며, 난초와 양치류도 많이 자란다. 중부지역은 낙엽수와 상록수의 혼재림 지역이다. 그 북쪽으로는 입목 사바나의 식생이 펼쳐져 있다. 동물 또한 다양한데 물소와 코끼리, 하마, 쿠두(얼룩영양), 기린, 원숭이, 비비, 사라, 표범 및 각종 영양 등과 많은 종류의 새가 서식한다.

경지는 전체면적의 약 7분의 1에 불과하며, 그 가운데 절반 이상이 삼림이다. 국토의 약 5분의 1은 방목지로 이용할 수 있다. 카메룬의 광물자원으로는 철광 매장량이 상당하고, 보크사이트와 석석, 금, 석회석 등이 있다.

근해의 유전은 나이지리아와의 국경 근처에 있다. 이 나라는 100개 이상의 종족 집단이 모여 있어 '인종의 십자로'로 묘사되어 왔다. 주요 종족 집단은 전체 인구의 5분의 1을 차지하는 광족(族), 역시 5분의 1을 차지하는 바밀레케족, 약 6분의 1의 두알라족 그리고 풀라니족과 그 외 소수민족들이다. 현지에서 바기엘리와 바빙가로 알려진 피그미족은 남부의 삼림지대 안에서 산다.

카메룬은 프랑스어와 영어가 공용어이지만 방언이 여전히 쓰이고 있다. 인구의 약 4분의 1이 전통신앙을 계속 지키고 있다. 그리스도교는 식민지 시대 유럽인들에 의해 들어왔으며, 북부에서는 이슬람교가 우세하다. 15세 미만 의 어린이가 전체 인구의 5분의 2 이상을 차지한다. 인구밀도는 서부의 산지 가 가장 높고, 남동부 지방과 아다마와 고원이 가장 낮다.

20세기 말에는 연간 인구증가율이 3%를 웃돌았다. 그것은 세계적인 기준 으로는 높은 비율이지만 주민들의 연령이 비교적 낮아 출산율이 사망률을 훨 씬 웃도는 사하라 이남의 아프리카에서는 평균치에 속하는 것이다. 총인구의 5분의 2 이상을 차지하는 도시 인구는 수도 야운데(Yaunde)와 이 나라 제 일의 항구도시 두알라(Douala)를 포함하여 대부분 도시가 입지한 남 부지방에 밀집해 있다.

카메룬은 주로 농업에 기반을 둔 개발도상국의 시장경제 체제를 기 반으로 하고 있다. 1960년에 독립 한 이래 꾸준한 경제 성장을 이룩 했으며, 1970년도 말부터 유전 개 발로 경제 성장이 더욱 촉진되었 다. 국민총생산(GNP)은 인구보다 빠른 속도로 증가하고 있으며, 1인 당 GNP는 서아프리카에서 가장 높다. 농업은 GNP의 약 5분의 1

독립기념상

을 차지하지만, 고용인구는 노동인구의 거의 4분의 3이나 된다. 생산의 다원화는, 카메룬은 어떤 단일 작물이라도 국제시장가격 변동에도 흔들리지 않는 원동력이 되고 있다. 카카오와 커피, 목화 등과 바나나는 주로 소농들에 의해 수출용으로 생산되며, 환금작물인 고무와 야자유는 대농에서 생산된다. 주식 작물로는 옥수수와 콩, 낙화생(땅콩), 기장, 수수 등이 있다. 곡물 생산은 간간이 가뭄으로 인해 감소함에도 불구하고 인구 증가에 비례하여 증가함으로써 식량 자급정책이 대체로 성공 단계에 있다.

목재 생산은 대체로 수출시장에 따라 이루어지는데, 총생산량의 절반 이상이 원목으로 수출된다. 나무 일부는 건축자재로, 일부는 가정용 연료로 쓰인다. 근해 유전에서 원유 생산은 1970년대 말 작업이 시작된 이래 꾸준히 증가했다. 공업은 GNP의 약 4분의 1을 차지하고, 노동인구의 10분의 1을 고용하며, 원료가공업이 주종을 이룬다. 에데아(Edéa)에 있는 대규모 알루미늄 공업 단지는 시설이 대폭 확장되었으며, 그밖에 펄프와 제지 공장, 국산 고무를 원료로 하는 타이어 공장, 비료, 제혁, 직조. 시멘트 공장을 비롯해 여러 개의 양조장 그리고 정유 공장 등이 있다. 에데아의 댐에서 카메룬의 전력 대부분을 공급하는데 총발전량의 약 5분의 3을 현지의 알루미늄 제련공장에서 소비한다.

개방적인 투자보장법과 개발계획들로 인해 프랑스를 중심으로 한 외국 투자가 상당히 유치되어 있으며, 외국의 재정 원조로 개발이 이루어지고 있다. 카메룬은 해외무역에 대한 의존도가 높아 많은 공업용 원료와 제조품 대부분을 외국에서 수입한다. 수출품은 원유와 커피, 카카오, 목재, 알루미늄 등이다. 주요 무역상대국은 프랑스와 네덜란드, 미국, 독일 등이다.

카메룬은 대통령중심제의 강력한 중앙집권제 공화국이다. 1972년에 채택된 헌법은 5년 임기로 국민이 직접 선출하는 대통령에게 행정권을 부여하고 있다.

대통령은 내각의 도움을 받아 통치한다. 입법권은 5년 임기로 직선 되는 180명의 의원으로 구성되는 단원제 국회에 속한다. 어떤 분야에서는 국회가 입법권을 대통령에게 위임할 수 있고, 위임하면 대통령이 명령으로 입법할 수 있다. 카메룬은 사실상의 1당 국가로, 카메룬인민민주화운동(RDPC : 과거에는 카메룬 국민연합, 즉 UNC로 불렸음)이 다스린다. 사법제도에 있어서는 대법원을 최고 기관으로 한다.

사회보장제도는 보장 범위와 지원 수준에 관한 규정이 미미하기는 하지만 어느 정도 기반이 잡혀 있다. 국민 건강상태는 대체로 불량하다. 평균 기대수명이 51세이고 유아사망률이 높다. 보건시설이 대도시에 밀집되어 있어 시골 주민은 현대적인 의료 혜택을 받지 못하고 있다. 영양결핍으로 인한 병들이 어린이들 사이에 만연되어 있다. 성인 인구의 약 55%가 글을 읽고 쓸 수 있어 서아프리카에서는 문자 해득률이 비교적 높다. 교육 시설과 취학자 수가 늘어남에 따라 탈 문맹률이 더욱 높아지고 있다. 공립학교에서의 교육은 무료이며, 정부는 사립 교육기관에 보조금을 지급하고 있다. 고등교육은 카메룬대학교에서 받을 수 있다. 정부는 이 나라 유일의 일간신문을 발행하며, 모든 라디오 방송국을 소유하여 운영하고 있다.

카메룬의 문화는 한마디로 주요 종족 집단들이 저마다 전통 예술과 관습을

해양박물관 내 사진

기반으로 독자적인 문화를 발전시켜왔다는 것으로 요약된다. 남부 삼림지대 주민들의 드럼 리듬과 북부 주민들의 플루트 음악 등으로 이 나라의 음악은 매우 다양하다. 수공예도 상당히 다양하게 발달했다. 대표적인 수공예품으로는 이슬람교를 신봉하는 플라니족의 가죽 세공품, 서부의 산지에 거주하는 키르디족과 마타카니족의 특색 있는 오지그릇, 티카르족의 놋쇠 파이프 등이 있다. 서구의 문학과 영화 예술도 역사는 짧지만 성행하고 있으며, 소설가 몽고 베티(Mongo Betti)는 국제적으로 알려진 작가이다.

　카메룬 최초의 주민은 남부의 삼림지대에 지금까지 살고 있는 피그미족으로 추정된다. 그리고 적도 아프리카로부터 카메룬에 침입하여 남부에 정착했다가 나중에 서부로 터전을 옮긴 최초의 집단들 가운데 반투어를 쓰는 사람들이 있었고, 그들의 뒤를 이어 플라니족 이슬람교도들이 11세기와 19세기에 나이저강 분지로부터 들어와 북부에 정착했다.

카메룬의 해안에 발을 내디딘 최초의 유럽인은 1470년도 초에 들어온 포르투갈인들이었다. 1520년 무렵에는 포르투갈인이 사탕수수 농장들을 세우고 노예무역을 했으나, 1600년도 초 노예무역의 지배권을 네덜란드인에게 빼앗겼다. 1807년 영국은 노예무역의 불법화를 선포하고, 1827년에는 스페인으로부터 페르난도포(Fernando Póo)섬을 기지로 사용해도 좋다는 허락을 받아 해안 수역을 경비하기 시작했다. 노예무역은 1840년까지 단계적으로 감소하다가 없어졌다. 그 후 영국인들은 보호령의 설치에 뜻을 두고 본토에 정착하기 시작했다. 1884년 초에 독일의 대표 구스타프 나흐티갈이 영국 대

두알라 노예 집단시설 내 노예 체벌기둥

신 독일과 조약을 체결하도록 현지의 추장들을 설득했으며, 1884년 말에는 독일인들이 카메룬에 보호령을 확대했다. 제1차 세계대전 때는 프랑스군과 영국군의 합동작전으로 독일인들은 스페인령 기니(적도기니)로 물러나지 않을 수 없었다. 1919년 카메룬은 런던 선언 때문에 프랑스 관할구와 영국 관할구로 나누어졌다. 국제연맹은 1922년 프랑스와 영국에 두 관할구의 통치를 위임했다.

1946년 그 위임통치는 국제연합(UN)의 신탁통치로 바뀌었다. 1960년 프랑스 신탁통치령은 독립공화국이 되어 UN에 가입했다. 1년 후 주민투표 결과 영국 신탁통치령의 남부는 신생 카메룬연방공화국에 합병되고, 북부는 나이지리아에 합병되었다. 그리고 1972년 중앙집권제 정부가 수립되었다. 독립 당시부터 카메룬의 대통령을 지낸 아마두 아히조(Ahmadou Ahidjo)가 1982년에 사임하고 총리였던 폴 비야(Paul Biya)가 그의 자리를 이어받았다. 비야는 1984년과 1988년에 재선되었다.

한국과 카메룬은 1961년 8월 외교 관계수립에 합의하고 1969년 1월 상주공관을 개설했다. 그동안 한국은 카메룬에 의약품과 의류, 차량 등을 무상으로 원조하고 의료단을 파견했으며, 기술연수생을 초청, 교육하기도 했다. 현재 두 나라 사이에는 경제통상일반협정(1977. 11.)과 무역협정(1979. 5.)이 체결되어 있으며, 한국은 1975년 이래 계속 농업 전문가를 현지에 파견하고 있다. 1991년 양국의 통상현황을 보면 카메룬의 한국 수입액은 831만 달러이지만, 수출액은 2,772만 달러로 수출품 대부분이 원목과 펄프 등의 원자재이다. 북한과는 1972년 3월에 수교하고 같은 해 8월 상주공관을 개설했다. 한때 북한과 긴밀한 협력관계를 유지하던 이 나라는 북한 요원들의 철수 령을 1차례 내렸으며, 그 후 다시 친선협력 협정을 체결했으나 관계 회복에 어려움을 겪고 있다.

국토면적은 47만 5,440km²(한반도의 약 2.1배)이며, 현재 인구는 약 2,791만 2,000명(2022년 기준)이다. 종족은 카메룬 고원족(31%), 적도반투 족(19%), 키르디족 등으로 구성되어있다. 종교는 그리스도교(40%)와 토착 종교(40%), 이슬람교(20%) 등을 믿고 있다.

시차는 한국 시각보다 8시간 늦다. 한국이 정오(12시)이면 카메룬은 오전 04시가 된다. 환율은 한화 1만 원이 카메룬 5,000세파프랑으로 통용된다. 전압은 220V/50Hz를 사용하고 있다.

항구도시 두알라는 야운데에서 서쪽으로 약 210km 떨어진 대서양 해안, 우리 강어귀의 남동쪽 기슭에 있다. 1,800m의 우리 대교는 바나나 수출항구 인 보나베리(Bonabéri)와 이어지며 서부 카메룬으로 통하는 도로와 철도를 연결해 주고 있다.

이 도시는 카메룬의 모든 주요 도시와 도로로 연결되어 있고, 쿰바, 은콩삼 바, 야운데, 응가운데레까지 철도가 놓여 있으며, 국제공항도 있다. 두알라 는 1901~1916년 독일령 카메룬의 수도였다가 1940~1946년 카메룬의 수 도가 되었다. 전통적인 건축물과 식민지 시대 건축물 그리고 현대식 건축물 들이 뒤섞여 있는 두알라는 제2차 세계대전 이후 빠르게 성장해왔으며, 카메 룬 공화국 내에서 가장 인구가 많은 도시이기도 하다. 서구식 주택지구와 시골 및 기타 아프리카 국가에서 이주해온 미숙련공들의 주거지가 섞여 있다. 중서부 아프리카의 공업 중심지에 속하는 이곳에는 양조장과 섬유, 야자유, 비누, 식품 가공 등의 공장이 있으며, 건축자재와 금속제품, 플라스틱, 유리, 종이, 자전거, 목재 등을 생산한다. 그 밖에 보트와 선박 수리, 철도공작, 라디오 조립 등도 행해진다. 연해에 매장되어 있는 천연가스는 1980년대 중반에 와서야 개발되었다. 수심이 깊은 두알라항구는 해외무역의 대부분을 담당하고 있으며, 어로설비는 물론이고 목재와 가솔린, 보크사이트 등을 처리할 수 있는 특수시설을 갖추고 있다.

이곳엔 야운데대학교 분교(경제학부)와 여러 상업 · 농업 · 실업 학교와 보건, 임업, 섬유, 유료(油料) 종자 추출, 기상학 연구소가 있다. 또한 박물관과 수공예품 센터가 있어 카메룬 예술의 창작 및 보존에 기여하고 있다.

가봉 Gabon

　아프리카 서부, 적도 아래 남대서양에 접해 있는 나라 가봉(Gabon)은 1839년 이후부터 프랑스의 지배를 받기 시작해 1889~1904년 프랑스령 콩고, 그 후 프랑스령 적도 아프리카에 편입되었다가 1958년 프랑스 공동체에서 자치공화국을 형성하고, 1960년 8월 17일 독립하였다.

　정식명칭은 가봉공화국(Gabonese Republic)이다. 동쪽과 남쪽은 콩고, 북쪽은 카메룬 및 적도기니와 국경을 접하고, 서쪽은 대서양과 면한다. 프랑스 공동체의 구성국으로 독립 이후에도 친(親) 프랑스 노선을 지켜오고 있다. 2009년 6월 서거한 오마르 봉고(Omar Bongo) 전(前) 대통령이 1967년부터 30년 이상 장기 집권하였음에도 아프리카에서 가장 높은 경제성장률을 보였다.

　1962년 아프리카 국가 중 최초로 한국과 수교를 맺었고 오마르 봉고 대통령은 1975년, 1984년, 1996년, 2007년 네 차례에 걸쳐 한국을 방문한 바 있다. 중앙아프리카 관세경제동맹(UDEAC)과 석유수출국기구(OPEC)에 가입해 있고 유럽경제공동체(EEC)의 로메협정국이다. 행정구역은 9개 주로 되어있다. 적도에 걸쳐 있는 서부 아프리카 국가로 적도기니와 콩고, 카메룬과 접하고 있다. 전국은 해안선 지역을 제외하고 열대우림으로 덮여 있으며 영양과 코끼리, 고릴라 등 야생동물이 많이 서식하고 있다. 사람들은 주로 해안선 마을과 북부 지방, 강가의 촌락에서 살고 있다. 중부 내륙지방은 오고우에(Ogoou'e) 분지로 북쪽의 오고우에산과 남쪽의 해발 1,189m의 아찬고산 사이로 원시림이 잘 보존되어 있다. 지형적으로는 해안의 평야지대, 동부의 고원지대와 산악지대로 나누며 남동부의 바테케(Bateke) 고원은 해발 310~600m의 사바나지대로 나뉜다. 벵겔라 한류와 기니만 난류가 만나기 때문에 흐리고 비 오는 날이 많은 편이며, 수도인 리브르빌(Libreville)의 연평균 기온은 섭씨 26도, 고원지대는 21도이다. 열대우림 기후로 연중 약 2,500mm 정도의 비가 내린다.

민족구성은 난쟁이족인 피그미족과 팡족, 코타족, 니그릴로족, 반투족, 음풍웨족 등이며 다시 40여 부족으로 나뉜다. 공식 언어는 불어이며 반투어가 통용된다. 국민성이 친절하고 여행하기에 안전한 나라이다. 전 국민의 약 42%가 가톨릭, 15%는 기독교, 40%는 토속종교, 일부 소수민족은 회교를 믿는다. 조와 옥수수, 코코아 등 농산물이 생산되고 마호가니와 흑단, 합판용 오고우메 나무 등이 많이 자라고 있다. 원유와 금, 망간, 다이아몬드, 철광, 우라늄 등 천연자원도 풍부하며 목재와 망간은 가봉의 주요 수출품이다.

고등교육기관으로 오마르봉고대학이 있다. 우리나라와 가봉 양국은 무역, 경제 등에 관한 세 가지 협정을 비준하였고, 1982년 8월 전두환 대통령이 가봉을 방문한 데 이어, 1984년 9월 봉고 대통령이 내한하여 양국 간에 우호와 협력관계를 돈독히 하였다.

가봉은 영토 대부분이 오고우에강 본 지류 유역이며, 적도가 통과하므로 열대우림지대에 속한다. 지형적으로는 해안의 평야지대, 동부의 고원지대 및 그사이의 산악지대로 나누어지며, 남동부의 바테케 고원만이 사바나지대를 이룬다. 기후는 전형적인 열대성 기후이므로 기온은 우기와 건기와 관계없이 변화가 적으며, 연평균 기온 22~32℃, 습도 80~90%, 강우량 1,500~3,000mm이다. 북상해 오는 벵겔라 한류와 서쪽에서 흘러오는 기니만의 난류가 로페즈 곶(Cape Lopez) 앞바다에서 만나기 때문에 흐린 날과 비가 오는 날이 많지만, 대체로 우기(대우기 2월~6월, 소우기 10월~11월)와 건기(소건기 12월~1월, 대건기 7월~9월)로 나눌 수 있다. 전체 국토면적 267,667km²(한반도의 약 1.2배) 중에서 경작 가능지는 1.21%, 농경지는 0.64%, 기타 98.15%이며 광물자원이 풍부한 나라이다.

1472년 포르투갈 탐험가 토리가 처음으로 상륙하면서 선원 복장과 같은 모습을 한 사람을 보고 '가봉'이란 이름이 붙여지게 되었다. 포르투갈인들은 사오투메섬에 기지를 확보하고 상아와 흑단 무역을 시작하였고, 이후 영국, 네덜란드인들이 들어오면서 이곳은 노예무역의 거점이 되었다. 1839년에는 프랑스인이 이곳에 정착하여 추장과 노예무역 폐지 등의 조약을 맺고 보호령을 선포했다.

1843년에는 요새를 구축해 포교 활동을 강화하는 한편, 요새를 중심으로 1849년 자유의 도시 리브르빌을 건설했다. 해안선 및 내륙지방으로 영향력을 행사하기 시작한 프랑스는 1901년에 부분적으로 프랑스 콩고를 만들고

레옹 음바 초대 대통령 묘소

1910년 프랑스에 편입시켰다. 1940년 제2차 세계대전 중에는 프랑스의 점령하에, 1946년에는 프랑스 해외 영토 연합에, 1958년에는 프랑스 자치공화국의 지위에 있다가 1960년 8월 17일에 독립했다. 그리고 9월 20일 유엔 회원국이 되었다.

1964년 2월 쿠데타 때는 프랑스군이 개입하여 레옹 음바(Léon M'ba) 대통령을 보호하였으며 1967년 11월 음바 대통령의 병사로 봉고 부통령이 대통령에 취임했다. 1974년 1,000만 톤의 원유가 생산되면서 국가 경제가 부흥하기 시작하여 1980년에는 해안의 오웬도(Owendo)에서 내륙의 프랑스빌(Franceville)까지 600Km에 달하는 철도 건설과 함께 오웬도, 산타클라라(Santa-Clara), 마윰바(Mayoumba) 등에 항만건설이 진척되었다. 이어서 프랑스빌과 리브르빌에 공항건설이 되면서 신생 독립국으로서의 새로운 도약을 하게 되었다. 1986년 대통령 오마르 봉고가 4선에 성공하였고, 1990년 1~3월에 민주화와 다당제 도입을 요구하는 소요사태가 발생하였다. 1990년 과도기 헌법에 따라 7개 정당이 처음으로 국회에 진출하였다. 1991년 신헌법 채택으로 다당제가 정식으로 도입되었고, 1994년 의회를 단원제에서 양원제로 바꾸는 새 헌법이 채택되었다. 오마르 봉고는 1998년 12월 실시된 대통령선거에서 6선에 성공하였다.

가봉의 교육은 대통령 오마르 봉고의 교육 진흥 정책에 힘입이 급속히 발전하였다. 특히 초등교육(6~11세)은 100% 취학률을 달성하였으며 학교 수가 1,001개교, 학생 수가 22만 명에 이른다. 중등교육은 중학교(12~15세), 고등학교(16~18세)로 구분되며 초등학교와 중학교는 의무교육이고, 중등교육 취학률은 26%이다. 고등교육기관으로 오마르봉고대학(1970년)이 리브르빌에 있으며, 학생 수는 약 2,400명이다. 15세 이상 문맹률은 26.8%(2018년 기준)이다. 임금노동자의 증가로 노동조합도 결성되

전통박물관 소장

어 있으며, 국제노련계와 세계노련계, 국제자유노련계의 세 개 연합체에 속하여 각기 정치 활동을 전개하고 있다. 언론기관으로는 두 개 TV 채널과 FM 라디오방송을 운영하는 국영방송국과 국제방송국이 있다. 또 1966년 설립된 〈가봉통신사〉와 가봉의 유일한 일간지인 〈엘뉴니언(L'Union)〉 등이 있다.

가봉은 나무 조각품과 가면이 유명하다. 다른 아프리카 국가의 가면처럼 죽음의 세계와 연결되도록 디자인된 팡 마스크는 종교의식에서 중요한 역할을 하며, 재료인 나무의 선택과 제조 전 과정은 전통적으로 성직자가 감독한다. 완성된 마스크는 거대한 신비로움으로 발전하고 정신과 연결하는 어떤 표현을 만들어낸다. 오늘날 이런 가면은 그들의 예술적인 가치를 더욱 높였는데 피카소와 마티스도 이 가면의 영향을 받았다고 한다. 하지만 이 가면을

박물관 밀랍인형 악극단

만드는 예술은 사라졌고 박물관에서나 볼 수 있다. 프랑스 식민지였던 탓에 근대 이후 프랑스 문화의 영향을 많이 받아왔다.

현재 인구는 약 233만 2,000명(2022년 기준)이며, 공용어는 프랑스어이다. 종족은 팡족과 에쉬라족. 아두마족, 아칸데족, 바코다족, 테케족 순으로 구성되어있으며, 종교는 가톨릭(40%), 개신교(10%), 토착 종교(50%) 등을 믿고 있다.

시차는 한국 시각보다 8시간 늦다. 한국이 정오(12시)이면 가봉은 오전 04시가 된다. 환율은 한화 1만 원이 가봉 약 4,700세파프랑으로 통용된다. 전압은 220V/50Hz를 사용하고 있다.

오늘이 2018년 5월 17일 가봉 여행의 마지막 일정이다.

저녁 식사 후 20시 30분 비행기로 수도 리브르빌을 떠나야 한다. 리브르빌 시내에 유일하게 한국식당이 있다는 소문을 듣고 물어물어 간판도 없고 문패도, 번지수도 없는 한국식당을 찾아갔다.

대문을 열고 식당에 들어서니 주택을 이용해서 음식 장사를 하는 소형 식당이다. 식당 주인이 나오더니 "어서 오십시오."라고 인사를 한다. "안녕하십니까?"라는 인사와 함께 이국에서 듣는 한국말 인사가 어찌나 반갑던지 다짜고짜 고향부터 물었다.

건설 근로자로 일하러 왔다가 한국식당을 하면서 현지에 눌러앉게 된 사장은 경북 김천이 고향이고, 그의 아내는 충북 영동이 고향이라고 한다. 대구에서 온 필자와 서로 그렇게 통성명을 하고 나서 손님들이 가장 많이 찾는 메뉴인 설렁탕을 주문했다. 아프리카 가봉에서 맛보는 설렁탕은 그 맛을 표현하기가 힘들 정도로 맛이 있었다.

마침 그 무렵 가봉에서는 말라리아가 기승을 부리고 있었다. 식사를 마친 우리 일행을 위해 식당 주인장은 인근 약국에서 말라리아 상비약을 구입해 주는 친절함과 베푸는 것을 서슴지 않았다. 고마운 마음에 식당 주인의 만류에도 불구하고 약값과 식대에 소정의 팁까지 기분 좋게 지불하고 아쉬운 이별에 떨어지지 않는 발걸음을 억지로 돌려 공항으로 이동했다.

상투메프린시페 Sao Tome and Principe

상투메프린시페(Sao Tome and Principe)는 아프리카 중서부에 있는 섬 나라이다. 1963년 포르투갈 해외 주가 되었고 1974년 포르투갈에서 일어난 쿠데타의 영향으로 1975년 7월 12일 독립하였다.

정식명칭은 상투메프린시페민주공화국(Democratic Republic of Sao Tome and Principe)이다. 아프리카 대륙에서 서쪽으로 약 320km 떨어진 기니만 남동부에 위치하며, 아프리카에서 가장 작은 나라이다. 화산섬인 상투메섬과 프린시페섬으로 구성되어있다. 한때 노예무역과 설탕 생산의 중심지였는데 오늘날 세계최대의 카카오 산지이다. 행정구역은 2개 주로 이루어져 있다.

'상투메'는 포르투갈어로 성 토마스를 뜻하며 '프린시페'는 왕자를 뜻한다. 적도가 남부 상투메섬 아래를 지나간다. 카카오와 코프라(Copra)를 수출하는 1차 산업 위주의 가난한 농업 국가인 이 나라는 본래는 무인도였으나 15~16세기 포르투갈인들에 의해 개척되어 식민지 겸 항해 거점이 되었다.

1975년 포르투갈이 혁명 이후 일괄적으로 식민지들을 독립시켰을 때 앙골라, 모잠비크 등과 함께 독립했으나 1978년과 1979년, 1988년, 1995년에 쿠데타 시도가 있었을 정도로 정치적으로 불안한 상태가 계속됐다. 2003년 7월 16일에도 페르난두 페레이라(Fernando Pereira) 군부에 의한 쿠데타로 당시 대통령이었던 프라디크 드 메네제스(Fradique de Menezes) 정권 전복에 성공하여 정권을 장악하는 듯했으나 미국과 유엔, 아프리카연합(AU), 세계은행 등 국제 사회의 압력으로 일주일 만에 메네제스는 다시 대통령으로 복귀하고 군부와 정부가 권력을 분점하여 공동 정부를 구성하는 방식으로 타협하였다.

상투메프린시페는 적도 아래에 위치하고 아프리카 대륙에서 서쪽으로 약 320km 떨어진 해상 기니만 연안에 면한다. 상투메섬과 프린시페섬의 두 큰 섬과 작은 여러 섬으로 이루어져 있다. 상투메섬과 프린시페섬은 화산으로 형성된 섬이다. 기후는 열대우림기후로, 고온다습하다.

저지대의 연평균 기온은 27℃이고, 고지대의 연평균 기온은 20℃에 이른다. 고지대의 밤은 서늘하고, 우기는 9월부터 5월까지, 건기는 6월부터 8월까지이다. 연강우량은 남서쪽 지역이 5,000mm, 북쪽 저지대 지역은 1,000mm이다.

습도는 1년 내내 80~90%이다. 전체 국토면적 중 경작 가능지는 48.96%, 농경지는 8.33%, 습지 및 기타 42.71%이며, 아프리카에서 가장 작은 국가이기도 하다.

상투메프린시페는 1470~1471년 포르투갈인이 발견하였으며, 1485년경부터 노예가 수입되어 당시 최대의 설탕 생산지가 되었으나, 16세기 후반 브라질이 설탕의 주산지가 되자 농장경영자가 섬에서 철수하였다. 그 후 1822년 카카오 재배가 시작되었는데, 기후와 토양이 카카오에 적합했기 때문에 두 섬은 세계최대의 카카오 산지로 번영하였다. 그러나 1905년 두 섬에 있는 농장의 노동조건이 노예 상태와 다름없다는 것이 전 세계에 폭로되었고, 그것이 농업생산량 감소의 원인이 되어 1913년 골드코스트(지금의 가나)에 그 지위를 빼앗겼다.

이후 모잠비크, 앙골라 등 구 포르투갈령으로부터 약 3만 명의 아프리카 흑인 노동자가 이주해 와 카카오를 중심으로 커피와 코프라, 코코야자 등의 농장기업이 활기를 띠고 있다.

1963년에 포르투갈 해외 주가 되었으나, 상투메프린시페 해방운동(ML-STP)을 중심으로 독립운동이 전개되었으며, 1974년에 이르러 포르투갈 본국에서 정변이 일어나자 그해 말 잠정 정부가 수립되고 1975년 7월 12일 독립하였다. 1975년 12월 헌법개정으로 국회의원 33명을 선출하고 초대 대통령에는 MLSTP 서기장인 코스타(Costa)가 취임하였다.

코스타는 대통령의 권한을 강화하여 대통령이 농업장관, 국가개혁장관, 노동장관, 사회장관 등을 겸하였다. 1987년 10월에 실시한 개헌에서 보통선거 제도를 확립했다. 1975년 7월 이후 코스타가 대통령에 3선 되었으나 1991년 3월에 치른 선거에서는 비동맹 중립노선을 지향하는 트로보아다(Tro-voada)가 대통령에 당선되었다. 1994년 10월 총선에서 MLSTP-PSD(상투메프린시페해방운동사회민주당)가 승리하여 집권당으로 복귀하였고, 정당 간의 대립이 격화되었다. 1995년 군사쿠데타가 발생하여 장교들은 대통령

대통령궁

트로보아다를 비롯한 정부 요인을 체포, 5인 군사평의회를 설치하였다. 미국
과 EU가 원조를 중단하겠다고 위협하고 가봉이 군사행동을 촉구하는 등의
강경 자세에 굴복하여 군부는 1주일 만에 사면 보장을 조건으로 대통령 트로
보아다에게 권력을 이양했다. 트로보아다는 국방장관을 해임하고 민심 수습
책을 발표하였다.

트로보아다는 1996년 실시된 대통령선거 1, 2차 투표에서 승리하여 재선
에 성공했다. 2001년 7월 대통령선거에서 야당 후보인 프라디크 드 메네제
스가 대통령으로 당선되었다.

상투메프린시페는 1996년 포르투갈 및 과거 포르투갈의 식민지였던 브라
질 등 7개국과 함께 공용어를 보호하고 상호 협력 증진을 위해 포르투갈어사

독립기념상

용국가연방을 창설하였다. 신문은 주간지 두 종류가 있다. 방송은 국영 〈상투메프린시페 라디오방송〉 등이 있고 TV 방송국은 2개 국이 있다.

상투메프린시페는 서아프리카의 다른 나라들처럼 전통문화와 유럽의 문화가 섞여 있다. 전통 음악은 손에 쥐는 것은 모두 악기로 변해 드럼이나 기타 등이 타악기가 되어 그들의 문화를 지켜가고 있다. 음악은 사냥이나 외부 침입에 대한 두려움 등을 표현하는 방법으로 나타냈다. 주요한 행사는 기독교와 관계된 것이며, 인기 있는 스포츠는 축구이다.

국토면적은 964km²(한반도의 약 230분의 1)이며, 수도는 상투메(São Tomé)이다. 현재 인구는 약 22만 8,000명(2022년 기준)이며, 종족은 메스티소, 앙골라인, 서비셔스(모잠비크 케이프베르데 출신 계약노동자), 유럽인

상투메 해변

순으로 구성되어있다. 공용어는 포르투갈어이며, 종교는 가톨릭(70%), 복음
교회(3.4%), 사교도(2%), 재림설 신자(1.8%) 등이 있다.

시차는 한국 시각보다 9시간 늦다. 한국이 정오(12시)이면 상투메는 오전
03시가 된다. 환율은 한화 1만 원이 상투메 프린시페 약 17만 도브라로 통용
된다. 전압은 220V/50Hz를 사용하고 있다.

콩고 Republic of the Congo

아프리카 대륙의 중서부, 대서양 연안에 있는 나라 콩고(Republic of the Congo)는 1885년 프랑스령 콩고, 1902년 프랑스 직할 식민지가 되었으며 1903년부터 프랑스령 적도 아프리카의 일부인 중앙 콩고가 되었다. 1958년

콩고강

프랑스 공동체 내 자치공화국을 거쳐 1960년 독립하였다.

정식명칭은 콩고공화국(Republic of the Congo)이다. 북쪽으로는 카메룬과 중앙아프리카공화국, 남동쪽으로는 콩고민주공화국, 서쪽으로는 가봉과 국경을 접한다. 콩고민주공화국과는 콩고강을 둘러싼 지역을 놓고 영토분쟁을 벌이고 있다. 1990년 지난 25년 동안 계속된 공산주의 정권이 무너지고 1992년 민주 정부가 출범했다. 한때 아프리카의 최대 산유국이었으나 고갈되면서 이를 대신할 새로운 해양 대륙붕의 유전을 찾고 있다.

행정구역은 10개 지구와 1개 코뮨(Commune)으로 되어있다. 수도는 브라자빌(Brazzaville)이고 프랑스어를 공용어로 사용하고 있다. 지역적으로 평야 지역은 콩고 분지의 서쪽 끝에 위치하며, 대서양으로 흘러드는 쿠일루

국경일 기념행사장 주민들

(Kouilou)강 유역평야만이 그 분지의 밖에 있다.

산지는 콩고 분지와 해안평야 사이, 가봉과의 국경지대 등에 펼쳐져 있다. 콩고 분지의 평야 지역은 열대우림으로 덮여 있고, 북부 지방과 쿠일루강 유역은 사바나지대이다. 적도가 국토의 중앙을 지나고 있으며 전국의 기후는 북부 고원지대를 제외하고는 큰 차이가 없다.

기니만의 바닷물이 차가워서 기후뿐만 아니라 강우량과 식생에도 영향을 준다. 국민은 반투어를 사용하는 여러 부족으로 구성되어있으며, 그중 정치와 경제적으로 중요한 위치를 점하는 부족은 콩고 분지의 남부에 살고 있는 바콩고족이다. 인구는 북부의 열대우림지대에 사는 엠보시족이 가장 많다. 해안평야에는 빌리족이 중요한 위치를 차지하고 있다. 농림생산물은 목재와 코코아, 커피, 야자유를 주로 하며, 쌀과 땅콩 등이 수출된다. 최근에는 석유와 주석, 구리도 채굴되며 니아리(Niari)강과 쿠일루강 계곡이 개발계획의 중추를 이루고 있다. 카메룬, 가봉 등 옛 프랑스령 적도 아프리카 여러 나라와 일종의 공동시장을 형성하고 있다.

교통은 콩고강과 우방기(Oubangui)강의 내륙수로와 수도 브라자빌과 유일한 항구인 푸앵트누아르(Pointe-Noire) 간의 철도가 중심이다. 브라자빌과 푸앵트누아르에는 국제공항이 있다. 콩고의 식민지 시대 이전의 예술적 표현은 의례적인 음악, 춤, 조각과 구전문학이 있다. 기독교화와 식민지는 이런 예술의 형태에 영향을 끼쳤다. 조각품은 상품화되었고, 음악과 춤은 서구의 악기와 음악이 들어와 변하기 시작했다. 1980년대 브라자빌은 아프리카 음악의 중심지가 되었다. 국민의 반 가량은 그리스도교도이고, 나머지는 전통적인 민간 신앙을 가지고 있다. 이슬람교도는 수천 명 정도이다.

지리적으로 중서부 아프리카의 적도에 걸쳐 있는 나라인 콩고는 서쪽으로 가봉, 북서쪽으로 카메룬, 북쪽으로 중앙아프리카공화국, 동쪽과 남쪽으로 콩고민주공화국, 남쪽으로 앙골라의 고립 영토인 카빈다와 국경을 접하고 있다. 고온 다습한 적도성 기후를 보이는 콩고

열대우림 야생고릴라 서식지에서 식사하는 고릴라

는 10월부터 12월까지 단우기, 1월 중순부터 5월 중순까지가 본격적인 우기이다. 6월부터 9월까지는 건기이다. 대서양으로 흘러드는 콩고강 유역 분지의 서쪽에 국토 대부분이 위치한다. 콩고 분지의 바깥쪽 대서양 접경지에 위치한 작은 하천 쿠일루강 유역에 국토 일부가 펼쳐진다. 전체 국토면적 중에서 경작 가능지가 1.45%, 농경지가 0.15%, 산림 및 기타가 98.4%이다.

콩고 최초의 거주민은 피그미족이다. 그 후 해변을 중심으로 콩고족과 테케족, 빌리족들이 거주하기 시작하였다. 아프리카 대부분의 거주자와 같이 콩고의 거주자들은 사바나에서 사냥, 농업 등을 영위하며 살다가 자이레(Zaïre), 앙골라(Angola) 등의 이웃 나라들과 무역을 하며 그 생활 범위를 넓혀 나가기 시작하였다. 이리하여 콩고 거주자들은 차츰 오늘날의 가봉이라고

불리는 나라와 분리하기 시작했다.

식민지화하기 전에 번성했던 콩고 왕국의 이웃에는 콩고강 북쪽으로 대서양 연안에 로앙고(Loango) 왕국이 있었고, 로앙고 왕국 동쪽으로 테케(Teke) 왕국이 있었다. 로앙고 왕국의 창시자는 빌리로 알려져 있고 17세기 말 노예무역으로 최고의 번성기를 누렸다. 테케 왕국도 노예무역에 가담하여 번성기를 누렸으나, 그 규모 면에서는 로앙고 왕국을 따라가지 못하였다.

1875년 프랑스 탐험가 피에르 사보르냥 드 브라자(Pierre Savorgnan de Brazza)가 중앙아프리카를 탐험하기 시작하였고 1880년 테케족과 그의 왕국을 프랑스의 보호령으로 삼는다는 조약을 체결하였다. 피에르는 1883년 로앙고 왕국과도 비슷한 조약을 체결하였다. 1905년에는 행정개편으로 콩고는 프랑스령 콩고 식민지가 되었고, 그 영토는 특허 회사들 사이에 분할되었다. 대부분 식민지에서 그렇듯이 이 회사들은 심한 착취를 하여 콩고 주민들로부터 많은 저항을 받아야 했고, 프랑스 정부는 이 회사들을 개혁하려고 하였으나 성공하지 못하고 1930년까지 그 폐해가 지속되었다.

한편, 콩고의 수도 브라자빌은 아프리카에 있는 프랑스령 식민지들의 수도였으므로 프랑스의 많은 관심 속에 철도와 항구를 가질 수 있게 되었다.

콩고는 1958년 프랑스령 내 자치공화국을 거쳐 1960년 완전독립을 하게 되었다. 콩고의 초대 대통령 풀베르 율루(Fulbert Youlou)가 1963년 축출되고 알퐁스 마상바데바(Alphons Masangbadeva) 대통령이 정권을 잡을 때까지 마르크스에 입각한 정당이 세력을 독차지했다. 1968년 마리앵 응구아비(Marien Ngouabi) 소령이 지휘한 쿠데타가 성공해 콩고인민공화국이 수립되었다.

1992년 8월 파스칼 리스바(Pascal Lissouba)가 대통령으로 선출되고 1995년 12월 여·야간에 평화적인 합의가 이루어졌으나, 1997년 6월 선거에서 승리한 파스칼 리스바 대통령과의 교전에서 승리한 드니 사수 응게소(Denis Sassou Nguesso)가 1997년 10월 25일 대통령에 취임하였다. 1998년 말에 전 정권의 민병과 정부군 사이에 다시 무력충돌이 발생하면서 한때 정세가 나빠졌으나 1999년 11월 적대행위 정지합의서에 서명하면서 정세가 안정되었다.

교육수준은 비교적 높은 편이며 10년간의 의무교육을 시행하고 있다. 모든 사립학교는 공립으로 바뀌었고, 초등학교는 1,000여 개에 이른다. 브라자빌에 종합대학교인 마리앙응구아비대학교가 있다. 언론은 일간지 다섯 종류가 있고, TV 방송국 1국, 통신사 1개가 있다.

영양 부족과 비위생적인 식품 가공, 오염된 물, 의료진과 병원시설의 부족 등으로 국민 보건 상태는 매우 좋지 않은 편이다.

문학 분야에서는 1970년대에 시인 제랄드 펠릭스 치카야 우탐시와 작가 장 말롱가가 민간설화를 구체화한 작품으로 활약하였다.

국토면적은 34만 2,000km²(한반도의 약 1.5배)이며, 현재 인구는 약 579만 8,000명(2022년 기준)이다. 종족은 콩고족(48%), 상하족(20%), 음보치족(12%), 테케족(17%), 유럽인 및 기타(3%) 등으로 구성되어있으며, 공용어는 프랑스어인데 토착 언어도 많이 사용하고 있다. 종교는 기독교(50%), 정령신앙(48%), 이슬람교(2%) 등을 믿고 있다.

시차는 한국 시각보다 8시간 늦다. 한국이 정오(12시)이면 콩고는 오전 04시가 된다. 환율은 한화 1만 원이 콩고 약 4,800세파프랑으로 통용된다. 전압은 230V/50Hz를 사용하고 있다.

오늘은 콩고 여행을 마치고 수도 브라자빌을 출발해서 콩고민주공화국 수도 킨샤사(Kinshasa)에 도착하는 일정이다. 콩고 수도 브라자빌과 콩고민주공화국 수도 킨샤사는 콩고강을 사이에 두고 서로 마주 보고 있다. 그래서 모처럼 우리 일행들은 하고많은 육로 여행길을 변경해서 콩고강을 운행하는 페리(Ferry)를 이용하여 여행의 질을 높이고 싶었다.

출국 심사를 마치고 부두에 도착하니 페리보트, 모터가 장착된 소형선박(연락선)이 우리를 기다리고 있다. 콩고강 하류는 우리나라 한강보다 강폭도 넓고 수심도 매우 깊어 보인다. 그리고 강물이 흙탕물이라 홍수라고 착각할 정도이다. 아마 우리나라 같으면 홍수경보가 발효될 시점이다. 그래서 페리를 이용할까 말까 망설였다. 그러다가 콩고강에서 연락선을 이용하여 여행하는 보람과 추억을 만들기 위해 위험을 무릅쓰고 페리를 이용, 홍수로 변한 성난 파도와 물결을 헤쳐가며 킨샤사에 무사히 도착했다.

콩고민주공화국 Democratic Republic of the Congo

아프리카 중부내륙에 있는 나라 콩고민주공화국(Democratic Republic of the Congo)은 1878년 벨기에가 국제콩고협회를 조직하여 통치하였다. 1885년 벨기에 국왕의 사유 영지 형식인 콩고자유국(Congo Free State)을 거쳐 1908년 벨기에 정부의 식민지인 벨기에령 콩고가 되었다. 콩고민주공화국은 1960년 6월 30일 최초의 총선거를 통해 독립하였다.

정식명칭은 콩고민주공화국(Democratic Republic of the Congo)이며, 줄여서 DRC, RDC, DR콩고, 콩고, 콩고-킨샤사(Congo-Kinshasa)라고도 부른다. 독립 당시에는 콩고공화국이라고 하였으나 1964년에 콩고민주공화국으로, 1971년에 자이르공화국으로 변경되었고, 1997년 5월에 지금의 국명으로 고쳤다.

아프리카에서 두 번째로 국토면적이 큰 나라인 이 나라는 북쪽으로 중앙아프리카공화국과 수단, 동쪽으로 동아프리카 대지구대의 호수를 사이에 두고 우간다와 르완다, 브룬디, 탄자니아, 남쪽으로 고원지대를 사이에 두고 잠비아와 앙골라, 서쪽으로 콩고(Republic of the Congo)와 국경을 접한다. 국명은 '사냥꾼'이라는 뜻으로, 콩고강 유역에 사는 바콩고(Bacongo)라는 부족 이름에서 딴 것이다. 행정 구역은 10개의 주와 1개의 시로 되어 있다.

대서양 연안의 자이르강 하구에서부터 내륙으로 깊숙이 팽창해 들어간 모양의 광대한 영토를 가지고 있는 콩고민주공화국은 국토 대부분이 콩고 분지 안에 위치하며, 국경선의 총연장은 해안선 36km를 포함하여 9,165km이다. 국토면적은 아프리카에서 알제리에 이어 두 번째로 큰 나라이다. 국토의 절반 이상이 열대우림으로 덮여 있고, 북쪽과 동쪽 및 남쪽 끝 지역은 사바나 지대가 펼쳐져 있다.

종족은 70%가 반투어족이며, 나머지는 수단계와 햄계, 피그미계로 분류할 수 있다. 부족별로는 약 200개, 언어별로는 링가라어와 스와힐리어, 콩고어, 티르바어 등을 중심으로 방언까지 합하면 약 700개의 언어족으로 나뉜다. 콩고민주공화국은 광물자원이 매우 풍부하여 공업용 다이아몬드는 세계 제1의 생산량을 자랑한다. 이 밖에 우라늄광과 구리, 코발트, 주석, 아연, 금, 망간 등이 채굴된다. 광물자원은 남동쪽에 있는 샤바주에 가장 많이 매장되어 있다.

농산물로는 야자와 고무, 커피, 코코아 등이 주산물이다. 공용어로는 프랑스어가 사용되며, 부족끼

콩고강의 저녁 노을

리 지방주의적인 의식이 강하게 남아있다. 종교는 가톨릭 50%, 그리스도교 20%, 토착 신앙 17%, 이슬람교 5%를 차지한다.

콩고민주공화국은 국토 대부분이 아프리카 탁상지상의 콩고 분지 안에 위치하며 중앙에서 약간 북쪽으로 치우친 지점을 적도가 횡단하고 있다. 동쪽은 동아프리카 대지구대의 호수를 국경으로 하고, 남쪽은 고원지대를 사이에 두고 잠비아, 앙골라와의 국경이 펼쳐진다.

지구대의 높은 산지와 고원지대로부터 형성된 수많은 지류가 북쪽으로 흐르다가 콩고와의 국경선에서 합류하는 자이르강(콩고)과 그 지류인 우방기(Ubangi)강이 대서양으로 흘러 들어간다. 콩고강과 지류에 의하여 이루어진 콩고 분지(중앙분지)가 전 국토의 5분의 3을 차지하며, 국토의 동남쪽은 고원지대이다. 콩고강은 길이 4,460km로 아프리카에서 가장 큰 강이며 수력발전 잠재력이 큰 지역(세계 총 잠재력의 8분의 1, 아프리카의 2분의 1)으로서 유역 면적(3,457,000km^2)은 아마존강에 이어 세계 2위이다. 동쪽으로 부룬디, 탄자니아와 국경을 이루는 탕가니카(Tanganyika)호수는 세계적으로 큰 호수이며, 면적은 32,900km^2, 깊이는 1,430m(세계에서 두 번째)이다.

적도를 중심으로 하여 북위 5도에서 남위 13도에 걸쳐 있는 이 나라는 전체 면적의 절반 이상이 열대우림으로 덮여 있고, 북쪽 끝 지역은 초목이 듬성듬성 나 있는 곳이 많은 사바나지대이이다. 그리고 동쪽 및 남쪽 끝 지역도 사바나지대이며 대개 겨울에는 북부, 여름에는 남부가 건조하다.

전국의 연평균 강우량은 1,070mm 정도이고, 열대우림 지대의 연평균 온도는 30℃, 사바나지대는 25℃이다. 전체 국토면적 중에 경작 가능지는 2.86%, 농경지는 0.47%, 산림 및 기타는 96.67%이다.

16세기에 지금의 사바주 지역에는 최초의 왕국인 루바(Luba) 왕국이 세워졌고, 서북쪽에는 작은 추장령의 연합체인 쿠바(Kuba) 왕국이 있었다. 1878년 벨기에 국왕 레오폴드(Leopold) 1세는 이곳을 통치하였다.

1885년 개최된 베를린 회의에서 이곳의 지배권을 얻어낸 레오폴드 2세는 콩고자유국으로 이름을 고친 뒤 자기의 사유 영지로 만들었다. 그러나 자유국이라는 이름과는 달리 그 통치방법은 주민들에게 상아와 고무, 야자유 등의 채취를 강제 할당하는 약탈 방식이었으며, 이러한 방식을 두고 국제적인 비난의 소리가 높아지자 레오폴드 2세는 사유 영지 형식에서 벨기에 정부의

벨기에 왕 레오폴드 2세 기마상

식민지인 '벨기에령 콩고'로 바꾸었다. 그러나 작은 나라인 벨기에는 본국의 77배나 되는 광대한 영토를 가진 데다 인구마저 희박한 이곳을 개발할 능력이 없었다.

1926년부터는 노동자의 정착을 꾀하는 복리후생 정책이 도입되고 강제적인 가톨릭 신봉과 함께 생산성 향상을 위한 교육이 시행되었다. 또한 자본주의적인 기업에 고용된 아프리카인들은 부족사회의 주민과는 비할 수 없는 물질적 우대를 받았다.

제2차 세계대전 후 부근의 영국 · 프랑스 식민지에서 아프리카인의 정치적 참여가 실현되고 독립을 획득하는 과정은 벨기에령 콩고인들에게도 강력한 인상을 심어주었으며, 1959년 1월 그들은 반벨기에 폭동을 일으켰다. 이렇게 되자 벨기에는 그들의 독립을 고려하지 않을 수 없게 되었고, 1960년 6월 30일 최초의 총선거를 통해 수립된 아프리카인 정부에 독립을 부여하였다.

1965년 11월 모부투 세세 세코(Mobutu Sese Seko)가 쿠데타에 성공하여 정권을 장악하였다. 이 나라는 1965년 11월 이후 모부투 세세 세코가 국가원수의 자리에 오르면서 1967년 5월에는 혁명인민운동(MPR)의 1당제 국가인 콩고민주공화국이 되었으며, 1970년 11월에 치른 선거에서 모부투 세세 세코가 100%의 지지를 얻어 대통령에 당선되었다. 모부투 세세 세코 대통령은 국가건설에 사회주의적인 정책을 도입하여 주요 기업을 국유화하는 한편, 외교정책에서도 공산권에 접근하고 1974년에는 이스라엘과 외교 관계를 단절하였다. 1974년 8월에는 헌법을 개정하고 MPR 당수가 자동적으로 대통령이 되게 하였다. 그 후 1997년 5월 로랑 D. 카빌라(Laurent Desire

Kabila)가 이끄는 반군세력에 의해 모부투 세세 세코 대통령이 축출되면서 국명을 자이르공화국에서 콩고민주공화국으로 개칭하고 국기도 바꾸었다. 1998년 8월에 우간다와 르완다 등이 지원하는 반정부세력이 무장봉기를 하여 짐바브웨와 앙골라, 나미비아 등은 카빌라 정권 옹호를 위해 콩고민주공화국에 군사를 파견함으로써 내전이 발발하였고, 이는 7개국이 관여한 국제분쟁으로 발전하였다. 2001년 1월 로랑 카빌라 대통령이 살해되어 같은 달에 아들인 조제프 카빌라(Joseph Kabila)가 대통령에 취임하여 개방 노선을 취하고 있다.

콩고민주공화국은 아직도 부족주의적인 유대관계가 매우 강하고 인구의 80%가 도시나 교통의 중심지역 도로변에 살고 있다. 독립 후 수도 킨샤사는

동물원에 입장하는 학생들

현저하게 팽창하였으며, 도시 주민은 부족적인 유대관계를 떨쳐버리고 근대적인 조직체를 구성해가고 있다. 조직 노동자 수는 총임금 노동자 140만 명 중 11%를 차지한다.

1994년에 르완다와 부룬디 내전으로 백만 명에 달하는 난민이 유입되었고 이후에도 주변국의 상황에 따라 유동 인구가 변화하고 있다. 의무 교육 기간은 6년이고, 취학률은 대체로 낮은 편이다. 초등교육 기관이 79%, 중등교육 기관이 23%를 차지하고 있다. 고등교육기관으로는 자이르국립대학교 등이 있다. 정부지출 중 교육비의 비중이 1972년 15.1%에서 1995년 0.8%로 낮아졌고 초등교육 이수율이 계속 감소하여 미래의 노동 생산성 및 발전전망이 낮다.

콩고민주공화국에서는 수많은 토속종교를 통해 회화와 조각, 음악, 춤, 공예, 직물, 의상 등과 같은 전통예술을 발달시켰다. 발전 지역의 특색에 따르면 수도 킨샤사는 문화생활과 예술을 권장하고 이를 발전시키는 창조적인 곳이고, 미술대학은 회화와 조각, 건축, 세라믹 교육 프로그램 등을 갖추고 있다.

국토면적은 234만 5,000km²(한반도의 10.5배)이며, 수도는 킨샤사이다. 현재 인구는 약 9,524만 8,000명(2022년 기준)이고, 종족은 루바족과 콩고족, 망베투-아잔데족 등과 200여 개 부족으로 구성되어 있다. 공용어는 프랑스어와 링가라어, 스와힐리어를 사용하고 있으며, 종교는 로마가톨릭(50%), 개신교(20%), 킴방구교(10%), 이슬람교(1%), 기타(10%) 등을 믿고 있다.

인간과 가장 유사한 보노보원숭이, 성교를 사람과 똑같은 자세로 즐긴다.

시차는 한국 시각보다 8시간 늦다. 한국이 정오(12시)이면 콩고민주공화국은 오전 04시가 된다. 환율은 한화 1만 원이 콩고민주공화국 약 2,000콩고프랑으로 통용된다. 전압은 220V/50Hz를 사용하고 있다.

오늘은 콩고민주공화국 여행의 마지막 일정으로 보노보(Bonobo) 야생 보호구역으로 이동했다. 당국의 철저한 관리하에 여직원 한 명이 집중적으로 관리하고 있다. 관리자의 설명을 빌리자면 보노보는 원숭이과에 속하며 인간과 제일 근접한 동물이라고 한다. 사람들처럼 직립보행을 자유자재로 구사할 수 있으며, 특히 성교행위는 남녀와 똑같은 자세로 사랑을 나누며 종족 번식을 하고 있다. 그리고 노는 입에 염불한다고 먹고 자고 노는 일밖에 없으니 취미 삼아 성생활을 시도 때도 없이 즐기며 생활하고 있다고 한다.

이것으로 콩고민주공화국 여행을 모두 마치고 다음 여행지인 앙골라로 출발하기 위해 공항으로 이동했다. 먼저 검색대로 향했다. 검색대에는 세관원이 일일이 하나하나 손으로 검사를 한다. 마침 필자의 가방 속에 들어 있는 인체 조각품을 발견하고 이것은 자기 나라 문화재라며 반출할 수 없다고 한다. 제품이 아깝다고 생각되면 문화재청에 가서 반출증을 받아오라고 한다. 자주 해본 솜씨로 10달러를 살며시 건네주었더니 "No!"라고 답한다. 그래서 20달러를 제시하니 "Yes!"라고 답을 준다. 그래서 우리 일행들은 모두 20달러를 지참하고 별도로 마련된 검색대에 줄을 지어 형식적인 검문검색을 받고 앙골라행 비행기에 탑승할 수 있었다.

앙골라 Angola

　아프리카 남서부에 있는 나라 앙골라(Angola)는 1482년 포르투갈 항해사가 콩고(Congo)강 하구를 발견한 이래 한때 네덜란드령이 되었다가 17~19세기에 포르투갈의 노예무역 중심지가 되었다.

포르투갈 요새 정문

1951년 포르투갈의 해외 주가 된 앙골라는 1975년 11월 독립하였다. 정식명칭은 앙골라공화국(Republic of Angola)이다. 서쪽으로는 대서양, 북쪽으로는 콩고민주공화국, 동쪽으로는 잠비아, 남쪽으로는 나미비아와 국경을 접한다. 아프리카 남서 해안에 있는 카빈다(Cabinda)주는 콩고민주공화국 영토를 사이에 두고 본토와 떨어져 있다.

석유와 다이아몬드, 금 등 천연자원이 풍부하지만, 이 나라는 내전과 흉작 등으로 외국 원조에 많이 의존하고 있으며, 2002년에 27년간의 내전을 끝냈다. '앙골라'는 16세기 왕국의 이름인 '음분두(Mbundu)'를 포르투갈어로 표현한 것이다. 행정 구역은 18개 주로 되어있다. 국토의 대부분은 1,000m 이상의 고원이며, 저지대는 북서부 일부와 대서양 연안의 폭 25~100km 정도의 좁은 띠로 내륙을 향해 높아지고 있다. 남쪽의 기후는 칼라하리(Kalahari)사막의 영향으로 건조하며, 북쪽은 열대우림의 콩고 분지가 있으므로 고온다습하다.

중부 고원지대는 사바나성 기후를 보인다. 중앙 고원에서 발원한 오카방고(Okavango)강이 남으로 흘러 나미비아(Namibia) 북부로 그리고 동북부의 카사이(Kasai)강이 동쪽 콩고민주공화국 국경으로 흐르고 있다. 비는 거의 여름에만 내리며, 수도 루안다(Luanda)의 연중 강우량은 1,400mm 정도이다. 고원지대는 250~310mm 정도로 극히 소량이다. 해안 저지대는 농경에 부적합하나, 중부 고원지대에서는 커피와 옥수수, 사탕수수, 담배, 사이잘삼 등의 농작물이 재배되고 있다. 소와 양 등 목축업이 이뤄지고 있고 천연자원으로는 다이아몬드와 철광석, 구리, 망간 등이 많이 생산된다. 주요 항구

도시로는 루안다, 로비토(Lobito), 벵겔라(Benguela)가 있다. 다이아몬드와 커피, 설탕, 옥수수, 종려유, 담배, 사이잘 삼이 주요 수출품이며 섬유와 기계류, 석탄, 식료품은 수입한다. 국민의 대부분은 반투계이며 일부 부시먼과 백인이 있다. 포르투갈의 오랜 식민통치 영향으로 서구화되어 있고 가톨릭을 주로 믿으나 내륙에는 토속신앙이 남아있다.

앙골라는 너비 25~100km의 해안평야로부터 내륙을 향해 높아지다가 해발고도 2,000m급의 산지가 전개되며, 동쪽은 평균 1,000m의 고원이 나타난다. 기후는 남쪽에 칼라하리사막, 북쪽에 열대우림의 콩고 분지가 있으므로 남부는 저온 건조하고, 북부는 고온다습하다. 그리고 중부 평원지대는 사바나 기후이다.

남부와 중동부에 걸쳐 자리 잡고 있는 고원이 전 국토의 60%를 덮고 있는 앙골라는 북부와 서부 해안지대에도 고원이 자리 잡고 있다. 중앙 고원지대에서 앙골라의 여러 강이 발원하며, 서부해안지대는 벵겔라 해류의 영향으로 사막화되어가고 있다.

전 국토의 약 40%가 숲과 삼림지대이며 카빈다주를 비롯한 북서부 지대에도 산림지대가 있다. 경작이 가능한 지역은 대부분 남부와 서부에 있지만, 국토의 3% 정도로 매우 미약하다. 북부지방은 열대성 기후, 고원지대는 온대성 기후, 남부지방은 아열대성 기후이다. 강우량은 북에서 남으로 갈수록 적어지고, 지역에 따라 큰 차이를 나타낸다.

벵겔라 해류가 해안지방의 강우량에 영향을 끼쳐 남쪽과 해안 지방에는 비가 거의 내리지 않아 건조 지역화되고 있다. 서북 및 북동지역은 콴자

(Kwanza)강 유역이고, 동부와 남부지역은 기온이 높고 강우량이 많아 생활하기 불편하다. 앙골라는 일반적으로 1년 중 큰 기후변화가 없는 열대성 기후이다. 기온은 계절에 따라 변화가 없지만, 고도에 따라 조금씩 차이가 있어 산간지대는 16℃로 서늘하고, 북부지방에는 약 26℃로 포근하다. 또한 7~8월에는 23℃, 3월에는 30℃ 내외로 무덥고 기온이 높다. 1482년 포르투갈인 항해사가 콩고강의 하구를 발견, 처음으로 상륙하였다.

'앙골라'라는 국명은 그 당시 부근에서 번영하고 있던 왕국의 이름을 딴 것이다. 그 후 한때는 네덜란드령이었다가 17~19세기에 포르투갈의 노예무역 중심지가 되었다. 노예무역에 경제를 의지하였기 때문에 빈곤하였으며, 1830년 노예무역이 폐지된 후에도 천연자원 개발이 제대로 이루어지지 않았다. 1910년에 이르러서야 자본주의적인 식민지 농업이 도입되었으며, 1917년 다이아몬드 발견을 계기로 앙골라의 식민지 개발이 궤도에 오르기 시작하였다. 그러나 그 후 세계경제공황과 포르투갈 본국에서 독재정권이 출현함으로써 원주민은 경제적으로나 정치적으로 압박을 받게 되었다.

1951년 포르투갈의 식민지법이 폐지되면서 해외영토조직 헌장에 따라 본국의 일부인 해외 주가 되었고, 포르투갈의 중앙집권적 지배는 더욱 가혹해졌다. 그러나 1960년부터 원주민은 해방조직을 결성하고 대규모 무력투쟁을 시작하였다.

그 후 해방운동은 앙골라인민해방운동노동당(MPLA), 앙골라 완전독립민주동맹(UNITA), 앙골라해방민족전선(FNLA) 등으로 분열하였다.

1974년부터 민주화의 길을 걷기 시작한 포르투갈은 1975년 1월 앙골라의 독립을 인정하는 협정에 조인하였고 그해 인민공화국으로 독립하였다. 그러나 그로부터 MPLA(소련, 쿠바, 동구 지지) 세력과 FNLA-UNITA 연합세력 (미국, 서방 지지) 간의 내전이 발발했다.

1991년 5월 리스본평화협정이 MPLA와 UNITA간에 체결되고, 1992년 9월 유엔 감시하에 최초의 대통령 및 국회의원 선거가 시행되었다. 선거 결과 MPLA의 산토스(Dos Santos) 대통령이 승리했는데, UNITA의 대통령 후보 사빔비(Savimbi)가 선거에 불복함으로써 내전 종식의 기회를 놓치게 되었다.

UN 앙골라감시단(MONUA) 지원 아래 1994년 정부와 UNITA 사이에 평화협정이 체결되어 UNITA에서 활동하던 사람들이 정부와 군대에 흡수되고 1997년 4월 거국적인 정부가 수립되었으나, 1998년 12월과 1999년 1월에 UN 직원이 탑승한 비행기가 UNITA 군에 의하여 격추되어 40여 명이 사망하는 등 국지전은 계속 발생하였다. 2002년 4월 평화협정이 체결됨으로써 형식적인 의미에서 30년 가까이 끌어온 내전은 종식되었다.

아고스티노네토 건국대통령 추모관

앙골라에서 의무 교육은 초등학교에만 해당한다. 헌법상 모든 국민에게 무상교육이 보장되어 있으나 잦은 폭동으로 인하여 입학률은 매우 낮다. 고등교육 기관으로는 1962년 수도 루안다에 설립된 아고스티노네토 대학교가 있다.

언론매체는 모두 국가 소유인데, 일간지 몇 개와 국영 라디오방송국과 텔레비전 방송국도 있다. 그러나 대부분 사람은 벽보를 통하여 정보를 얻는다.

전통문화를 진흥시키고 독립 이후의 새 시대에 걸맞은 독창적인 문화를 육성·발전시키기 위해 앙골라문화협의회가 조직되어 있다. 건축양식은 포르투갈의 영향을 많이 받았다. 성곽, 교회 등의 각종 건축물과 가옥들은 혹독한 해안기후에 견딜 수 있도록 대리석과 목재 그리고 강철 등으로 이루어졌다. 나무와 진흙, 구리, 갈대, 상아 조각 그리고 사람의 몸 등을 대상으로 하는 장식예술이 활발하고, 음악과 춤은 대표적인 문화형태이다. 대부분의 국민이 축구를 매우 좋아하며 포르투갈과 유럽에서 활동하는 축구선수도 있다.

국토면적은 124만 6,700km²(한반도의 약 5.5배)이며, 현재 인구는 약 3,502만 8,000명(2022년 기준)이다. 종족은 오빔분두족(37%), 킴분두족(25%), 바콩고족(13%), 메스티소(2%), 유럽인(1%), 기타(22%) 등으로 구성되어 있다. 종교는 토착 종교(47%), 로마가톨릭(15%), 기독교(15%) 등을 믿고 있으며, 공용어는 포르투갈어이다. 소수민족은 토착 언어를 지방에서 많이 사용하고 있다.

시차는 한국 시각보다 8시간 늦다. 한국이 정오(12시)이면 앙골라는 오전 04시가 된다. 환율은 앙골라 1,000콴자가 한화 약 1만 원으로 통용되며, 전압은 220V/50Hz를 사용하고 있다.

루안다 시내 전경

　때는 2018년 5월 23일 수요일이다. 콩고민주공화국 킨샤사 국제공항에서 출발한 비행기가 1시간 30분이 지나 앙골라 루안다 국제공항에 도착했다. 곧바로 입국 신고를 하기 위해 출입국관리사무소로 향했다. 출입국관리사무소 직원이 나타나서 하는 말이 "오늘은 컴퓨터 시스템에서 현지 도착 비자가 나오지 않아서 도착 비자를 발급할 수 없다."라고 하며 별도로 마련된 사무실로 우리 일행들을 안내한다. 그리고 당국의 지시가 있을 때까지 잠자코 기다리라고 한다.

　두 시간이 지나도 아무 연락이 없다. 짜증이 나서 항의하려고 창문을 열고 나가려는 순간, 공항 직원이 다가와서 "내일이나 모레 비자를 받으러 오라."고 한다. "내일 아침부터 여행 일정을 진행해야 하는데 어떻게 하느냐?"고 항

루안다를 바라보는 파노라마 언덕, 달의 전망대 계곡

의하자, 임시 입국허가증을 발급해 주겠다고 한다. 임시 입국허가증을 소지하고 여행 일정을 진행하다가 경찰들의 검문검색이 있을 시에는 임시 입국허가증을 보여주라고 하며 대화가 원만하지 못할 시에는 자기 전화번호와 성명을 적어주면서 전화 주시면 도와드리겠다고 한다. 별도의 방법이 없어 당국의 지시에 따르기로 했다.

이렇게 세 시간에 가까운 시간을 지체하고 공항에서 자유의 몸이 되어 숙소로 향했다. 그리고 임시 입국허가증을 소지하고 3박 4일 여행을 무사히 마치고 귀국하기 위해 공항에 도착하니 3일 전에 임시 입국허가증을 발급해 준 공관 직원이 기다렸다는 듯이 나타나서 반드시 몇 번 출구를 이용해서 출국 심사를 마치고 출국하라고 당부한다.

이렇게 우여곡절 끝에 앙골라 여행을 무사히 마치고 우리 일행들은 귀국하기 위해 공항 탑승구로 이동했다.

적도기니 Equatorial Guinea

　북쪽으로 카메룬, 동쪽과 남쪽으로 가봉과 접하고 있는 적도기니(Equato-rial Guinea)는 대륙부 리오무니(Río Muni)와 비오코(Bioko)섬 등 몇몇 조그마한 앞바다의 섬을 포함한 두 개의 지역으로 구성된다. 대륙부는 비아프라(Biafra)만(기니만의 가장 안쪽에 있는 만)의 북서쪽에 있는 이 나라의 가장 큰 섬인 비오코와 분리되어 있다. 그리고 수도인 말라보(Malabo)는 비오코섬에 있다.

　본토 최초의 주민은 피그미족이었을 것으로 추측되는데, 현재 다수 종족인 팡족과 부비족은 각각 17~19세기에 반투어족의 이동 물결을 타고 본토 지역과 비오코섬(당시의 이름은 페르난도포)에 당도했다. 적도기니는 18세기 말 포르투갈이 스페인에 할양한 광대한 영토의 일부였으며, 영국·독일·네덜란드·프랑스 상인들과 더불어 노예무역업자들의 발길이 잦았다. 비오코섬은 스페인이 정식으로 인수하기 전인 1827~1858년 영국의 통치를 받았으며, 본토(리오무니)는 1926년에 이르러서야 스페인에 의해 실효 지배되었다.

팡족인 나무꾼 여인

　20세기 초반에서 중반까지 당시 스페인령 기니로 불린 적도기니는 스페인 정부와 로마가톨릭의 가부장적 지배를 받았다. 이 식민지는 외국인 근로자들에 의해 카카오와 목재의 중요한 산지가 되었다. 1968년에 독립이 선포되고 이어 프란시스코 마시아스 응게마(Francisco Macías Nguema) 대통령의 독재정치로 공포와 경제 혼란이 계속되었다. 응게마는 1979년에 축출, 처형되었다. 적도기니는 새로운 지도자 밑에서 민주적인 사회·정치 규범과 국가 경제를 발전시키기 위해 힘쓰고 있다.

　한국과는 1979년 9월 정식 외교 관계를 수립했으며, 그동안 몇 차례 고위 인사의 상호방문이 있었다. 특히 한국 측에서는 1980년대 이후 의약품과 버스, 트럭 등의 구호물자를 무상으로 제공하고 있다. 1969년 1월 북한과도 국교를 수립하고 1970년 7월 대사관을 설치했다.

마리아 크리스티나 순수 목재교회

한편, 대한민국 대사관은 그동안 주가봉 대한민국 대사관에서 겸하고 있었는데 2012년 수도 말라보에 대사관 분관이 개설되어 양국 관계가 한층 더 긴밀해지는 계기가 되었다. 경제와 통상, 주요 협정으로 한국은 2015년과 2016년 연달아 적도기니의 최대 수출국으로 급성장했다. 한국 대 적도기니의 주요 수출품은 연료와 석유, 유기화학 제품, 목재, 기계설비, 철강 등이며, 주요 수입품은 선박과 기계설비, 철강 제철, 전자기기, 음료 등이다. 2016년 기준 한국 대 적도기니 수출액은 1,041만 달러, 수입액은 6억 1,699만 달러이다. 양국 간에는 경제·기술·문화·과학협력협정(2010년 6월)이 체결되어있다.

2011년 오켄베 은도호(Okenbe Ndoho) 적도기니 국가경제기획부 차관이 제주도를 방문하여 제주도 문화와 관광산업의 발전을 배우고 상호 교류를 넓혀 나가기로 했다. 2016년 기준 적도기니에는 214명의 재외동포가 거주하고 있으며, 2017년 기준 한국에는 적도기니 국적의 등록외국인 세 명이 거주하고 있다.

　국토면적은 2만 8,051km²이며, 현재 인구는 약 149만 7,000명(2022년 기준)이다. 종족은 팡족과 리오무니족, 비오코족, 부비족 순으로 구성되어 있으며, 공용어는 에스파냐어와 프랑스어를 사용하고 있다. 종교는 로마가톨릭(94%), 이슬람교, 토속신앙 등을 믿고 있다.

　시차는 한국 시각보다 8시간 늦다. 한국이 정오(12시)이면 말라보의 경우 오전 04시가 된다. 환율은 적도기니 1,000세파프랑이 한화 약 2,200원으로 통용된다. 전압은 220V, 230V, 240V로 콘센트 2구를 사용하고 있다.

　수도 말라보는 비오코(페르난도포)섬 북단의 경사면 화산 가장자리에 있

수도 말라보 시내 전경

다. 평균기온 25℃에 연강우량 1,900mm로, 비아프라만(기니만)에서 무더운 기후 지역에 속한다. 말라보는 적도기니공화국의 상업 및 금융의 중심지이다. 배 두 척을 정박시킬 수 있는 항만시설을 갖추고 있으며 주로 코코아와 목재, 커피를 수출한다.

국제공항이 있어 적도기니의 대륙부에 있는 리오무니주의 바타 및 서아프리카의 여러 나라를 오갈 수 있다. 1969년 여러 차례 폭동이 일어난 뒤 많은 유럽 사람들이 도시를 빠져나갔고, 1970년대 중반에 나이지리아의 계약근로자들이 본국으로 돌아가자 인구가 더욱 줄었다.

나이지리아 ^{Nigeria}

나이지리아(Nigeria)는 아프리카 서부 기니만에 면한 나라이다. 1900년 이후 영국의 통치를 받기 시작한 나이지리아는 1922년 국제연맹의 위임통치령이 되었다가 1960년 10월 영국연방으로 독립하였다. 그리고 1961년 국민투표로 북부 카메룬을 병합하고, 1963년 4개 주로 이루어진 연방공화국을 선포하였다.

정식명칭은 나이지리아연방공화국(Federal Republic of Nigeria)이다. 남쪽으로는 기니만에 면하고, 동쪽으로는 카메룬, 북쪽으로는 차드와 니제르, 서쪽으로는 베냉과 접해 있다. 독립 이후 수차례 군사쿠데타로 정권이 바뀌었지만, 아프리카의 대국으로 또 석유 자원국으로 국제적 지위를 높이고 있으며, 서부와 중부 아프리카에서 주도적인 위치를 다져가고 있다. 행정 구역은 36개 주와 1개 보호령으로 이루어져 있다.

나이지리아의 나이저(Niger)강 유역에는 나일강 유역에 필적할 만한 고대 문명이 꽃피웠다는 설이 있다. 남부의 베냉에서 출토된 청동이나 이페(Ife)에서 출토된 테라코타(Terra-cotta) 등은 약 2,000년 전의 것으로, 이른바 노크(Nok) 문화라고 하는 문화유산으로 일컬어진다. 그러나 초기의 나이지리아 역사에 대해서는 거의 알려진 것이 없다. 북부에는 13세기에 이미 이슬람교가 들어와 주민들 사이에 침투되어 있었고, 북부 도시 카노(Kano)의 성벽은 11세기에 축조된 것으로 일컬어지고 있으나, 그들 북부 주민과 부족 신앙을 지켜온 남부 주민과의 교류는 거의 없었다.

15세기에 들어온 포르투갈인은 남부에서 가장 세력을 떨친 베냉(Benin) 왕국과 노예매매의 외교 관계를 맺었으나, 북부에는 카누리족의 카넴보르누(Kanem-bornu) 왕국과 하우사족의 작은 나라 등 14개국이 있었다. 1802년에 풀라니족의 이슬람 지도자 우스만 단 포디오(Usman dan Fodio)가 하우사족의 제국을 정복하여 풀라니(Fulani) 왕국을 세웠고, 남부에는 요르바(Yoruba) 왕국, 베냉 왕국 등이 19세기까지 존속하였다. 포르투갈인에 의해 시작된 노예매매는 유럽 여러 나라가 가담하고, 17세기에는 영국도 끼어들었다. 그러나 1807년 영국은 노예매매를 불법화하고 야자 기름으로 합법적인 무역 거래에 주력하였다.

1827년 영국은 페르난도포(Fernando Póo)섬에 해군기지를 설치하고, 1849년에는 그곳에 영사관을 두어, 나이저강 삼각주를 세력권 아래에 넣었다. 다시 1851년에는 노예무역 기지 라고스(Lagos)를 무력으로 점령하여, 1861년 직할 식민지로 하였다. 1854년경부터 유럽의 여러 회사가 나이저강을 분할하여 무역을 시작하고, 1879년 조지 골디(George Goldie)는 그곳에서 무역에 종사하는 영국계 회사를 모두 합병했다. 다시 몇 해 후 라이벌인 프랑스계 회사를 매수하는 한편, 나이저 · 베누에(Benue)강 유역에 사는 여

라고스 밀레니엄 공원

러 부족장 및 소코토(Sokoto)에 수도를 둔 풀라니 왕 등과의 사이에 통상협
약을 맺었다.

이 결과 1885년 베를린 회의에서 나이저강 유역은 영국의 보호령으로 선
언되었다. 1886년에 조지 골디가 설립한 회사는 영국 국왕으로부터 특허장
을 받게 되어 '왕립나이저회사'라고 불렸다. 행정권과 사법권을 가진 왕립나
이저회사는 1897년 최후까지 회사의 지배에 항거해온 풀라니 왕국을 무력으
로 눌러 회사의 권위를 인정받게 되었다. 그 후 영국 국왕은 왕립나이저회사
의 특허장을 취소하고, 1900년 1월부터 영국 정부가 그 영역을 직접 통치하
기 시작했다. 나이저강 삼각주와 하류 유역은 그때까지 보호령과 합쳐 '남부
나이지리아보호령'이라 명명하고, 1906년 라고스 식민지까지 합병, 라고스

를 수도로 삼았다.

왕립나이저회사의 북방영토 는 북부 나이지리아보호령이 되 어 프레데릭 러가드(Frederick Lugard)가 초대 판무관이 되었 다. 1914년 남부와 북부는 통합되 어 영국의 '나이지리아 식민지 및 보호령'이 되었다. 제1차 세계대전 중 영국은 프랑스와 협력하여 독일 령 카메룬을 분할 점령하고, 1922 년 그 점령지를 국제연맹의 위임통

라고스 자유공원 출렁다리

치령으로 하여 나이지리아와 함께 통치하였다.

그 무렵 남부에서는 민족주의운동이 일어났으나, 그것은 이보족과 요르 바족 등의 부족주의적인 성격을 띠었다. 제2차 세계대전 후 다시 남부에 민 족주의운동이 일어나 북부에 파급되었다. 1947년과 1951년 헌법제정을 거 쳐 1954년 3차 헌법에서 연방제가 확립되고, 1960년 10월 영연방의 일원으 로 독립하였다. 1961년 국민투표로 북부 카메룬을 병합하고, 1963년 10월 북부와 동부, 서부, 중서부의 4개 주로 나뉜 연방공화국을 선언하였다. 독립 한 나이지리아에서는 인구가 많은 북부 주가 연방의회의 다수파가 되어 중앙 정부를 지배하였고, 그것이 동부 주와 서부 주 주민의 심한 불만을 조성하여 정정 불안의 요인이 되었다. 1966년 군사쿠데타가 발발, 연방 총리 발레와

(Balewa) 등 많은 정치가와 군인이 죽고, 이보족 출신의 장군 이론시(Iron-si)가 군사정권을 수립하였다.

그리스도교도가 많은 남동부의 이보족은 북부의 이슬람교도와 대립 관계에 있었다. 1966년 5월 이론시 군사정권이 연방제 폐지 중앙집권제 채택을 꾀하자 북부 주 등에서 군대의 반란이 일어나 7월 이론시가 암살되고, 북부의 소부족 출신인 중령 야쿠부 고원(Yakubu Gowon)이 군사정권 수반이 되어 연방제 부활 및 주의 분할 재편성을 포함하는 신헌법안을 제안하였다. 신헌법안에 반대한 동부 주의 군정장관 중령 오주쿠(Ojukwu)는 연방으로부터 동부 주의 이탈을 주장하였다. 가나 정부의 중재로 고원 군사정권과 오주쿠 동부 주 정부는 타협을 시도하였으나, 고원 군사정권이 종래의 4개 주 1 연방 수도를 폐지하고, 12주로 세분하는 방침을 결정했다(1967년 5월). 오주쿠는 종래의 동부 주를 나이지리아에서 분리하여 '비아프라공화국'으로 독립시킬 것을 선언하였다. 오주쿠는 이보족의 국가를 건설하겠다는 의도 외에, 동부 주에서 산출되는 석유의 이권료 등을 독점하려는 의도를 가지고 있었다.

연방정부는 비아프라(Biafra) 분쇄를 결정하고, 7월 7일 전쟁을 개시하였다. 1970년 1월까지 2년 반에 걸친 내전에서 이보족은 전사자와 아사자를 합쳐 250만 명의 희생자를 낸 끝에, 오주쿠가 국외로 망명함으로써 전면 항복을 하였다. 고원 군사정권은 정치단체를 불법화한 상황에서 내전 후의 황폐 복구, 옛 비아프라 지역주민의 처우 문제 등에 주력하면서 민정 복귀를 연기해 오다가 1975년 7월 군사쿠데타에 의해 실각하고, 다시 1976년 2월 군사쿠데타에 의해 장군 오바산조(Obasanjo)가 실권을 장악하였다. 1979년 8월 민정 이양을 거쳐 국민당의 샤가리(Shagari)가 대통령에 취임하였다. 1983년 12월 장군 부하리(Buhari)가 쿠데타를 감행, 정권을 장악하였으나, 다시 1985년 8월 소장 바방기다(Babangida)의 군사쿠데타에 의해 전복되었다.

영국은 나이지리아를 식민지로 삼은 뒤 판무관 러가드가 제창한 이른바 간접 통치에 따라 종래 개별 부족의 내부 지배체제를 소중히 보존하는 정책을 써왔다. 그리하여 나이지리아는 오늘날 다양한 전통문화와 부족 간의 대립이 존재하는 사회구조를 가지게 되었으며, 특히 근대화가 앞선 남부와 뒤진 북부 사이의 지역적인 심한 격차는 내부 국가 갈등의 원인이 되었다.

종교는 회교(50%), 기독교(40%), 토착 종교(10%) 순이다. 문맹률은 22%(2022년 기준)에 달하나, 교육의 보급에 힘써 1976년에 초등교육을 무상으로 하고 1980년부터 6년간의 의무 교육을 시행하고 있다. 또한 라고스 대학을 비롯한 80개 대학이 있다.

언론기관으로는 텔레비전 방송국 28개국과 라디오방송국 24개국, 일간 신문사 19개사가 있다. 이 중에서 주요 일간지는 〈데일리 타임스〉, 〈뉴나이지리언〉, 〈가디언〉, 〈내셔널 콩코드〉 등이고, 국영 〈나이지리아텔레비전방송(Nigerian Television Authority : NTA)〉과 민영 〈아프리카독립텔레비전(African Independent Television : AIT)〉 그리고 〈라디오국영방송공사〉 등이 있다. 근대적인 문학 활동은 영어권 아프리카 중에서 가장 활발하다.

국토면적은 92만 3,768km²이며, 수도는 아부자(Abuja)이다. 현재 인

아부자 기독교 회관

구는 약 2억 1,674만 7,000명(2022년 기준)이며, 종족은 하우사 플라니족
(30%), 요루바족(21%), 이보족(18%), 이조족(10%)을 비롯하여 약 250여
부족으로 구성되어 있다. 종교는 회교가 50%(북부 위주), 기독교가 40%(남
부 위주) 등이다.

　시차는 한국 시각보다 8시간 늦다. 한국이 정오(12시)이면 나이지리아는
오전 04시가 된다. 환율은 나이지리아 1,000나이라가 한화 약 3,500원으로
통용된다. 전압은 220V/50Hz를 사용하고 있다.

차드 Chad

아프리카 대륙 중앙의 북쪽에 있는 내륙국 차드(Chad)는 1885년 프랑스 군의 진격이 이루어진 이후 점차 프랑스의 지배를 받게 되었다. 1910년 프랑스령 적도(赤道) 아프리카 식민지의 일부인 차드주(州)가 되었고, 1958년 프랑스 공동체에 속한 자치공화국이 된 데 이어 1960년 8월 독립하였다. 정식명칭은 차드공화국(Republic of Chad)이다. 차드는 북쪽으로 리비아, 남쪽으로 중앙아프리카공화국, 동쪽으로 수단, 남서쪽으로 나이지리아와 카메룬, 서쪽으로 니제르와 국경을 접한다. 국토가 바다로부터 격리되어 있고 대부분 지역이 사막 기후인 탓에 '아프리카의 죽은 심장'이라고 불리며, 수단, 소말리아와 함께 세계 최빈국으로 꼽힌다.

1966년부터 북부 이슬람계와 남부 그리스도교계와의 중앙정부의 내전이 30년간 이어져 고통을 겪었다. 행정 구역은 14개 현으로 되어있다.

BC 500년경부터 차드의 서쪽에 있는 차드(Chad)호 주위의 남부지방에 사람들이 정착하였고 800년경 카넴(Kanem) 왕국이 건국되었다. 차드호는 사하라 대상과 수단 교역의 십자로 가운데 하나이다. 중세에는 차드호를 둘

노상 모기장 가게

러싼 몇 개의 왕국이 흥망(興亡)하였는데, 그중에서 16세기에 카넴 왕국을 합병한 카넴보르누(Kanem-bornu) 제국이 차드호를 중심으로 강력한 이슬람제국을 형성하였다. 17세기에는 이 주변에 와다이(Wadai) 왕국과 바기르미(Bagirmi) 왕국 등이 출현하였으나, 세 왕국은 모두 수단의 모험가 라비흐 앗 주바이르(Rabih az-Zubayr)에게 넘어갔다. 1885년 프랑스군이 북쪽과 남쪽(프랑스령 콩고) 그리고 서쪽(니제르)에서 진격해 들어온 이후 이 지역은 점차 프랑스의 지배를 받게 되었다. 1910년에는 프랑스령 적도 아프리카 식민지의 일부인 차드주가 되었으나, 제2차 세계대전 후인 1958년 프랑스 공동체의 자치공화국이 되었다. 그 후 1960년 8월 차드공화국으로 독립하여 아프리카에서 20번째 신생 독립국이 되었다. 차드의 초대 대통령 응가르타

드골 거리의 자유광장

톰발바예(Ngarta Tombalbaye)는 프랑스와의 방위동맹을 기반으로 한 차드진보당(PPT) 1당제 국가로서 국내를 통일하고자 노력했으나 1963년부터 북부의 이슬람교도 주민 사이에 남부 주민을 기반으로 하는 PPT 정권에 대한 반정부운동이 강화되었다. 반정부운동은 차드민족해방전선(FROLINAT)을 중심으로 이루어졌다. 차드민족해방전선 지도자의 체포, 의회 해산, 헌법 수정 등의 대책에도 불구하고 반정부운동이 계속되어 1968년 8월 프랑스군이 출동, 그해 11월 무력으로 진압하였다.

1969년 6월 응가르타 톰발바예가 재선되고 리비아를 방문해 230억 CFA 프랑의 차관을 얻었다.

1975년 4월 노엘 M. 오딩가르(Noël Milarew Odingar) 군사령관 대리가

군사쿠데타를 일으켜 응가르타 톰발바예 대통령을 살해하고 헌법 정지, 의회 해산, 문화사회 민족운동의 해소 등을 시행하였다. 또한 반역죄로 1973년에 체포되었던 펠릭스 말룸(Felix Malloum) 장군이 최고군사평의회 의장이 되었고 마침내 국가원수로 취임하였다. 그러나 마룸 군사정권에 대한 노동자들의 불만이 높아져서 파업이 자주 일어났고 이에 정부는 파업권 박탈을 강행하였다. 북부 이슬람교도도 마룸 정권에 반발하여 1976년 4월 혁명기념일에 차드민족해방전선에 의한 펠릭스 마룸 암살 미수 사건을 일으켰다.

1978년 8월 펠릭스 마룸 장군은 최고군사평의회를 해산하고 스스로 대통령에 취임, 거국내각을 조직하기 위해 차드민족해방전선의 지도자 이센 아브레(Hissène Habré)를 수상에 임명하였다. 그러나 차드민족해방전선의 지도자 구쿠니 웨데이(Goukouni Oueddei)와 펠릭스 마룸 대통령의 심한 적대관계가 계속되어 1979년 3월 펠릭스 마룸 대통령은 국외로 망명하였다.

그해 4월 웨데이가 임시국가평의회 의장이 되었으나 정정이 불안하기는 마찬가지였다. 1979년 8월 남북 양파는 대통령에 웨데이, 부통령에 와델 압델카데르 카무게(Wadel Abdelkader Kamougué)를 추대하고 자유 선거를 시행하였으나 곧 내전이 일어났고 분쟁을 일으킨 당사자들과 인접한 5개국이 참가한 라고스 화해 회의에서 웨데이 체제가 다시 성립되었다.

1980년 3월에는 북부계 내부의 대립으로 웨데이 대통령파와 이센 아브레(Hissène Habré) 국방장관파가 격렬하게 충돌한 데다 카무게 부통령파가 합세하여 3파 간의 내전이 벌어졌다.

1982년 6월 아브레파가 이집트와 수단의 지원을 얻어 수도를 제압하여 웨데이 대통령은 알제리로 망명하고 아브레 전 국방장관이 대통령에 취임하였다. 그러나 1983년 6월부터 웨데이 전 대통령이 이끄는 반정부군이 리비아 공군의 지원을 받아 이 나라 북부의 전략 요충지인 파야(Faya)를 점령하고 내전에 돌입하였다.

이에 대해 정부군을 지원하는 프랑스가 공수요원을 투입한 데 이어 미국과 구소련이 각각 정부군과 반정부군에게 측면지원을 시작하면서 차드 내전은 점차 국제전의 양상을 띠기 시작하였다. 같은 해 8월에는 북위 15선을 경계로 일단 휴전이 성립되었다.

한편, 우라늄의 보고인 아오즈(Aouzou)의 영유권을 둘러싼 리비아와의 전쟁을 1988년 종결하고 1989년 아브레가 대통령에 재선되었으나, 수단에 망명해 있던 이드리스 데비(Idriss Deby) 전 참모총장이 조직한 인민구제 운동이 1990년 12월 수도를 침공하여 정권을 장악하였다.

1991년 3월 복수정당제를 확립하였고, 1992년 반정부조직인 '자원 개발과 민주를 위한 운동(MDD)'이 평화협정을 맺었다. 1991년 12월 아브레를 추종하던 구 정부군이 반란을 일으켰으나 프랑스군의 지원으로 진압되었고, 1992년 6월에도 공공사업장관인 야쿠브(Yacoub)가 쿠데타를 일으키는 등 정세가 불안하여지자 1993년 1월 이드리스 데비 대통령은 야당 요구를 수용하여 정부와 정당, 사회단체가 참여하는 국민회의를 소집하였다.

1993년 4월 국민회의에서 이드리스 데비는 국가원수로 재추대되었다. 1996년 4월 군정에서 민정 이양을 위한 신헌법을 국민투표로 채택하였고, 같은 해 7월 실시한 최초의 민선 대통령선거에서 이드리스 데비가 승리하여 대통령으로 취임하였다.

2001년 5월 실시된 대통령선거에서도 이드리스 데비가 67%의 득표율로
재선되었다. 최근에는 유전 개발 등 경제 상황 호전과 더불어 인권과 언론의
자유도 점차 보장되면서 정치 민주화가 착실히 진행되고 있다.

차드에는 약 200개의 부족이 살고 있어 부족 간의 분쟁이 계속되고 있다.
1993년 정부군이 남부 고레(Goree)에서 발생한 종교 분쟁을 진압하는 과정
에서 주민 수십 명을 학살한 사실이 드러나 북부 아랍계와 남부 사라족 사이
에 긴장이 심화되어 난민 1만 5,000여 명이 중앙아프리카로 탈출하였다.

차드의 통신사는 국영 〈차드통신〉이 있고, 신문으로는 〈앵포차드(프랑스
어, 일간)〉가 있다. 2017년 당시 라디오방송국은 AM 방송국 2국과 FM 방
송국 3국, 단파방송국 5국, TV 방송국 1국이 있었다. 인터넷서비스사업자
는 1개가 있다. 인터넷 호스트 수는 72개(2017년 기준), 인터넷 사용자 수는
160,000명(2017년 기준)이다. 서북아프리카 대부분의 나라에 비해 의료 시
설이 낙후되어 있는 차드는 의료진이 절대적으로 부족하고 위생이 불량해 국
민의 건강상태가 나쁘다. 초등교육은 공립학교나 가톨릭 또는 개신교에서 운
영하는 사립학교들에서 이루어지며 중등교육과 기술 교육도 받을 수 있다.
고등교육기관으로는 차드대학교(1971년)가 있다.

국토면적은 128만 4,000km²이며, 수도는 은자메나(N'Djamena)이다.
현재 인구는 약 1,741만 4,000명(2022년 기준)이고, 종족 구성은 사라족
(30%)과 아랍족(12.5%), 마요케비족(11.5%) 등 200여 개의 부족으로 형성

차드 북부 사하라사막(출처 : 현지 여행안내서)

되어 있다. 종교는 이슬람교(53%)와 기독교(20%), 정령신앙(10%) 등을 믿고 있다.

　시차는 한국 시각보다 8시간 늦다. 한국이 정오(12시)이면 차드는 오전 04시가 된다. 환율은 차드 1,000세파프랑이 한화 약 1,900원으로 통용된다. 전압은 220V/50Hz를 사용하고 있다.

중앙아프리카공화국 Central African Republic

아프리카 대륙 중앙에 있는 내륙국 중앙아프리카공화국(Central African Republic)은 1911년 프랑스령 콩고에 포함되었고 이듬해 프랑스령 적도기니가 되었다. 이 나라는 1916년 차드와 분리해 '우방기샤리(Ubangi Shari)'라는 이름이 붙었으며, 1958년 프랑스 공동체에 속한 자치공화국이 되었고, 1960년 8월 13일 독립하였다.

정식명칭은 중앙아프리카공화국(Central African Republic)이며, 줄여서 'CAR'이라고도 부른다. 중앙아프리카공화국은 북쪽으로 차드, 동쪽으로 수단, 남쪽으로 콩고민주공화국과 콩고, 서쪽으로는 카메룬과 국경을 접한다. 다양한 농산물과 양질의 목재 등이 생산되지만, 바다에서 1,000km나 떨어진 내륙국이라는 지리적 악조건이 국가발전에 장애가 되었고 지금도 가뭄과 물 기근, 극심한 식량 부족 문제를 안고 있다. 프랑스어사용국기구(프랑코포니)의 정회원국이다. 행정구역은 14개 현과 2개 경제현, 1개 코뮌(Commune)으로 되어있다.

중앙아프리카공화국에서는 구석기시대 말엽에 사람이 거주하였을 것으로 추측되나 19세기 전까지의 기록은 존재하지 않는다. 프랑스인들이 이 지역을 탐험하여 영토권을 주장하고 1889년 중앙아프리카공화국의 수도 방기(Bangui)에 전진기지를 설치하였다. 프랑스는 주변 탐사를 하면서 점령지를 늘려나가는 한편, 1897년 J. B. 마르샹(Jean-Baptiste Marchand) 대령이 지휘하는 군대가 홍해(紅海)를 향하여 '정복 원정'에 나섰다. 이때 나일강을 따라 남하하던 영국군과 충돌하여 이른바 '파쇼다(Fashoda)사건'이 일어났다. 이 문제를 해결하기 위해 1899년 영불협정(英佛協定)이 체결되어 수단과의 국경이 확정되었고, 프랑스군은 북쪽의 차드(Chad)호를 향하여 침략을 계속하였다.

1911년 차드호를 포함한 프랑스 식민지가 프랑스령 공고로 확정되었고 이듬해에는 프랑스령 적도기니로 이름을 바꾸었다. 이어 1916년에는 차드와 분리, '우방기샤리'라는 이름이 붙여졌으며 '중앙(中央) 콩고'와는 별개의 통치단위가 되었다.

제2차 세계대전 후 민족해방운동이 고조됨에 따라 1958년 프랑스 공동체 소속 자치공화국이 되어 국명(國名)을 중앙아프리카공화국으로 정하였다. 해방운동 지도자이며 흑(黑)아프리카사회진보당(MESAN) 당수였던 자치정부 수상 바르텔레미 보간다(Barthélemy Boganda)가 1959년 4월 비행기 사고로 죽자, 다비드 다코(David Dacko)가 뒤를 이었으며, 그는 1960년 8월 13일 독립과 함께 초대 대통령이 되었다.

1965년 12월 장베델 보카사(Jean-Bédel Bokassa)가 이끄는 쿠데타가 성공하여 장베델 보카사가 대통령으로 취임하였다. 이듬해인 1966년 장베델 보카사는 헌법을 폐지하고 국회를 해산함으로써 독재체제의 강화를 꾀하였다.

1972년 2월 유일 정당인 흑아프리카사회당에 의하여 종신 대통령으로 지명된 장베델 보카사는 1976년 12월 국명을 중앙아프리카공화국에서 아프리카제국(帝國)으로 고치고 스스로 황제가 되어 보카사 1세라 칭하였다. 보카사는 12년 동안 독재정권을 유지하면서 1979년 직접 소년 소녀 수십 명을 살해하는 등 학정이 드러나 국내외의 비난을 받았다.

1979년 9월 장베델 보카사가 리비아를 방문한 틈을 타 쿠데타가 일어났으며, 그 결과 다비드 다코가 다시 정권을 인수하여 공화제가 부활하였다. 그러나 2년 후인 1981년 9월 또다시 쿠데타가 발생, 프랑스의 꼭두각시로 비난을 받아온 다비드 다코가 축출되고 군사령관 앙드레 콜링바(André Kolingba)를 의장으로 하는 국가구제군사위원회가 실권을 장악하였다.

1985년 앙드레 콜링바는 국가구제군사위원회를 해체하고 대통령에 취임하였다. 앙드레 콜링바는 1986년 11월 단일 정당제의 신헌법을 공포하면서 민정 이양을 실현하였고, 이후 신헌법에 따라 중앙아프리카민주회의(RDC)에 의한 1당 독재가 시작되었으며, 단원제의 국민의회가 구성되었다.

앙드레 콜링바는 이전 정권의 친서방 외교정책에서 벗어나 1983년 비동맹 전방위 외교로 전환을 표명하였고, 1988년에는 1980년에 단교한 소련과 국교를 재개하였다. 1993년 9월 앙게펠릭스 파타스(Ange-Felix Patasse) 전 총리가 대통령에 당선되었다. 1996년 4월과 5월, 11월에 병사들이 소요를 일으키자, 아프리카 6개국에서 중앙아프리카중개군(MISAB)을 파견하였다.

1999년 9월에 대통령선거가 시행되어 앙게 펠릭스 파타스 대통령이 재선되었으나 불안한 정세가 이어졌다. 2003년 5월 프랑수아 보지즈(Francois Bozize)가 쿠데타를 통해 집권하였으며 2005년 치러진 선거에서 대통령에 당선되었다.

중앙아프리카공화국은 복잡한 민족구성을 이루고 있는데, 이들 부족은 거의 반투어계 부족이다. 소수의 이슬람교도를 제외하고 대부분의 국민이 부족 종교와 그리스도교를 믿어 주민 사이에 문화적인 격차는 크지 않다. 문맹률은 해마다 낮아지고 있으나 미흡한 수준이다. 취학률도 낮으며, 초등교육부터 8년간 의무교육을 시행한다. 15세 이하 인구는 절반에 가까운 43%를 차지한다. 라디오와 TV는 국영이며, 라디오방송국은 AM 방송국 1국과 FM 방송국 3국, 단파방송국 1국이 있다.

인터넷 호스트 수는 25개(2017년)이며, 사용자 수는 113,000명 (2017년 기준)이다. 중앙아프리카공화국에서 최근 들리는 음악은 콩고와 콩고민주공화국으로부터 많

수도 방기 중앙시장

이 들어왔다. 이들 중 세계적으로 유명해진 것이 있는데 전통적인 아프리카음악에 미국 캐리비언, 라틴아메리카의 재즈와 록, 라틴리듬의 영향을 받은 것들이다.

우방기강 원주민

전통악기로는 실로폰과 손가락 피아노, 작은 산자 등이 있다. 수도 방기에 있는 바르텔레미 보간다 박물관에는 주요 부족들의 조상과 탈, 부족민요 음반이 보존되어 있다. 국민의 다수가 아직도 정령 숭배 의식을 행하고 있다.

국토면적은 622,984km²이며, 현재 인구는 약 501만 7,000명(2022년 기준)이다. 종족 구성은 바야족(33%)과 반다족(27%), 만디아족(13%), 사라족(10%) 등이며 80여 개 부족으로 형성되어 있다. 종교는 토착 종교(35%), 개신교(25%), 로마 가톨릭(25%), 이슬람교(15%) 순이다.

시차는 한국 시각보다 8시간 늦다. 한국이 정오(12시)이면 중앙아프리카공화국은 오전 04시가 된다. 환율은 중앙아프리카공화국 1만 세파프랑이 한화 약 9,000원으로 통용된다. 전압은 220V/50Hz를 사용하고 있다.

필자는 난생처음 피그미(Pygmy) 마을을 방문했는데 피그미족은 중앙아

피그미족 마을 어린이들

프리카에 사는 왜소한 종족이며 광범위하게 아시아, 아프리카, 오세아니아에 분포하는 왜소 인종들을 통틀어 이른다. 남자의 키가 150cm 이하인 인종이다.

아시아의 피그미는 말레이반도 말라카의 세방족과 뱅골만 안다만제도의 민코피족, 필리핀제도의 아에타족이 있으며 이들을 통틀어 '니그리토(Negrito)'라 부른다. 아프리카의 피그미는 콩고 분지의 열대우림을 중심으로 중앙아프리카공화국 수도 방기와 방가수(Bangassou)지역 일대에서 원시적인 사냥이나 채집 생활을 해 왔으나, 요즈음은 흑인 부락 가까이에 살면서 흑인들과 서로 도움을 주고 공생 관계를 유지하며 살아가고 있다. 이곳 피그미족 마을은 수도 방기에서 약 100km 떨어진 외곽지역 시골 마을에 자리 잡고 있

피그미족 마을 주민들

다. 이는 우리가 말하는 순수한 피그미족 시골 마을이 아니고 우리나라 한국 민속촌처럼 정부에서 피그미족 마을을 조성하여 일부 피그미족 가족들을 유입시켜 외국인 관광객을 유치하고 있다.

우리 일행들은 피그미족의 생태와 생활 환경 그리고 피그미족과 더불어 잠시라도 그들의 생활공간에서 공동체 생활을 즐기며 점심 식사도 현지식으로 함께 하고 그들과 일과를 함께해 보았다.

처음에는 난쟁이 부족들과 대면하기가 서먹서먹했지만 일과가 종료되고 헤어질 때는 서로가 만나자 이별이라는 아쉬움에 목이 메었다. 그래서 우리 일행들은 십시일반 용돈을 모아 피그미족 족장에게 전달하고 서로가 양손을 힘차게 흔들며 헤어지는 인사에 섭섭한 아쉬움을 남겼다.

남수단공화국 Republic of South Sudan

'남부수단(South Sudan)'이라고 불리는 이 나라의 식생은 다양한 야생동물의 서식지인 무성한 대초원(사바나)과 늪, 열대우림을 포함한다. 2011년 이전까지 남수단은 수단의 일부였고, 지금은 수단의 남쪽과 이웃하고 있다. 남수단의 국민은 기독교나 정령신앙을 신봉하는 경향이 있는 아프리카적인 문화가 우세하다. 북수단 국민의 대부분은 이슬람교도이자 아랍계로 남수단 정부와 오랫동안 갈등을 겪었다. 수도는 주바(Juba)이다. 남수단에 거주하는 다수의 종족은 15~19세기에 정착한 사람들이다. 수단 지역이 1820년 무하마드 알리(Muhammad' Ali)에게 침략당한 이후, 수단 남부는 다른 지역에 노예를 공급하기 위한 약탈 지역이었다. 무하마드 알리는 오스만 제국의 통치를 받던 이집트 총독이다.

19세기 말까지 수단은 영국, 이집트의 공동 통치를 받았다. 북쪽 지역은 영국의 통치를 상대적으로 빠르게 받아들였지만, 남쪽에서는 훨씬 큰 저항이 있었다. 이런 이유로 수단 북쪽에서 영국 세력은 근대화를 향한 노력을 기울이는 데 장애가 없었다.

반면 남부에서는 질서를 유지하는 데마저도 힘을 쏟아야 했다. 이것은 수십 년 동안 계속된 북부와 남부 사이의 개발 격차의 원인이 되었다. 1956년 독립을 이룬 이래 수년 동안 수단에는 숱한 정권들이 들어섰지만, 자국 내의 다양한 정치 유권자들로부터 전국적인 지지를 얻어내기는 무척 어렵다는 것을 증명했다. 그 어려움은 특히 남부에서 심했다. 초기 갈등은 북부 지도자들과 그들의 정책에 반대하는 집단 사이에서 발생했다.

북부 지도자들은 나라 전반에 이슬람적인 법률과 문화를 강제적으로 확대하려 했다. 그들의 반대 세력에는 남부 지역 사람들 대다수가 포함되었다. 이들은 자신들이 북부를 기반으로 하는 정부에 의해 더욱 소외될 것이라는 두려움이 가득했다. 이러한 두려움은 1955~1972년의 장기 내전으로 이어졌다. 1972년에 맺어진 아디스아바바(Addis Ababa)협정은 갈등을 일시적으로 봉합했을 뿐이었다.

그 후 수십 년 동안 발생한 광범위한 지역에서의 다툼은 제2차 내전(1983~2005년)으로 다시 시작되었다. 남부의 지도자들과 북부의 협상 대상자들 사이에 수많은 회담과 휴전, 협정 등이 이루어졌으나, 2005년까지는 그 성과가 극히 적었다.

2005년에 체결된 포괄적평화협정(Comprehensive Peace Agreement / CPA)은 마침내 내전을 종식시켰다. 이 협정을 통해 수단에서는 권력을 나누고, 부를 분배하고, 안전을 보장하기 위하여 새로운 법안이 만들어졌다. 무엇보다 중요한 점은 이 협정에서 수단 남부에 반 자치권을 보장했고, 남부 지역 독립에 관한 국민투표를 6년 후 실시한다고 명기했다는 사실이다.

몇몇 장애물이 있기는 했지만, 갈망하며 기다려온 국민투표가 시행되었다. 수단 남부의 독립에 관한 투표는 1주일에 걸쳐 2011년 1월 9~15일까지 이어졌고, 투표 결과는 분리 독립에 대한 남부의 압도적인 지지로 나타났다.

마침내 남수단이라는 이름의 국가가 2011년 7월 9일에 독립을 선언했다.

국토면적은 644,329km²이며, 현재 인구는 약 1,850만 명(2022년 기준)이다. 종족 구성은 흑인이 절대다수를 차지하며, 공용어는 아랍어와 영어를 사용한다. 종교는 대부분 토착 종교를 믿는다.

시차는 한국 시각보다 6시간 늦다. 한국이 정오(12시)이면 남수단은 오전 06시가 된다. 환율은 한화 1만 원이 남수단 1,000파운드로 통용되고, 전압은 220V, 230V, 240V로 콘센트 2구를 사용하고 있다.

그리고 남수단에서 유명한 주바(Juba) 춤은 19세기까지 네덜란드령 기아나와 인근 카리브해 연안과 미국 남부에 이르는 지역에서 볼 수 있었다. 운율이 실린 구령이나 다른 사람들의 박수 소리(패팅 주바, Patting juba)에 맞추

수도 주바 수공예시장

수도 주바 우시장

어 여러 가지 스텝(예컨대 주바, 롱 도그 스크래치, 피전윙 등)을 밟는 두 명의 남자를 한 무리의 남자들이 둥그렇게 둘러싸고 춤을 춘다. 원안의 두 사람이 새로운 스텝을 밟은 후에는 둘러선 사람들이 주바 스텝으로 시계 반대 방향으로 돈다.

주바는 아프리카 내 미국 흑인들의 춤에 남아 있는 특징들, 특히 즉흥적인 동작과 발을 끌며 짧게 옮기는 스텝, 유연한 몸동작, 빠른 리듬 등을 지니고 있으며 아프리카의 '기오우바(Giouba)'와 비슷했을 것으로 짐작된다. '패팅 주바'란 손과 다리, 몸 등을 손바닥으로 두드려 복잡하고 빠른 리듬으로 만드는 것을 가리키는데, 주바 춤보다 오래 남아 있어 이 춤이 유행했던 지역에서는 아직도 가끔 볼 수 있다.

중앙아프리카공화국에서 남수단으로 비행하는 직항노선이 없어 카메룬 두알라(Douala)를 경유하고, 르완다 키갈리(Kigali)를 거쳐 우간다 엔테베(Entebbe) 국제공항에 도착했다. 엔테베를 이륙한 비행기는 2018년 9월 7일 12시 50분 남수단 수도 주바 공항에 무사히 착륙했다.

중앙아프리카공화국과 아프리카 대륙 중심부에 있는 남수단은 아직 다수의 미개발 지역으로 국제적인 도움이 많이 필요한 국가이다. 아직 공항 청사도 제대로 마련하지 못해 컨테이너(Container) 몇 개를 비치해 두고 출입국관리사무소를 운영하고 있다. 필자가 지구촌에서 생전 처음 보는 컨테이너 출입국관리사무소를 촬영하려는 순간, 컨테이너 속에서 업무를 보고 있는 공관 직원이 양손으로 엑스(X)자를 그리며 촬영을 금지하고 있다. 그러나 이미 컨테이너 출입국사무소는 카메라에 녹화되고 말았다. 그러나 잠시 생각에 방송이나 편집할 이유가 없다는 생각에 양심을 앞세워 녹화영상을 깨끗하게 지우고 사인(Sign)으로 손을 흔들어 주었다. 그리고 여행용 가방이나 소화물 종류는 모두 천막 공항 청사에서 인부들이 일일이 손으로 싣고 내리는 작업을 하고 있다. 다행히 우리 일행들은 남수단 현지 여행사 가이드

백나일강

아가씨의 도움으로 30분 만에 입국에 관한 모든 절차를 진행하고 공항을 빠져나올 수 있었다.

그리고 천막 공항 청사 바로 이웃에는 신축 공항 청사 공사 현장이 있다. 현지 가이드의 설명을 빌리자면 중국 건설회사가 신공항청사를 수주해서 2013년에 착공, 건설 도중에 건설회사의 부도로 인해 공사가 중단되고 현재 방치된 상태이다.

착공 후 5년이라는 세월이 지났지만 공사 진행은 절반에 불과한 상태로 보존되어 있으며 언제 완공에 이를지는 누구도 알 수가 없다고 한다.

그리고 시내 중심에는 유난히 탱크로리(Tank Lorry) 차가 많이 보인다. 사진에서와같이 WATER TANK(물탱크) 차는 남수단을 동서로 가로지르는

백나일강에서 물을 가득 채우고 골목과 골목을 누비며 집집마다 배달을 한다. 이것은 정부에서 보급하는 식용수가 아니고 가정마다 현금을 주고 구입하여 사용하는 식용수이다. 따라서 돈이 없으면 식수를 구입하지 못해 생명에 위협을 느낀다고 한다.

물탱크 자동차

이렇게 어렵고 가난하게 살아가는 남수단 현지 주민들과 2박 3일 여행 일정을 무사히 마치고 남수단의 무궁한 발전을 기대하며 늦은 밤 남수단을 떠나기 위해 공항으로 이동했다.

수단 Sudan

　수단(Sudan)은 아프리카 대륙 북동부에 위치한 국가로서 그 면적도 아프리카 50여 개 국가 중에서 세 번째 넓으며 국경선만 해도 인접 아홉 개 나라와 홍해를 접하고 있다. 영국과 이집트의 공동 통치를 받은 뒤, 1956년에 독립을 보게 되었다. 국토가 누비아(Nubian)사막에서 수드(Sudd) 늪 지역을 거쳐 남부 적도 우림까지 미치는 수단은 아프리카 대륙에서 매우 큰 나라이다. 북부 지역은 대부분 사막지대이고 서부의 모래 먼지들은 동쪽의 홍해를 향해서 날아간다. 이웃 나라 차드와 마찬가지로 수단 또한 아랍과 이슬람, 흑인 문화가 혼재된 곳이다. 어딜 가든지, 천진하고 친절한 현지인들을 만날 수 있다.

　북부와 서부는 사람이 거의 살지 않는 사막 지역이고, 북동부는 누비아의 반사막 지대이다. 이 지역

백나일강

청나일강과 백나일강 합류지점(출처 : 수단 엽서)

에 비는 거의 내리지 않으나 한 번 내리기 시작하면 그 정도가 매우 심하여 이 지역의 통신이 며칠 동안 마비되기도 한다. 그나마 적은 양의 곡물 재배가 가능한 지역은 남부 카르툼(Khartoum)의 블루 나일(Blue Nile)과 화이트 나일(White Nile) 사이에 있는 게지라(Gezira)의 비옥한 지역과 홍해 유역의 수아킨(Suakin) 남부이다.

수단은 아프리카와 중동지역이 만나는 장소라고 말할 수 있는 나라이다. 아프리카 북부의 이른바 화이트 아프리카로부터 중·남부의 블랙 아프리카에 걸쳐 있다. 건조한 누비아사막에서 나일강의 습지까지 국토는 매우 광대하다. 관광의 중심이 되는 곳은 수도 카르툼 주변과 누비아사막 그리고 나일강 유역에 남아있는 쿠슈(Kush)의 유적지이다. 카르툼과 백나일강 사이에 있는 옛 도시 옴두르만(Omdurman)과 청나일강 북부 카르툼 지역과 만나는 이곳을 '쓰리타운(Three Towns)'이라고 부르며 볼만 한 곳도 많다. 어디를 가더라도 이슬람적인 색채가 짙다.

이 나라는 아프리카 대륙에서 세 번째로 넓은 나라이자 세계에서 16번째로 넓은 나라이다. 정식 국명은 '수단공화국'이며 남쪽에 접한 남수단 때문에 북수단으로 불리기도 하는데 올바른 이름은 아니다. 다만, 수단과 남수단은 분단된 것이 아니라 남수단이 따로 독립해나간 것이고 양측 모두 통일을 하겠다는 의사가 전혀 없으므로 현재 한국이나 과거 독일 등과는 경우가 다르다. '수단'이란 아랍어로 흑인들의 땅(Bilad-as-Sudan)이라는 의미다. 수도는 카르툼이며, 국토면적은 188만 6,068km²이다. 인구는 약 4,600만 명(2022년 기준)이고, 공용어는 아랍어와 영어를 지정해서 쓰고 있다.

수단은 국제 테러조직인 알카에다(al-Qaeda)의 본거지 중 하나를 제공했다는 점, 기독교를 믿는 흑인 주민들에 대한 무차별 학살과 내전(대표적으로 다르푸르 학살), 1989년 쿠데타로 집권 후 20년이 넘게 독재 중인 오마르 알 바시르(Omar al Bashir) 대통령 등으로 인해 안 좋은 쪽으로 명성이 높은 나라이다. 실제로 1991년 고국 사우디아라비아에서 추방당한 오사마 빈 라덴(Osama bin Laden)은 5년이나 수단에 거주하기도 했다(이후 아프가니스탄으로 넘어감). 다만, 한국은 현재 남수단 지역에서 이태석 신부의 활동으로 인해 이미지가 조금 알려져 있긴 하다.

이 나라 북쪽에는 이집트와 리비아, 서쪽은 차드, 동쪽은 에리트레아와 에티오피아, 남쪽은 중앙아프리카공화국과 남수단공화국이 접경해 있다. 동북쪽의 일부 지역만 홍해에 접경해 있으며 홍해 건너편에는 사우디아라비아가 있다.

나라를 관통해서 나일강이 흐르는 수단은 수도 카르툼에서 남수단을 지나온 백나일강과 에티오피아를 지나온 청나일강이 하나로 합쳐진다. 누비아사막(사하라사막 동단)의 건조하고 황량한 땅에는 주로 이슬람을 믿는 아랍계 주민들이 거주한다.

기독교나 토착 신앙을 믿는 남쪽의 흑인들(당시 수단 전체 면적의 4분의 1과 인구의 4분의 1을 차지)이 남수단(South Sudan)을 건국할 때까지 내전과 학살이 끊이질 않았다.

수단과 남수단의 역사를 포괄적으로 설명하면 수단은 이집트, 에티오피아와 함께 인류 역사에서도 매우 빠른 시기에 농경이 시작된 지역이다. 기원전 3000년경 말부터는 이집트와 교류한 흔적이 나타나며, 기원전 2500년경부터는 이집트 고왕국과 무역을 하여 이집트 벽화에 누비아 노예나 병사가 나타나는 한편, 카르마(Karmah, 혹은 Kerma)라는 정체가 성장했으나, 이집트 신왕국이 회복되면서 투트모세(Thutmose) 1세 이후 이집트에 점령되었다. 이후 북부의 누비아사막 지대에서 이집트의 행정 아래에 존재하다가, 신왕국이 무너진 11세기경 마침내 독립하여 기원전 9세기경 쿠시(Kush) 왕조를 건국했다.

쿠시 왕조는 기원전 8~7세기경 나파타(Napata)를 수도로 정하고 번영하면서 이집트를 점령하여 제25 왕조를 건설하며 이집트 문명을 이끌 정도로 강성했으나, 현재의 시리아 지방을 놓고 아시리아와 분쟁을 벌이다가 패퇴하

여 기원전 7세기 후반에 이집트 지역은 상실하게 된다. 이후 이집트에 한차례 침공을 당하고 블레미스(Blemmyes) 등의 유목 민족에게 압박을 받으면서 수도를 메로에(Meroe)로 옮긴다.

메로에의 쿠시 왕조는 이후 야금야금 북쪽으로 성장하며 무역으로 호황을 누리고 자신들의 피라미드를 건립하는 등 유산을 남겼으나, 기원전 2~1세기경 로마 제국과 충

아무도 없는 관광유적지, 나홀로 여행하는 메로에 피라미드 유적지

돌하면서 쇠퇴의 국면으로 접어든다. 이후 1~2세기경 이미 지리멸렬해진 수단 지역을 에티오피아의 악숨(Aksum) 왕조가 공격하여 350년경 쿠시 왕국은 무너진다.

쿠시가 무너진 이후 그 자리에는 노바디아(Nobadia)와 마쿠라 / 마쿠리아(Maquria)가 세워졌는데, 이들은 동로마 제국의 유스티니아누스(Justinianus) 1세와 테오도라(Theodora)가 보낸 사절을 맞아들여 단성론 계통의 기독교로 개종한다. 7세기 중엽에는 마쿠라가 노바디아를 병합하는 한편, 마쿠라보다 남쪽 지방에서 알와 / 알로디아(Alwa / Alodia)가 대두하는데 알와에 대해서는 비교적 기록이 미약해 정확한 것을 알 수 없다. 다만, 알와도 기독교가 받아들여진 후에 남수단 지역의 종교에 영향을 미쳤고, 마쿠라와

메로에 피라미드 유적

이중 왕조 형태로 존속되던 기간이 있었다는 추정도 있다.

마쿠라는 이어 7세기경 등장한 이슬람 세력의 침입을 받았으나, 바크트 (Baqt)라는 평화 조약을 맺으면서 이슬람의 격풍에서 수 세기 동안 안전할 수 있었다.

이후 12세기경까지 마쿠라는 비교적 안정된 상황에서 파티마 (Fatimid) 왕조 등의 이슬람과 교 역을 하며 호황을 누렸으나, 아 이유브(Ayyubid) 왕조와 맘루크 (Mamluke) 왕조 등 이슬람 세력 의 공격이 재개되면서 혼란에 빠져 든다. 잠시 맘루크 왕조에게 점령

메로에 피라미드 유적

메로에 피라미드 유적

되었던 마쿠라는 토착 세력을 결집하여 국가를 다시 회복했으나, 15세기 초반에 혼인을 통해 마쿠라를 잠식해온 아랍계 민족이 왕위를 계승하면서 수단 북부는 이집트 지역에 편입된다.

한편, 남쪽에서 알와가 분열하여 소국들이 난립하는 상황 속에서 16세기 초반 푼지(Funj) 세력에 의해 센나르(Sennar) 술탄국이 세워지고, 17세기 초반에는 수단 서부에 다르푸르(Darfur) 술탄국이 세워지면서 비교적 남쪽 지역도 이슬람의 영향을 받게 되었다. 그러나 한편으로 센나르의 남쪽에는 여전히 기독교 혹은 토착 유일신을 믿고 있던 쉴루크(Shilluk), 딩카(Dinka) 등의 부족이 센나르와 투쟁하면서 현재 수단의 구도가 대략 완성된다. 17세기 수단 지역은 중기병을 중점으로 한 군사력과 군주가 직접 관리하는 캐러밴(Caravan) 무역으로 흥성했지만, 18세기에 들어서 내전으로 인해 두 술탄국의 국세가 위축되었다.

전근대에서 '이집트가 흥하면 수단이 위축되고, 수단이 흥하면 이집트가 위축된다.'라는 식의 구도가 이어졌던 것처럼, 19세기 수단의 구도를 대대적으로 바꿔놓은 것도 무하마드 알리 치하의 이집트였다. 무하마드 알리는 1821년 수단 지역으로 진격하여 센나르 술탄국을 멸망시키고 수단 지역에 대한 영향력을 행사하였으며, 1874년에는 이집트 세력이 진입하여 다르푸르 술탄국도 멸망시켰다.

그러나 다르푸르 세력은 이집트에 대한 항거를 계속하는 한편, 영국과 손을 잡아 왕조를 복원했고, 나머지 수단 지역도 이슬람의 구세주 신앙인 마흐디(Mahdi) 운동 때문에 1880년대 무함마드 아흐마드 알마디(Muhammad Ahmad Ahmad)가 탈환하여 칼리프(Caliph)국을 세웠다. 수단 본토에선 이스마일 파샤(Isma'il Pasha)를 주축으로 하는 이슬람권 군주 지배를 더 받아들였기에 영국으로선 이집트 측의 지배를 내세웠지만 실패한다. 심지어 영국은 고든(Gordon) 총독이 살해당하고 효수되는 굴욕까지 겪으며 카르툼을 내주어야 했다. 이렇게 이집트와 그다음 영국의 지배는 종결되지만, 이미 1882년 이집트를 보호국화한 영국은 결국 원수를 갚기 위해 1890년대에 남하하기 시작하고, 아흐마드 신국은 한마디로 박살이 난다.

한편으로 서아프리카의 광대한 지역을 식민지화한 프랑스가 동진을 시작했는데, 영국과 프랑스의 이해관계가 충돌한 1890년대 후반의 상황을 잘 알려주는 사건이 바로 파쇼다(Fashoda)사건(1898년)이다. 프랑스가 갑작스레 남부수단의 파쇼다에 국기를 게양한 이 사건은 식민지를 확대할 만큼 확대해 식민지에 대한 야욕이 열강 간의 충돌을 부를 지경이 된 당시 상황을 잘 보여주는 사건으로 알려졌지만, 한편으로는 수단과 에티오피아의 근대사를 가르

국립박물관

는 순간이기도 했다.

　수단은 이집트가 1922년 독립하자 이집트 왕국-대영제국의 공동통치령이 되었으며, 1951년 나세르가 수단의 유일 종주국을 주장하다가 결국 나세르와 영국과의 협상으로 1956년 자치령에서 독립하여 독립국이 되었다. 독립 후 아랍연맹(AL)에 가맹하고 국제적으로 반(反)이스라엘 기치 아래 이집트 등과 협력했으나 1977년 이후 이집트가 친미 등으로 돌아서자 양국관계는 금이 가기 시작하여 현재까지도 수단은 이집트와 영토분쟁으로 갈등이 크다. 남수단을 이집트가 가장 빨리 인정하는 데는 그런 원인이 있다.

　1924년 수단 총독이 살해당한 사건인 딩카(Dinka) 부족의 봉기 사건 이후 영국 정부는 이른바 '남북 지역감정'을 만들어내는 수단 남부 정책을 폈다.

그로 인하여 지리적 관점으로 보았을 때 농토와 수자원, 석유 등의 자원 부족으로 인해 경제적으로 중요한 남부 지역의 기독교인들과 이미 경제적으로 우월한 북부 이슬람교도들이 서로 갈라서게 되었다. 여기에 민족 분쟁 문제가 섞여 들어가 서로가 서로를 미워하는 감정은 쌓여만 갔고, 이를 억지로 무력으로 억눌러 놓았던 식민지 시기를 넘겨 독립 직후부터 남수단의 봉기

국가지도자 묘소

로 제1차 수단 내전(1955년~1972년)이 터졌다.

1969년 이후 15년간 이슬람 사회주의자인 가파르 니메이리(Gaafar Nimeiry) 대통령이 독재를 했고, 1983년 샤리아(Shari'ah)법을 꺼내 들었다. 결국 그해 2차 내전이 터졌고, 1985년 쿠데타가 발생했다. 하지만 군부 세력 역시 수단인민해방군(SPLA)과 평화협상을 추구하면서 그 진행에 소극적이었고, 북수단 지역은 샤리야법을 유지시켰다.

1989년 껍데기라도 유지되던 사디크 알 마흐디(Sadiq al-Mahdi) 총리와 움마(Ummah-)당 세력 연정이 쿠데타로 축출되고 이슬람 근본주의 정당인 NIF의 지원을 등에 업은 신군부의 오마르 알 바시르 대령이 집권했다. 오마르 알 바시르는 노동조합, 정당, 기타 비종교 조직을 모두 폐지하고 투석형,

손 절단형 등의 샤리아법을 강화했으며, 대통령과 수상, 군 최고사령관을 겸임했다. 2차 내전은 2005년까지 이어졌다.

미국엔 '악의 축'으로 골칫거리였던 수단을 1990년대 후반 빌 클린턴(Bill Clinton) 미국 대통령 시절에 이 나라에 미군이 폭격할 정도로 반미 국가였다. 문제는 이 폭격으로 박살 낸 곳이 남부수단 근처의 제약공장이라는 점이다. 미국은 화학무기 공장이라고 주장하며 공습했지만 드러난 진실은 남부수단 쪽의 유일한 제약공장으로 많은 약품 생산이 중단되었고, 남부수단에서 아이들이 이 피해로 백신을 투여받지 못해 사망하는 일이 벌어진 것이다. 이후 수단은 미국이 무서워 직접 적대하지는 못했다.

이 사건을 두고 미국에서도 말이 많았는데 르윈스키와의 불륜으로 곤란해진 백악관이 관심을 돌리고자 의도적으로 저지른 짓이라는 소문이 많았고 할리우드에선 이걸 토대로 '왝더독(Wag the Dog)'이라는 영화까지 만들어졌을 정도이다. 이런 국제적인 비난 속에 미국은 의약품을 지원했는데 이거야말로 병 주고 약 주기였다.

수단은 2017년부터 미국과의 관계개선에 나섰다. 미국은 2017년 1월에 대수단 경제제재를 해제했다. 하지만 그렇다고 100% 해제한 게 아닌 조건부 해제라서 6개월간 지켜본 후 7월에 최종적으로 결정할 것이라고 했다. 그리고 수단은 미국의 조건부 경제제재가 풀리면 발전될 가능성이 커지고 있다.

2017년 7월 12일, 조건부 경제제재 해제가 3개월 유예되었다.

그리고 2017년 10월 6일, 미국이 수단에게 가했던 경제제재를 대부분 해제했다. 비록 아직 테러지원국 명단에선 삭제되지 않았으나, 이로써 수단의 경제발전에 긍정적인 전망이 예고된다.

2017년 5월에 사우디의 지원요청을 받아들여 5천여 병력을 예멘으로 파견함으로써 예멘 내전에 개입했다. 현재 예멘에 파견된 수단군은 사우디, UAE군과 함께 후티(Houthi) 반군과 싸우는 중이다.

필자가 방문한 2018년 1월 8일에 수단에서는 식료품값 폭등과 관련된 시위가 발생하였고, 이 중 고등학생 1명이 사망했고, 5명이 부상당했다. 이렇게 복잡하고 다양한 국제적인 사건으로 인해 수단의 제일 관광명소라는 메로에의 쿠시 왕조 피라미드에는 필자가 나 홀로 관광을 시작했지만 모든 지역에 걸쳐 관광 종료 시까지 그 넓은 관광유적지에 관광객이나 여행자는 오직 필자 한 사람뿐이었다. 국가 지도자의 정책과 외교 관계는 국가 경제에 있어 얼마나 많은 영향을 끼치고 있는가를 여실히 보여주는 현장을 온몸으로 체험할 수 있었다.

관광지 입구에는 아랍인으로 보이는 노파가 낙타 세 마리를 세워놓고 낙타를 한번 타보라고 권한다. 그러나 적적한 분위기에 적응하지 못해 외면하고 돌아서야만 했다. 그리고 이 나라 공용어는 아랍어와 영어를 지정하고 있다. 헌법에서도 영어는 공용어에 포함되어 있고 아랍어도 공용어이다. 그리고 아랍어는 이집트 쪽 방언과 유사한 경우도 있다.

그리고 소련 시절부터 소련과 매우 가깝고 지금도 러시아와 가까운 관계로, 러시아로 유학하러 가는 영향 때문인지 러시아어를 배우는 경우도 많고(러시아어 원본), 거기에다 중국과 가까운 관계로 중국어도 많이 배우고 있다.

수단은 종교의 자유를 인정한다고 밝히고 있지만, 실제로는 이슬람교가 사실상 국교이고 거기에다 수단 내 다른 기독교 신자들은 차별받거나 탄압받고 있다. 어딘가 브루나이와 비슷한 상황이다. 거기에다 샤리아법률을 실시하고 있다.

주요 민족은 흑인(52%)과 아랍인(39%), 다음이 베자족이다. 종교는 이슬람(70% 주로 수니파), 기독교, 정령신앙(25%)을 믿고 있다.

시차는 한국 시각보다 6시간 늦다. 한국이 정오(12시)이면 수단은 오전 06시가 된다. 환율은 한화 1만 원이 수단 약 167파운드로 통용된다. 전압은 240V/50Hz를 사용한다.

그리고 아프리카 수단은 지금까지 케냐와 탄자니아에 이어 나 홀로 여행하는 나라 중의 하나가 추가되는 국가이다.

중부 아프리카 지역 6개국 여행을 마치고 일행 모두가 아디스아바바에서 귀국길에 올랐다. 그러나 수단과 남수단은 분단된 국가로 각자 독립국으로 유엔에 가입했다. 남수단을 여행하고 수단을 남기고 아프리카를 떠나는 것을 마음이 허락하지 않는다. 그래서 나 홀로 수단을 여행하기로 하고 인솔자(통역)와 둘이서 아디스아바바를 출발하여 수단공화국 수도 카르툼을 향해 비행기에 몸을 실었다.

공항에 도착해서 다수의 아랍계통의 사람들 틈에 끼어서 도착 비자를 받기 위해 1시간 가까이 줄을 서야 했고, 도착 비자를 받기 위한 과정에서 두 시간 가까이 시간을 보냈다. 이렇게 고난과 고통을 감내하며 수단이라는 국가를 여행하는 이유는 인천에서 출발하여 아프리카 1국만 여행하려면 여행경비도 만만치 않다. 그리고 동반하려고 하는 여행자도 당연히 없다. 그래서 시간과 경비 그리고 모든 것이 유리하다고 판단해서 가슴에 용기를 불어넣어 실천에 옮겨보았다. 수단이라는 나라 여행을 아프리카 지역에서 남겨두면 두고두고 일평생 아쉬움과 후회가 머릿속에서 지워지지 않을 것이라는 생각이 들었다. 특히 여행 마니아들은 한 곳에 여러 번 가는 것보다 지구촌 1개국이라도 더 많이 가보는 것이 소원이고 희망이다.

그리고 남들과 똑같이 하면 절대로 남을 앞설 수가 없다.

이렇게 작심하고 여행기록을 남기기 위해 무리수를 두었지만, 여행을 마치고 귀국하는 발걸음은 한층 더 가벼웠다. 왜냐하면 인간은 누구나 성취 의욕에 강하다. 자기의 능동적이고 적극적인 행동은 자기 자신에게 정신적으로나 물질적인 보상이 따르기 때문이고 미래에 자기 자신을 발전시킬 수 있는 기준을 마련할 수 있어 보다 많은 삶의 질은 높일 수 있기 때문이다.

앞으로도 후회 없는 삶을 살기 위해 노력하기를 다짐하며 귀국하기 위해 신발끈을 조여 매고 푸른 하늘을 바라보며 공항을 향해 나그네는 한 걸음 두 걸음 전진에 전진을 거듭한다.

Part 7.

섬나라 아프리카

Island Country Africa

세이셸 Seychelles

세이셸(Seychelles)은 '인도양의 진주'라고 불릴 만큼 아름다운 곳이며 따뜻하고 느긋한 성격을 지닌 사람들이 산다. 많은 양의 햇빛과 매력적인 해양 동식물, 따뜻하고 투명한 물, 전원풍의 해변이 즐비하다. 이 나라는 산호초가 부서져 만들어진 해변이 펼쳐져 있고, 짙은 야자수 그늘이 드리워져 있다. 그리고 바다는 맑고 투명한 에메랄드빛으로 차 있다. '인도양의 숨겨진 천국', '지상 최후의 낙원', '평생 꼭 한 번 가봐야 할 세계 50대 명소 중 한 곳.' 이는 아프리카 동쪽 인도양 한가운데 흩어진 92개 섬으로 이뤄진 섬나라 세이셸에 따라붙는 수식어다.

케냐 동쪽 인도양에 있는 군도국인 이 나라의 정식이름은 세이셸공화국(Republic of Seychelles)이다. 주도 마헤(Mahe)섬이 있는 세이셸제도 외에 아미란테(Amirante)제도와 프로비던스(Providence)제도, 코스몰레도(Cosmoledo)제도, 알다브라(Aldabra)제도 등 92개의 섬으로 이루어져 있으며, 수도는 마에(Mahe)섬의 빅토리아(Victoria)이다.

세이셸은 프랑스와 영국의 식민지였다가 1976년 독립했다. 프랑스계 백

세상에서 제일 아름답다는 해변

인과 흑인 혼혈인이 대부분이다. 영어와 불어를 사용한다. 수도 빅토리아는 가장 큰 마에섬에 있으며, 제2의 섬 프라슬린(Praslin), 네 번째 섬 라디그 (La Digue)가 대표적으로 유명한 곳이다. 92개의 섬은 32개의 화강암 섬과 60개의 산호초 섬으로 이루어져 있으며, 화강암 섬은 산이 많고 숲으로 덮여 있다.

세이셸은 인도양에서 가장 아름다운 섬들을 갖고 있으며 세계적으로도 가장 멋진 곳 중의 하나이다. 섬의 주요 교통수단인 자전거와 우마차, 원주민의 느릿느릿한 몸짓은 '빨리빨리' 습성에 젖은 외지인에게 시간을 잊는 법을 알려준다. 전체 인구 10만 명 중 90%가 모여 사는 마에섬만 벗어나면 바다든 산이든 나만의 공간이 된다.

화강암 바위섬과 아름답다는 해변　　　　마에섬 전망대에서 바라보는 해변

19세기에는 모리셔스의 속국이었으나, 1903년 아미란테제도, 코스몰레도 제도 등 많은 섬을 합쳐서 세이셸제도라 명명하고 영국의 직할 식민지가 되었다.

1993년 7월 복수정당제가 도입되고 1998년 선거에서 르네(René)가 5선에 성공했다. 관광이 최대 산업이며 귀중한 외화획득원이다. 주민의 대부분이 유럽인과 흑인, 혼혈인 크리올료이며, 인도인과 중국인, 유럽인도 거주한다. 언어는 영어와 프랑스어를 공용어로 쓰며, 크리올어 방언도 함께 쓰인다. 종교는 82%의 국민이 가톨릭이고, 교육은 초등·중등교육을 시행하고 있다.

국토면적은 455km²이며, 인구는 약 100,000명(2022년 기준)이다.

시차는 한국 시각보다 5시간 늦다. 한국이 정오(12시)이면 세이셸은 오전 07시가 된다. 환율은 한화 1만 원이 세이셸 100루피로 통용된다. 전압은 240V/50Hz를 사용하고 있다.

모리셔스 Mauritius

　인도양 남서부의 마다가스카르(Madagascar)섬 동쪽으로 약 805km 떨어진 곳에 위치한 제주도와 같은 면적을 가진 섬나라 모리셔스(Mauritius)는 따뜻한 인도양상에 떠 있는 아름다운 화산섬들로 이뤄져 있다. 이들은 모리셔스 본섬 외에 로드리구에스(Rodrigues)섬, 아가레가섬, 카가도스섬, 카라조스섬, 트로메린섬, 차고스섬 등이다. 로드리구에스섬은 모리셔스에서 560km 북동쪽으로 떨어져 있으며, 아가레가섬은 북으로 약 1,100km, 22개의 보초로 이뤄진 카가도스제도는 북동쪽으로 320km에 각각 위치하고 있다.

　예로부터 인도양에 있는 섬들은 사실상 여행지로 알려지지 않았다. 대부분 사람이 야자수와 무역풍, 하얀 모래와 푸른 바다를 생각하며 떠올리는 것은 남태평양이나 카리브해였다. 그러나 이제 그 대안으로 떠오르는 인도양의 모리셔스는 마우이(Maui)나 마르티니크(Martinique)처럼 열대의 파라다이스를 자랑으로 여기며 인도양에서 멋진 섬으로 그 이름을 날리고 있다.

　동아프리카의 해안을 따라 자리 잡고 있는 모리셔스는 실제로 아프리카 본토보다는 영국과 프랑스와의 유대관계와 막대하게 유입된 인도의 노동력으로 인해 더 많은 영향을 받은 곳이다. 본섬의 중앙부로부터 북부는 사탕수수 재배단지로 해발 826m의 산에서 완만한 경사면을 이뤄 해안으로 이어지고 있으며, 중앙부에서 남서쪽으로는 급경사를 이룬다.

남부와 서부는 산악지방으로 흑단 나무숲과 밀림지대를 형성하고 있고 중앙 고원에서 해안으로 10여 개의 크고 작은 강이 흐르고 있다. 모리셔스는 아열대성 기후로 연중 온화한 편이나 중앙 고원과 해안의 온도 차가 크게 나타난다. 주민의 68%는 인도계이며 그 외에 27%의 크리올료, 중국계, 유럽계인들이 거주하고 있다.

종교는 힌두교가 48%, 가톨릭이 24%이다. 공용어는 영어이지만 주민들은 불어를 선호하는 경향이 강하다. 문맹이 거의 없으며 아동의 취학률은 95%나 된다. 도로망도 비교적 잘되어 있으나 열차는 없다. 주요 간선도로는 수도 포트루이스(Port Louis)에서 프라라이산스 국제공항을 연결하는 도로이다.

모든 여객선과 화물선은 포트루이스항구를 통하여 들어오고 나간다. 또한 이곳을 통하여 레위니옹섬과 세이셸섬으로 관광 유람선들을 운항하고 있다. 모리셔스는 유엔 회원국이며 남북한 동시 국교를

포트루이스 해변

맺고 있다. 1971년 우리나라와 수교하였으며, 북한과는 1973년에 국교를 맺었다.

국토면적은 2,040km²이며, 인구는 약 1,300,000명(2022년 기준)이다.

시차는 한국 시각보다 5시간 늦다. 한국이 정오(12시)이면 모리셔스는 오전 07가 된다. 환율은 한화 1만 원이 모리셔스 약 300루피로 통용된다. 전압은 220V/50Hz를 사용하고 있다.

모리셔스섬의 북서쪽 끝에 산을 뒤로하고 급격하게 발전하고 있는 수도 포트루이스는 섬 전체 인구 중 비교적 적은 수가 이곳에 살고 있다. 낮에는 대도시의 상업활동으로 북적대는 곳으로 혼잡한 교통과 경적으로 시끄러운 곳이다. 이와 대조적으로 밤에는 여행자가 카지노, 극장, 상점, 술집, 식당 등을 찾을 수 있는 멋지고 세련된 르 코단 워터프런트(Le Caudan Water-front)를 제외하고는 사방이 조용하여 '죽은 듯이'라고 말할 수 있다. 무아마르 엘 카다피광장(Muammar E Khadafi Square)과 그 지역 끝에서 양키스, 존 F. 케네디 거리(Yanks, John F. Kennedy St)까지 시내의 반대편 끝 주변에 별개의 회교도 구역이 있다. 로얄가(Royal St) 주변에 차이나타운이 있으며 시내는 걸어서도 쉽게 돌아볼 수 있다.

도시 생활을 느끼기에 좋은 곳은 시내 중심으로부터 바다 가까이에 있는 포트루이스 시장(Port Louis Market)이다. 과일과 채소, 고기와 생선, 기념품, 수공예품, 의류와 양념을 파는 구역으로 되어있으며 힘겹게 가격을 깎는 것에 대한 준비를 단단히 해야 한다.

박물관에는 멸종한 조류와 아직 우리와 같이 생존하고 있는 동물과 어류의 박제모형이 전시되어 있다. 다른 유일한 정기 전시관으로는 모리셔스 우표와 함께 다양하게 수집한 우표를 갖춘 모리셔스우표박물관(Mauritius Postal Museum)이 있다.

이슬람교의 건축물은 포트루이스에 잘 어울리지 않게 위치하고 있으며 차이나타운 한가운데에는 1850년대 건설된 주마모스크(Jummah Mosque)사원과 현지인들이 시타델(Citadel)이라고 부르는 무어인 요새와 너무 비슷한 아델라이드 요새(Fort Adelaide)가 있어 둘러 볼 수 있다.

아델라이드 요새는 포트루이스에 남아 있는 네 개의 영국 요새 중 하나로 여행자가 여전히 가볼 수 있으며 잔재만 남아 있는 곳이 아니라 비교적 온전한 모습을 가지고 있어 항구 옆에 위치한 언덕 위에서 바라보는 전망은 장관을 이룬다. 인도양의 육중한 건물인 페레라발 사당(Pere Laval's Shrine)이 시내에서 북동쪽으로 생트-코아(Ste-Croix)에 위치하고 있다. 모리셔스에

차마렐폭포

차마렐의 7색상 토양 지구

서 23년간 6만 7천 명 이상의 사람들을 개종시켰다고 하는 페레라발 무덤 후미에는 다채로운 색의 석고상이 기다리고 있다. 순례자들은 이 석고상이 병을 치료하는 효능이 있다고 믿으며 석고상을 만지기 위해 떼를 지어 오기도 한다. 또한 포트루이스 남부의 챠마렐(Chamarel)은 일곱 가지의 빛을 띠는 토양과 폭포를 볼 수 있는 곳이 있으며, 이곳 또한 아름다운 해안선과 병풍처럼 둘러싼 산들의 모습을 조망할 수 있는 곳이다. 그리고 그랜드 바신(Grand Bassin)호수와 검은 강 등은 수려하고 아름다운 자연경관을 가지고 있다.

레위니옹 Reunion

레위니옹섬(Reunion Island)은 1507년 당시 무인도였던 이 섬을 포르투갈인 페드루 마스카레나스가 발견하고, 1642년 프랑스 루이(Louis) 13세가 부르봉섬(Bourton)으로 명명했지만, 부르봉 왕정을 타도한 프랑스 혁명에 의해 레위니옹섬(La Reunion)으로 개명되었다.

1806년 황제 나폴레옹에 아첨하는 프랑스 제독에 의해 보나파르트(Bonaparte)섬이라고 개칭되었다가, 나폴레옹 전쟁 후 영국이 점령(1810~1816년)하고 부르봉섬으로 되돌렸다. 그러나 1848년 2월 혁명으로 7월 왕정이 붕괴하면서 다시 레위니옹섬으로 개칭하였다.

17세기 중반부터 프랑스 동인도회사가 희망봉을 돌아 인도로 가는 선박들의 중간 기착지를 세우면서 사람이 살기 시작했다. 처음에는 아프리카 노예들을 수입해 커피와 설탕 농장에서 일을 시켰으며, 1848년 노예제도가 폐지되면서 인도와 중국, 아프리카에서 계약노동자들을 데리고 왔다.

1869년 수에즈운하를 개통하여 중계항으로서의 역할은 쇠퇴하였다. 레위니옹은 프랑스의 식민지로 있다가 1946년 프랑스 해외 주가 되었다. 1973

년 마다가스카르에서 프랑스 군대 병력이 철수해 들어오면서 인도양 주둔 프랑스군 본부가 들어섰다. 2003년에 프랑스의 해외 레위니옹이 되었다. 북동쪽으로 180km 지점에 모리셔스가 있다. 레위니옹의 면적은 2,512km²(제주도의 1.3배)이며, 인구는 약 87만 5,000명(2022년 기준)이다.

인구 약 12만 명이 수도 생드니(Saint-Denis)에 거주한다. 프랑스어를 공용어로 사용하며 국민은 크리올료(64%), 인도인(28%) 중국인, 유럽인으로 구성돼 있으며, 1인당 국민소득은 2만 4,000달러이다. 한때 네덜란드 지배하에 있었던 레위니옹은 1643년 프랑스가 점령하여 당시까지 마스카레나스섬이라고 불리던 것을 부르봉섬으로 이름을 바꿔 부르다가 프랑스공화국 수립 후인 1793년 레위니옹섬으로 개칭하였다. 1735년 모리셔스의 지배 아래

수도 생드니 해변 요새

에 있었던 레위니옹은 1810~1815년 영국에 의해 점령됐다가 그 뒤 다시 프랑스 식민지가 됐다. 레위니옹의 주민들은 노예제도로 인해 차별을 받았지만 1870년 프랑스 시민권을 받아 선거제도 등에서 차별을 받지 않게 되었다.

1946년부터 프랑스령이 돼 프랑스 국민의회 의원 3명, 상원에서 2명을 보내고 있다. 원 모양의 화산섬이 하와이와 닮았다. 세 개의 큰 산이 있으며, 피통 데 네쥬(Piton des Neiges)는 해발 3,069m의 높은 고봉이다. 전 국토의 43%가 2010년 유네스코 세계자연유산에 등재되었다.

연중 무더운 우기(10~3월)와 서늘한 건기(4~9월)로 나뉜다. 레위니옹은 주요 강 옆에 화산 지대의 깊은 계곡과 작은 종 같은 봉우리들로 이어진 고산지대가 많다. 대표적인 원형 협곡으로 실라오(Cilaos), 살라지(Salazie), 마파트(Mafate)가 있다. 이곳의 마지막 화산폭발은 1만 6,000년 전에 일어났다.

그리고 세계 5대 활화산 투어를 할 수 있는 레위니옹은 트레킹 및 35km

활화산 지대

활화산 분화구

해변가를 따라 발달한 해양스포츠 등을 즐길 수 있다. 주요 산업은 사탕수수 재배다. 제당업이 발달해 있으며 럼주를 프랑스로 수출한다. 바닐라와 잎담배, 제라늄도 주요 수출품이다. 관광업의 활성화로 연평균 약 40만 명의 외국 관광객이 찾아온다.

정식 국명은 프랑스령 레위니옹(Reunion)이며, 공용어는 프랑스어이다. 종교는 로마 가톨릭(90%), 이슬람교, 힌두교 등을 믿는다.

시차는 한국 시각보다 5시간 늦다. 한국이 정오(12시)이면 레위니옹은 오전 07시가 된다. 화폐는 EUR(유로화)를 사용하고 있으며, 전압은 240V/50Hz를 사용하고 있다.

코모로스 Comoros

코모로스(Comoros)는 인도양의 마다가스카르와 아프리카의 모잠비크 사이에 있는 섬들로 약 1,500만 년 전에 화산폭발로 형성된 섬이다. '인도 양의 낙원', '향수의 섬'으로 일컬어지는 이 섬들은 가장 큰 섬 그랜드코모로 (Grand Comoros)에 이어 안도우안섬과 마요테섬, 모헤리섬 등으로 이뤄져 있다. 이 중에서 마요테섬이 가장 오래된 섬이며, 섬 주변으로는 산호초가 둘러있다.

코모로스제도는 일랑일랑 향유에 아라비아와 아프리카의 따스함과 프랑스의 우아함이 혼합된 향기로 둘러싸여 있다. 길 위에 자갈로 깔린 중앙분리대가 있고, 예스럽지만 매력적인 하얀 돛을 단 다우(Dhow, 아랍인이 쓰는 연안용 돛배)들로 빽빽이 들어선 항구와 흰 모래사장 위로 빨강과 오렌지빛으로 화려하게 떠 있는 태양 그리고 술탄(Sultan, 회교국 군주)과 점성가들, 대농장주들, 이 밖에 눈 맞아 달아난 공주들의 이야기 등 다채로운 역사가 있다.

코모로스는 건축기술 하나만으로도 방문할 이유가 될지 모른다. 옛 아랍지구(Arab Quarter)나 메디나(Medina)에서 코모로스인과 스와힐리(Swahili)인의 기원인 아케이드와 난간, 격자세공이 꼼꼼하게 조각된 목제 현관과 셔터로 빽빽이 들어선 2층 건물들이 함께 소생한다. 이는 잔지바르(Zanzibar, 아프리카 동해안의 섬)에서 생겨나고 있는 모든 이국적인 것을 가진 모습이다. 이런 정교한 건물들은 주로 마요테에서 자주 나타나는 방가(Bangas)와 대조된다. 지금도 그랜드코모로에는 해발 2,361m의 카쌀라(Karthala)화산이 활동하고 있으며 1977년 마지막으로 분출한 바 있다. 계절은 건기와 우기로 나뉘며, 연중 기온은 25도 정도로 변화가 거의 없다.

섬들은 사이클론 지대에 위치하므로 간간이 태풍피해를 입는다. 근래에는 1980년, 1983년, 1984년, 1997년에 사이클론이 섬들을 강타하여 큰 피해를 준 바 있다. 이 섬들은 화산지방의 특이한 식생을 갖고 있었으나 한때 농장개발과 관리의 허술함으로 황폐해져 밀림은 그랜드코모로의 카쌀라산 일대에 한정되어 있다. 수많은 대형 고사리와 난초들이 사라졌으나 이곳에서는 아직도 볼 수 있다. 섬에서는 주로 바닐라와 사탕수수, 코프라, 목재, 사이잘 삼, 향수 식물 량량을 재배한다. 20m가 넘는 종려나무는 1,000년을 살며, 이 나무에서 얻는 야자로 코프라를 생산하고, 나뭇잎으로는 바구니를 만들고 있다. 사이잘 삼을 이용하여 밧줄을 만들며 량량으로는 향수를 생산하고 있다.

국토면적은 2,235km²이며, 인구는 889,000명(2022년 기준)이다. 언어는 프랑스어와 아랍어, 코모리안어, 스와힐리어 등을 다양하게 편리한 대로 사용하고 있으며, 종교는 이슬람교 수니파(98%), 가톨릭(2%) 등을 믿는다.

시차는 한국 시각보다 6시간 늦다. 한국이 정오(12시)이면 코모로스는 오전 06시가 된다. 환율은 한화 1만 원이 코모로스 약 4,000프랑으로 통용된다. 전압은 220V/50Hz를 사용하고 있다.

모로니(Moroni)는 포르또 부트레(Port-aux-Boutres)로 알려져 있으며 코모로스의 수도로, 코모로스 군도에서 가장 어리지만 가장 큰 그랜드코모로 섬에 있다. 항구는 서부 연안에 있으며 이 섬 최고의 자산 중 하나이다. 석재 부두와 나란히 늘어선 보트들로 이곳은 아프리카라기보다 지중해처럼 보이며, 오렌지와 붉은색 그리고 적갈색으로 장엄하게 광휘를 발하는 태양과 함께 훌륭한 전경을 자아낸다. 항구에서 뒤로 물러서면 미로 같은 작고 꼬불꼬불한 길들과 상점들, 도로 그리고 스와힐리인 시대처럼 빽빽이 들어선 건물들이 있는 메디나가 있다.

모로니가 있는 그랜드코모로섬은 코모로스섬 중에서 가장 큰 섬이며, 인구는 약 250,000명 정도이다. 섬의 북서부에는 해발 2,361m의 카쌀라 활화산이 있다. 화산섬이기 때문에 물을 얻기가 어려워 주로 빗물을 받거나 우물을 음료수로 사용하고 있다. 섬의 남부 카쌀라산 일대는 농업지구로 량량과 바나나, 카사바, 야자 등을 재배한다.

수도 모로니는 카쌀라산 옆에 있어서 '불 가운데 있는 도시'란 별칭을 갖고 있다. 주민의 대부분은 섬의 서부 해안에 밀집하고 있으며, 수도에는 인구의 10%가 거주한다. 국제공항 하하야(Hahaya)는 시내에서 북쪽으로 약 20km 떨어져 있으며 코모로스의 주요 항구의 하나로 과거에는 술탄들이 잔지바르

수도 모로니 시내 전경

와 무역을 하던 곳이다. 그랜드코모로의 명소로는 실칸사스(물고기의 모조품
을 전시한)박물관과 구시가지의 아랍지구와 재래시장, 항구 등이 있으며 영
화관과 알 카마르극장, 비디오극장이 있다.

　시내 북쪽으로 가면 이산드라 해변이 있다. 이곳에는 15세기 술탄의 요새
와 궁전 유적과 고대 수도였던 조용한 마을이 있다. 서부 해안은 바닐라 재
배단지이며 낚시로 유명한 곳이다. 모로니는 아랍지구를 제외하고 보기 좋게
펼쳐져 있으며 찾아가기도 쉽다. 북으로부터 두세 개의 주도로가 민스테레가
(Ave des Minstres)로 모이며, 여기서 항구 가장자리 주변으로 꾸불꾸불해
진 후, 도시 남쪽 면으로 두세 개의 다른 방향으로 뻗어 간다. 호텔과 방갈로
는 도시 북쪽에 많이 있고, 레스토랑과 카페는 도시 남쪽과 북쪽에 똑같이 나

이산드라 해변

뉘어 있다. 불행히도 항구의 전경이 보이는 식당은 도심에 단 한두 곳밖에 없다. 그랜드코모로 동쪽 면의 해안선은 서쪽보다 더 거친 야생상태이다.

시간적인 여유가 있다면 동쪽 해안에서 캠핑 여행을 하는 것도 좋다는 생각이 든다. 북동쪽 코너 시작점에 처음 나타나는 해변이 부니(Bouni)로 회교군주영토인 하마하메(Hamahame)였지만, 지금은 근사한 해변 두 개가 있는 조용한 마을이다. 이 연안의 아래로는 초모니(Chomoni)가 있다. 이곳은 둘러싸인 만으로 검은 용암과 하얀 모래사장이 얼룩덜룩하게 섞인 해변이 있고 기본적인 설비가 된 방갈로를 빌릴 수 있다. 이곳이 숙소로는 제일 적당한 선택이 될 것 같다. 남동쪽 코너 아래로는 품부니(Foumbouni)마을이 있는데, 이는 그랜드코모로에서 세 번째로 큰 마을이다. 이곳 모래는 모로니 또

노예망루벽(노예로 팔려가지 않으려고 자살을 선택한 절벽)

는 아이챤드라(Itsandra)의 것보다 훨씬 더 하얗고 반짝이며 코모로스 최고
의 숨겨진 보석 중의 하나이다. 여행객은 거의 이곳에 오지 않으며, 지역 주
민들은 아직도 외국인이 오면 약간은 당황해한다. 섬의 남쪽 끝이 바로 친디
니(Chindini)로, 믿기지 않는 광경을 가진 또 하나의 경쾌한 해변이다.

　섬 내륙은 초원의 평야와 열대우림의 잔해가 산재해 있으며, 아직도 증기
를 내뿜고 트림을 해대는 활화산인 카쌀라산이 있다. 이곳 평야들은 야자수
가 있고, 검은 용암이나 흰 모래로 된 해변들과 어린 산호초들이 테를 두르고
있는 해안선으로 굽이쳐 내려간다. 서쪽 해안에는 스위트룸과 카지노, 프랑
스풍의 레스토랑과 바(Bar)들이 주변을 둘러싼 멋진 리조트가 있다.

마다가스카르 Madagascar

  아프리카 동남부에 있는 마다가스카르(Madagascar)섬의 총면적은 약 59만 km²로 한반도의 3배가 조금 안 되는 넓이지만 세계에서 네 번째로 큰 섬인 동시에 유라시아, 남북아메리카, 아프리카, 오스트레일리아, 남극에 이어 제7대륙으로 불린다. 그리고 희귀한 동물의 보고이다. 아프리카의 마다가스카르섬은 약 6,500년 전 곤드와나(Gondwana) 대륙에서 분리된 후 독립된 생태계를 유지하고 있다.

  이곳에서 볼 수 있는 생물 가운데 3분의 2가 마다가스카르 고유종이다. 순수 아프리카와 고풍스러운 유럽의 합작품 마다가스카르는 아프리카에 있지만 처음 도착한 이방인에게 마다가스카르는 아프리카가 아닌 유럽으로 다가올지도 모른다. 유럽을 연상시키는 고풍스러운 건물과 어딘지 모르게 풍기는 프랑스의 잔향들은 오랫동안 프랑스의 지배를 받은 탓이다. 하지만 첫인상치고 마다가스카르에는 세계 어느 곳에서도 마주하지 못한 순수한 아프리카를 만날 수 있다.

  마다가스카르는 섬나라이다. 아프리카 대륙의 살점으로 그린란드, 뉴기니, 보르네오 다음으로 큰 섬이다. 이토록 거대한 섬인 마다가스카르는 아주 다양한 환경의 생태형 육지가 있는 대륙의 축소판으로 불린다. 국제자연보존협회에서 지구상 가장 생태학적으로 풍부한 나라 중 한 곳으로 지정했을 정도다. 여우원숭이 종류 중 90%, 세계 카멜레온의 절반이 마다가스카르에서 발견된다. 건조한 지역에는 바오바브(바오밥, Baobab)나무를 비롯해 특이한 선인장들과 알로에가 뻗어 있다. 적당히 오염된 환경에서 살던 여행자들에게 그 풍경은 언뜻 현실감 없는 환경으로 다가왔다가 이내 동화적인 풍경에 몰입되게 한다.

안시나배 아나라미조아트라 국립공원, 먹잇감을 달라고 시위하는 여우 원숭이들

마다가스카르는 공식적으로는 하나의 언어와 문화를 표방하고 있지만 실상 18개 부족으로 나뉘어 있다. 그 경계는 인종적 특색보다

거꾸로 매달려 재주를 부리는 여우원숭이

는 오래된 왕국에 기반을 두고 있다. 마다가스카르 국민 대부분은 혼혈이지만 수도인 안타나나리보(Antananarivo) 지역의 메리나 부족은 외모가 인도네시아인들과 같고, 남서 해안의 베조 부족은 동아프리카와 관계가 깊어 아프리카 흑인처럼 보인다. 마다가스카르는 본래 아름다운 아프리카 옆의 섬이어서 흔히 '자연주의자들의 천국'이라고 불린다. 마다가스카르의 삼림은 엄청난 숫자의 초목이 모여 바람에 흔들리며 솟아오르고, 자연의 혜택을 받은 영리한 짐승들이 나뭇가지에 뛰어오르고 미끄러지면서 살아가는 곳이다. 수만 년 동안 아프리카 본토에서 떨어져 있었으므로 자연주의자들의 천국이 되었는데, 요즘은 많은 문학인이 이곳에 거주하면서 글을 쓴다고 한다. 그런 지리적인 연유로 마다가스카르만의 특수성이 유지되었고 지구상의 다른 어떤 곳에서도 볼 수 없는 특이한 종들이 성장할 수 있었다.

국토면적은 587,041km²(한반도의 2.7배)이며, 인구는 약 2,917만 9,000명(2022년 기준)이다. 공용어는 말라가시어와 프랑스어를 사용하며, 종교는 토착 신앙(47%), 기독교(47%), 회교(5%) 등을 믿는다.

시차는 한국 시각보다 6시간 늦다. 한국이 정오(12시)이면 마다가스카르는 오전 06시가 된다. 환율은 한화 1만 원이 마다가스카르 28,000아리아리로 통용된다. 전압은 110V, 220V(혼용이지만 비교적 220V를 많이 사용함)/50Hz를 사용하고 있다.

안타나나리보는 마다가스카르의 수도로, 가장 큰 도시이다. 'arivo'는 '천(千) 개'라는 뜻으로, '안타나나리보'는 '천 개의 도시'라는 의미가 있다. 마다가스카르섬의 중앙에 있는, 해발 1,435m의 바위로 뒤덮인 고산지대 정상에는 전 메리나 왕의 별장(1995년 화재로 소실)이 있었다고 한다. 도시는 이메리나(Imerina) 고원에 12개의 언덕으로 둘러싸여 있다. 국제공항과 철길, 대서양과 이어진 항구 등 교통의 중심지인 이 도시는 쌀 생산지와 교역 중심지이며, 행정의 중심지이다. 도시의 산업은 주식인 밀 생산과 음료, 담배, 섬유 등의 제조업이 성행 중이다.

안타나나리보는 1625년 방어벽을 둘러싼 요새로써 세워졌다. 도시는 17세기 초 메리나 정복자에 의해 요새로 역사에 첫 모습을 드러냈다. 메리나 정복자는 1790년대에 이 도시를 핵심 거점으로 만들었다. 메리나의 정복자 라다마(Radama) 1세(1810~1828)는 마다가스카르 전역을 다스리는 수도로 뿌리내리게 했다. 이 수도는 1895년 프랑스군에 점령되어 프랑스의 도시 계획에 의해서 언덕과 공원으로 둘러싸인 아름다운 근대 시가지로 건설되었으며 프랑스 식민지 경영의 중심지가 되었다. 1960년 마다가스카르가 독립할 때까지 보호국의 중심도시로 1977년까지 '타나나리브(Tananarive)'라는 도시명으로 유지되었다. 타나는 다른 아시아나 아프리카 국가의 수도와 별반 다를 게 없어 보이지만 그 속을 들여다보면 매력적인 곳이 몇몇 있다. 타나 북동부에 있는 안드라보아헹기(Andravoahangy)시장은 석공, 수놓는 사람, 책 장수, 목수를 비롯한 다양한 분야의 장인들이 물건을 들고 파는 곳이다. 마다가스카르섬의 거의 중앙부, 해발고도 1,400m가량의 고원에 위치한다. 고온 다습한 열대지역에 속하지만 5~9월은 건조하여 기온은 비교적 낮다.

모론다바(Morondava)는 메나메 사카라바족의 주거지역이며 쌀이 많이

석양이 빚어내는 바오바브나무 군락지 일몰

나는 곳으로 사카라바족의 문화와 전통이 잘 보존된 곳이다. 시내에는 호텔
과 레스토랑, 은행, 우체국, 의료기관 등이 있다. 모론다바와 벨로니 치리비
히나(Belon'i Tsribihina) 사이에는 유명한 바오바브대로가 있다.

바오바브나무 군락지는 모론다바 시내에서 약 5km 정도 떨어진 곳에 있
다. 일몰에 보는 바오바브나무가 가장 색감이 화려하므로 모론다바를 여행
하는 사람들은 오후 4시, 느지막이 시내를 출발한다. 바오바브거리는 별도로
조성된 관광지가 아니다. 현지인들이 매일 오가는 마을 앞 도로지만 무심히
지나다니는 그들의 발걸음까지도 멈추게 하여 보는 이에게 경이로운 풍광 그
자체인 곳이다. 태초의 신이 이곳에 바오바브나무를 심었는데 하늘 높은 줄
모르고 자라기만 하는 모습에 노여워하시며, 거꾸로 심어 버렸다는 이야기가

모론다바 바오바브대로의 바오바브나무 군락지

있다. 살아서 천년, 죽어서 천년을 산다는 주목보다 천년을 더 산다고 한다. 현재 생존하고 있는 나무는 대부분 300~400년 정도 살았다고 하며 현지인들에게는 신성시되는 나무라 생활에 이용되지 않는다고 한다. 그저 나고 자라는 모습을 지켜볼 뿐이다.

대로를 중심으로 양쪽으로 아단소니아 그란디디에리(Adansonia grandi-dieri) 회색 탑이 서 있다. 벨로니 치리비히나에서 배를 타고 해안선까지 강을 따라 여행을 할 수 있으며 소요기간은 5일에서 7일이 걸린다. 모론다바 북부의 건조지대에는 안드라노메나, 크린디, 아나라베 등 세 개의 보호지구가 지정되어 있다. 이곳에는 각각 낙엽수 숲이 주종을 이루며 악어와 레무 원숭이, 거북이, 대형 박쥐들이 서식하고 있다. 아나라베는 개인이 운영하는

모론다바 현지 주민들　　　　　　섬과 섬을 연결하는 나룻배

보호지구로 방갈로와 맹그로브 습지대 그리고 야생 원숭이와 115종의 새가 있다.

베마라하(Bemaraha)의 칭기 드 베마라하(Tsingy De Bemaraha) 국립공원은 유네스코 세계유산 지역으로 지정된 이후 점점 찾는 이들이 많아지고 있다. 마다가스카르에서 가장 큰 보호구역(152,000 헥타르, 375,440에이커)인 칭기 드 베마라하는 마다가스카르 서부에 있으며 심하게 침식된 석회암 산봉우리가 늘어서 있고, 야생 동물이 엄청나게 많은 거대한 삼

기념촬영을 위해 바오바브나무 아래 모인 동네 어린이들

칭기 국립공원 석회암계곡

림이다. 보호구역 안에는 실제로 공원이 두 개가 있는데, 페티칭기(the Petit Tsingy)와 그랜드칭기(the Grand Tsingy)이다.

칭기는 석회암 대지로 최고 70m 높이의 수많은 날카로운 석회암 탑들이 평원 위에 서 있는 곳이다. 카르스트라고 불리는 이 독특한 형태는 오랜 세월 비바람이 석회질 고원을 부식시켜 생성된 것으로 약 1억 6,000만 년 전에 형성된 것으로 추정되는데, 평균 높이는 해발 약 150~700m, 전체 면적은 약 1,520km²라고 한다.

토착어인 말라가시어로 미칭기('발끝으로 걷다.'라는 뜻)는 직접 보게 되면 설명이 필요 없는 그대로가 와 닿는다. 보는 순간 "아!~" 하는 탄성이 저절로 나오게 만드는 칭기는 숲이 주변을 완벽히 감싸고 있어 외부에서는 전혀

칭기 국립공원 석회암 기암괴석

그 모습을 확인할 수가 없다. 그래서인지 세상 어디에서도 볼 수 없는 말 그
대로 '마다가스카르만의 보물'이라 여겨진다. 알려진 것만 해도 조류 53종,
파충류 8종, 여우원숭이 6종이 살고 있다.

　우기에 혼자 힘으로 이 지역에 가는 것은 사실상 불가능하다. 건기 동안 벨
로-쉬르-치리비히나(Belo-sur-Tsiribihina)에서 80km 떨어진 베코파카
(Bekopaka)로 가는 택시 브루스를 이용해야 한다. 택시는 도로가 있는 곳
까지 가고 그다음부터는 걷거나 소가 끄는 수레를 타고 몇 개의 강을 건너야
한다. 베코파카에서 보호구역까지는 가깝다. 연중 성수기 동안은 모론다바와
벨로(Belo)에서 가끔 비행기가 뜨며 택시 브루스도 정기적으로 다닌다. 베코
파카는 타나에서 600km 서쪽에 있다.

이것으로 아프리카 인도양 섬나라 여행을 마무리하는 동시에 아프리카 유엔 가입국 54개국과 비회원국 서사하라와 소말릴란드(2국) 그리고 프랑스령 레니위옹 등 아프리카 57개 지역 국가들의 여행을 한 권의 책으로 출간하는 가슴 벅찬 감동의 순간을 맞이하며 필(筆)을 놓는다.